湛庐 CHEERS

与最聪明的人共同进化

HERE COMES EVERYBODY

U0222701

CHEERS
湛庐

心智的 10 大模型

[美]格蕾丝·林赛 著　刘锦珂 译
Grace Lindsay

Models of the Mind

浙江教育出版社·杭州

你知道如何用模型思维理解大脑吗？

- 混沌理论认为，初始条件的微小变化会导致巨大的结果差异。这就是复杂系统的特点吗？

  A. 是

  B. 否

- 生活中哪个场景可以更直观地解释"比特"这个信息单位？（单选题）

  A. 在网上购物时选择商品

  B. 在餐厅里点餐时选择菜品

  C. 在生日聚会上猜测礼物的内容

  D. 在社交媒体上看新闻

- 数学被认为是研究神经科学的必要工具，这是因为数学可以：（单选题）

  A. 取代所有实验以节省成本

  B. 用于在虚拟世界中进行科学研究

  C. 完全还原生物系统的所有细节

  D. 简化复杂系统并提供精确模型

扫描左侧二维码查看本书更多测试题

如何再造一个硅基大脑

洪 波

清华大学为先书院院长、生物医学工程学院教授

当今人类的生产生活已经被人工智能的浪潮裹挟，这不是第一次，也不会是最后一次。有智能行为的东西，很容易触动人类内心的好奇和同情。人们喜欢和自己养的猫狗互动，跟我们喜欢和 GPT "胡乱"聊天，喜欢看机器狗摔倒爬起，其实是一样的心理。这种心理的背后深层次的原因，是人类总是试图认识自身的思维和行为，从心理行为层面，从生理机制层面，甚至是从计算机制层面。如果从计算机制层面搞清楚了，那再造一个硅基大脑就有希望了。

物理学家费曼说过："我造不出来的东西，我就还没理解。"（What I cannot create, I do not understand.）反之，如果我们还没有理解，当然也就造不出来。要造出一个硅基大脑，使它像生物大脑一样有感知、有记忆、有决策、有行动，我们必须努力观察和发现生物大脑运行的机制，并

把它们构建成数学模型，感知、记忆、决策和行动才能在硅基的计算机中复现。

这是一本很有雄心的书，作者林赛试图用 10 个数学模型来回答"生物大脑的计算机制究竟是什么"。这也是一本安静的书，不适合那些想从脑科学中"淘金"，拿去人工智能领域"变现"的匆匆过客。如果你稍有一点耐心，坐下来一两小时，试着读一章，你就会被其中有趣而深刻的故事所吸引，一定会在某个地方受到震撼，得到启发。不要担心数学模型的深奥，正文里没有一个公式，即使是附录里的公式也是极其克制而简洁的。

疫情防控期间，偶然的机会读了本书的英文版 *Models of the Mind*，立刻被作者试图用 10 大数学模型总结大脑运行机制的雄心所打动。作者还用讲故事的方式，介绍了这些数学模型背后的科学家以及他们之间的互动，硬核模型背后又平添了人性的温度。湛庐能选中这本书翻译出版，对那些试图理解智能本质的人们是一件幸事。你尽可以把它当作一本大脑建模的"旅游攻略"，在其中走一遍会大开眼界，最重要的是，下次你想去哪个模型景点"深度游"的时候，就有了一张系统的文献地图和人物关系图。作者显然是计算神经科学领域的"资深旅行者"，对过去一个世纪脑科学和大脑建模的历史了解得很通透。

这个星球上有两种智能：生物智能和机器智能。生物智能是从自然界亿万年的生物进化中涌现出来的，是生命体为了自身生存，不断摄取环境中的物质和能量，自下而上自监督"训练"出来的，简单讲是靠投喂"物质"和"能量"得到的生物体内"活的"碳基的神经结构；机器智能是人类受到生物智能，特别是人类自身智能行为的启发，自上而下设计出来的，需要人为设定目标并监督"训练"。在当前阶段，机器智能主要靠人为提供的计算体系和海量数据，简单讲是靠投喂"信息"得到的计算机里"无生命"的硅基神经网络。这两者的差别是不言而喻的，我深信前者更加优雅，背后的数学模型也更加简洁。

我们通常高估了人类顶层设计的智慧，低估了自然进化的智慧。我们也一定高估了人工智能发展的快变量——算力和数据，低估了人工智能颠覆性发展的慢变量——自然界放在我们眼前的生物智能结构。"朝菌不知晦朔，蟪蛄不知春秋"，在自然进化的生物智能面前，人类就是"朝菌"和"蟪蛄"。这本书提醒我们，其实今天如日中天的人工智能就是在努力模仿生物神经网络的核心结构和动态规律，只是人工智能的快速迭代，模糊了背后的神经科学背景。

书中的 10 个模型可以分为两类：一类是功能输出型的大脑模型，这类模型对人工神经网络和人工智能的发展起到了非常直接的推动作用；另一类是数学抽象型的大脑模型，为脑科学研究提供了信息论、系统论与概率论的分析视角和工具。我重点提一下 7 个经典的功能输出型的大脑模型，它们在过去 70 年人工智能的发展历程中发挥了关键性的作用。

- **单个神经细胞的动力学模型**。乌贼粗大的神经纤维给了科学家精确测量细胞膜内外电流的机会，再借鉴电子电路的思想，定量刻画了一个神经细胞是如何放电的，构建了带泄漏整合发放（Leaky Integrate-and-Fire, LIF）模型和霍奇金 - 赫胥黎（Hodgkin-Huxley, HH）模型，这成为后来的脉冲神经网络的出发点和依据。一个神经细胞虽然简单，但是离子通道丰富多变的动力学特性，以及神经细胞树突的丰富形态，为脉冲神经网络建模带来了极大的想象空间。

- **多层前向神经网络——感知机**。把单个人工神经细胞拼接起来，形成多层结构，并发展出相应的学习算法，这样建成的感知机可以识别手写体数字，成为第一个有用的人工神经网络。感知机看上去像一个玩具模型，但它无愧于一个"顶天立地"的智能英雄，一方面开启人工神经网络的工业化应用，另一方面把图灵所提出的可学习可教育的机器变成了现实，使智能理论迈出了一大步。

- **模仿视觉大脑的卷积神经网络**。把猫的初级视觉皮层简单细胞和复杂细胞处理图像边缘的机制，抽象为两个层次的图像卷积操作，并模仿视觉通路的层次化结构，不断重复这样的分层卷积，最终构建了能够识别复杂图像的卷积神经网络。这个多层结构几乎复制了猴子和人类的腹侧视觉通路。加上反向传播算法的发明，以及此后网络深度的快速提升，开启了基于深度学习网络的智能新时代。

- **模仿海马等大脑认知模块的循环神经网络**。把记忆等大脑内生状态抽象为循环连接的神经网络，基于神经可塑性的赫布法则，把需要记忆或者临时处理的信息（及其序列），以吸引子的方式隐藏在复杂的网络连接系数中，构建出霍普菲尔德网络、玻尔兹曼机、连续吸引子网络等。这一升级，使人工神经网络有了动态的隐空间，网络的行为也变得更加灵活而智能。

- **大脑运动控制的群体向量模型**。猴子运动皮层单个神经细胞总是偏好某个特定方向，大量运动脑区的神经细胞用放电频率来"投票"，共同决定了手的运动。在数学上，用一个简单的线性回归模型，就可以从一群神经细胞放电频率推算出猴子的手如何运动。这一模型虽然存在争议，但它几乎是脑机接口解码运动参数的标准算法，非常可靠。有时候我甚至怀疑，这是运动皮层神经细胞在粗暴算法的"逼迫"之下快速学习和适应的结果，而不是什么"解码"。

- **模仿生物奖惩学习行为的强化学习算法**。生物体在环境中寻求奖励的过程是不断探索、不断更新预期的过程，大脑深部的神经细胞会根据预期误差的大小，释放适量的多巴胺，来指导生物体的下一步行动。这种机制对应的数学模型就是著名的强化学习算法——时间差分学习。如果把游戏终局时的奖励，通过深度学习网络投射到玩家当前位置的预期，强化学习会更加精准有效，于是就催生了 DeepMind Alpha 系列的各种超级智能。

- **生物神经网络"阴阳平衡"的机制模型**。大脑是由千亿个神经细胞连接形成的复杂网络，这些细胞是如何协作，确保这个复杂系统不会崩溃的呢？背后是兴奋性和抑制性神经细胞之间的"阴阳平衡"。这两类神经细胞可能一直处于势均力敌的"拔河"状态，神经活动中观测到的所谓"噪声"和"震荡"实际上就是这两种力量来回拉锯。这种"拉锯"状态使得大脑可以快速有效地处理外界的输入。"拔河"力量失衡的大脑，就会出现癫痫或者其他精神疾病。

计算神经科学家大卫·马尔（David Marr）把生物智能的实现分为三个层次：功能概念、核心算法、物理实现。以上这些经典的大脑模型都有核心算法层面的突破。这 7 个经典模型的成功建立起码给我们两点启示：一是发现生物智能的核心结构是建立计算模型的关键，这些核心结构是自然进化展现在我们面前的智能奥秘，神经电生理记录、光学成像、光遗传学调控等技术方法已经打开了一扇扇门，我们所缺的只是专注和想象力；二是准确而优雅的大脑模型通常来自科学家的跨界合作，一方通常是神经生物学家、心理学家，另一方通常是物理学家、计算机科学家，或者是有工程训练的学者，这种跨界合作在今天的脑科学和智能科学领域都是稀缺的。

最后，分享几点对大脑建模以及类脑智能潜在方向的思考：

1. 海马中的空间智能结构。海马是大脑深部相对原始的结构，但是几乎所有哺乳动物都依靠海马来建立空间概念，在环境中探索导航。人类海马还参与认知各种抽象关系，包括语言中的抽象概念。我们通常讨论的认知记忆，也与海马有关。DeepMind 的人工智能研究机构长期把海马作为智能建模的重点，也产出了一些很有启发性的成果，值得我们关注和学习。任何具身智能体，都需要建立空间关系和序列关系，因此发掘和模拟海马的核心结构，是构建其智能底座的关键。

2. 前额叶的决策智能结构。独特的前额叶脑区使得猴子、人类等高等生物具备了灵活应对环境、趋利避害的智能行为。目前大模型中的推理决策主要依赖训练得到的条件概率，是"呆板而莽撞"的，与人类根据风险和收益做出的智慧决策差距很远。已有脑科学研究初步揭示了前额叶进行灵活推理的神经动力学机制，但其尚未转化为通用的决策智能结构。

3. 运动皮层和脊髓的核心结构。运动控制是具身智能体与环境互动的关键机制，目前的机器人几乎都是采用自上而下的物理设计来实现运动控制的，其灵活性和稳健性都很难适应真实世界的多样挑战，包括那些活灵活现的机器狗。自然进化产生的脊髓和运动皮层能够让人类应对任何复杂任务，甚至在短时间内学习全新运动技能。直到今天，我们还未完全掌握运动控制的神经机制，但有些研究已经展现了脊髓精细结构和动力学之间的微妙关系，值得开展类生智能转化开发。

4. 神经可塑性与智能进化。生物智能之所以能够如此灵活，如此低功耗地运行，其奥秘最可能在于神经可塑性。当前人工智能大模型几乎都是先集中训练，得到固定的庞大参数，后将其用于推理。在推理中，神经网络的参数不会因为任务而发生自适应。人和动物这样的生物智能，其神经网络随时都在自适应地改变，网络参数甚至结构都是"液态"流动和"弹性"可变的。脑科学中最重要的赫布法则，正是描述了这种可塑性的基本规律：神经网络结构决定神经活动，但神经活动会反过来重塑神经网络结构。这可能是人工神经网络走向灵活和低功耗的突破口。

当然，我们在阅读一本关于大脑模型的书时，一方面要赞叹背后那些伟大头脑的想象力与数学抽象的艺术，另一方面又不能丢掉批判性思维和警惕心。正如统计学家乔治·博克斯（George Box）所说："所有模型都是错的，但有些是有用的。"（All models are wrong, but some are useful.）认识到大脑模型的局限性，才能不断加深我们对大脑功能的理解，不断满足我们对心智的好奇；构建有用的模型，才能让我们离"再造一个硅基大脑"的目标更近一步。

脑科学的数学之旅：一场科普的破冰行动

顾凡及

复旦大学生命科学学院退休教授、博士生导师

　　我在大学里学的是数学，由于历史原因，在大五时为学弟学妹们讲授了一年的普通物理课程。毕业后，我转行到了现在被称为计算神经科学的领域。退休之后，出于对脑科学的热爱和兴趣，我搞起了脑科学科普，出版了14本科普著译，但是没有一本是以计算神经科学为主题的，关于计算神经科学，只有和朋友合作写的两本专著。为什么会这样？主要原因就是我开始脑科学科普工作时，以为大众听到高等数学心里就不免会害怕起来，担心如果以计算神经科学为主题来写科普读物，恐怕没有多少读者会来读。我一直以为好的科普读物必须兼备科学性、趣味性和前沿性，不仅要让读者学到科学知识，而且还要培养读者的科学思想方法。如果要写一本有关计算神经科学的科普读物，我不知道如何才能写得有趣，使它既能让一般读者看得懂，又不失深度，让读者领悟数学和脑科学的相互借鉴关系。这确实不是件容易的事，因此我就没有考虑去写一本以计算神经科学为主题的书。

　　前几天收到湛庐编辑的一封邀请信，要我为她编辑的《心智的 10 大模型》写篇序，作者是一位计算神经科学家。编辑同时发来了内容简介和样章，这就一下子激起了我的好奇心，居然有计算神经科学家以计算神经科学为题写了一本高端科普读物！我倒是要看看她是怎么做的，做得成功不成功。在浏览全书之后，不得不说了声："佩服。"作者在全书（除了最后的附录）中没有用任何令许多读者望而生畏的数学公式，但讲清了其背后的思想。作者在书的一开头就声明："本书讲述的是，数学思维是如何影响科学家对大脑进行研究的。"事实上，这些学科不仅知识领域不同，其思想方法也各不相同。传统的脑科学研究手段就是观察和实验；数理科学（包括信息科学技术）还加上了逻辑推理、建模和建立定量理论，数学则是这一切背后的思想和工具。400 多年来，特别是从 20 世纪中叶开始，两者开始互相借鉴，但并非全盘复制，由此结出硕果。这是一场惊心动魄的破冰之旅。由于脑是一个有着极多层次的复杂系统，世界上没有比人脑更复杂的系统了，这场探险至今离终点还远。这就是为什么脑研究至今在各个层面都是由问题驱动的，而缺乏一个全局理论框架。所以，作者又说："要理解大脑是怎样做到这一切的，就必须在各个层面进行数学建模。"这些层面包括亚细胞、神经细胞、神经回路和网络，以及更高层次的组织甚至全脑。

　　有人曾说："除非我们能知道前人之所知，否则我们就不能清楚地认识到我们现在的所知。如果我们不能欣赏前人所取得的进展，就不能真正恰如其分地乐见我们所在时代的进展。"作者从上述所有层次中选择了 10 个模型，涉及神经脉冲的产生和传导、突触可塑性、神经元模型、神经编码、记忆、运动控制和奖惩机制等，沿其历史渊源用讲故事的方式引人入胜地把读者带入 10 场探险。

　　作者能把这一场又一场不同学科之间的思想碰撞讲得趣味盎然，这是她的本事。不过也千万不要误认为这就是一场春游。读者在享受愉悦的同时，也常常需要按下"暂停键"或"回放键"，掩卷长思，思考脑科学如何启发数理科学，开发新技术，而数理科学又如何启发脑科学寻求全新的解释，并提供处理海量数据的手段，挖掘隐藏在这些数据背后的规律。

作者在书中用到的数学思想并不限于微积分和微分方程，还涉及贝叶斯法则、图论和动态规划等，这使 60 年前较系统学过高等数学的我也感到有必要与时俱进，学点新东西。

最为难得的是，作者在介绍这一切的同时，不忘保持一种谦卑和开放的心态。她在全书的最后提出了存不存在有关脑机制大统一理论的大问题，介绍了 3 种能解释脑的大统一理论：自由能理论、千脑智能理论和信息整合论。此外，她还不忘提醒读者："当然，本书所讲的东西也可能是错的。因为科学就是这样，它是一个不断更新我们对这个世界的认知的过程。也因为历史就是这样，总有不止一种讲述故事的方式……给大脑进行数学建模并不是想要复制出一个大脑，我们也不应该朝着这个方向努力。但在研究宇宙中已知的最复杂的物体时，数学不仅有用，而且是必不可少的。仅凭语言文字，我们绝无可能理解大脑。"这给读者留下了无穷悬念。

目录

第 5 章　层层堆叠造就的清晰视野　　　133
新认知机与卷积神经网络

| 20 世纪 20 年代至 20 世纪 80 年代 |

第 6 章　降本增效的信息处理大法　　　161
神经编码与信息论

| 20 世纪 40 年代至 20 世纪 60 年代 |

第10章　用当下的惊喜修正对未来的预期　267
时间差分学习与强化学习

| 20 世纪 50 年代至 20 世纪 70 年代 |

结 语　有没有一个简明的大统一理论能解释大脑？　295

MODELS OF THE MIND

引 言

穿越 400 年时空，开启心智探索之旅

要理解大脑是怎样做到这一切的，
就必须在各个层面上进行数学建模。

在日本及其周边国家，分布着一种会织网的蜘蛛，学名叫八瘤艾蛛（*Cyclosa octotuberculata*）。这种指甲盖大小的蜘蛛浑身覆盖着黑色、白色和棕色的伪装斑点，是个狡猾的猎手。它趴在自己精心编织的蛛网中间静静地等待着，感受蛛丝上的猎物在挣扎时所带来的扰动。一旦感觉到了这种扰动，它就冲向信号源的方向，准备活生生吞下捕获的猎物。

有些时候，猎物会频繁地从某一个方向过来。作为聪明的猎手，八瘤艾蛛学会了记住并利用这些规律。一些鸟类也能做到类似的事情，比如，它们能记住哪些地方的食物最近比较丰富，这样它们会过段时间重返这些地方。可是跟这些鸟儿相比，八瘤艾蛛还有些不同之处。八瘤艾蛛不是把这些有利的位置信息记在心里，并以此来判断将来应该重点关注的方向，而是直接把这些信息编织在了蛛网上。具体来说，对于那些最近捕获过猎物的蛛丝，八瘤艾蛛会用自己的脚拉扯它们，使这些蛛丝变得更紧，而被拉紧的蛛丝则会对扰动更加敏感，从而让八瘤艾蛛更轻松地发现上面的猎物。

通过对蛛网的改造，八瘤艾蛛让周边的环境承载了一些自己的认知负担。它把当前的知识和之前的记忆一并压缩，然后输出到一个有意义的实体形式中，在世界上留下了一个记号，从而更好地指导自己将来的行为。蜘蛛和蛛网之间的这种互动体系，比蜘蛛仅依靠自身要聪明得多。这种"外包"给环境的智力被称为"外延认知"。

如果没有数学，我们的思考和行动都会大打折扣

数学，就是一种外延认知。当科学家、数学家或者工程师写下一个方程式的时候，他们就是在拓展自己的脑力。通过记录一些复杂的符号，他们把自身对复杂关系的认识输出到了纸上，而这些符号留下了他们对世界的思考。认知科学家猜想，蜘蛛和其他一些小动物之所以需要依靠外延认知，是因为它们的脑力有限，不足以帮助它们应付环境中的各种繁复的任务。人类也是一样。**如果没有诸如数学这样的工具，我们在这个世界上思考和行动的能力都会大打折扣。**

数学能带给我们诸多好处，这在一定程度上就如同语言带给我们的影响。但数学和日常语言的不同在于，数学能帮助我们完成具体的工作。数学的原理是运用一系列规则对符号进行重组、替换及拓展，而这些规则并不是随心所欲设置的，它们是人们系统化地将思考过程输出到纸上或机器里的一种方式。阿尔弗雷德·怀特海（Alfred Whitehead）是英国 20 世纪一位备受尊敬的数学家，他曾说过这样的话："数学的终极目标就是免去一切思考之必要。"

正是由于数学这一有用的特性，很多科学学科（尤其是物理）都建立起了以严谨的定量思维为核心的理念。几个世纪以来，这些领域的科学家一直依赖强大的数学工具，因为他们知道，数学是唯一可以精准有效地描述自然世界的语言，方程式里那些特殊的符号都蕴含着丰富的信息。每一个方程式都像是一幅画，一幅胜似千言万语的画。科学家们知道，数学让他们没办法

撒谎。因为当人们用规范的数学语言进行交流时，所有假设条件都会被列得明明白白，而模棱两可的观点则无处可藏。方程式迫使思考变得更加清晰且连贯。就像英国数学家、怀特海的同事伯特兰·罗素（Bertrand Russell）曾经说的那样："所有思想或多或少都是模糊的，这一点只有在你试着将它精确化的时候才能觉察到。"

定量科学家最后还学到一点，那就是数学的优美在于它既可以很具体也可以很笼统。一个方程式既可以描述位于白金汉宫楼梯平台区域的气压钟的钟摆如何晃动，也可以描述世界各地广播站里的电路如何运行。如果不同的原理之间存在一种触类旁通的类比，那么这个类比就体现为数学方程式。**数学就像一条隐形的线，将不同的领域串在一起，一个领域的小突破，也许就能在八竿子打不着的另一个领域掀起出人意料的巨大波澜。**

相较于其他领域，生物学（包括研究大脑的神经学）拥抱数学的进程显得有些缓慢。历史上一部分生物学家，出于或好或坏的一些原因，总对数学持怀疑态度。在他们眼里，数学没什么用处，要么是因为它太复杂，要么是因为它太简单。

一些生物学家觉得数学实在太复杂了，因为他们接受的训练是在实验室里完成各种各样具体的操作，而不是对数学中的抽象概念进行思考。因此，他们觉得那些冗长的方程式就是纸上毫无意义的涂鸦。由于认识不到这些符号的功能，他们宁愿不使用它们。俄罗斯生物学家尤里·拉泽布尼克（Yuri Lazebnik）曾在 2002 年呼吁生物领域重视数学："我们经常在生物学研究中麻痹自己，认为只要我们足够用功，做足够多的实验，就可以用简单的算数去解决那些明明用微积分才能解决的问题。"

同时，人们又认为数学太简单了，简单到不能用它来描述生物学中不计其数的各种复杂现象。物理学家经常讲的一个笑话，就嘲笑了数学那近乎荒唐的简化手段。笑话是这样说的，有个奶农正在为自己奶牛的产量发愁，他想尽了各种办法，却还是没能提高自家奶牛的产奶量。于是，他向当地大学的物理学家求助。物理学家认真地听完了他的问题之后，回到办公室沉思良久，回来对奶农说："我有解决办法了。但首先我们得假设，在真空中有一头球形奶牛……"

事实上，如果要借助数学进行分析，简化问题就是必不可少的一步。在从真实世界转化到数学方程式的简化过程中，很多生物学上的细节都难免会被舍弃。因此，人们常常会批判那些用数学去做生物研究的人，认为他们太不拘小节。1897年，被称为现代神经学之父的西班牙神经学家圣地亚哥·拉蒙·卡哈尔（Santiago Ramón y Cajal），就曾在他的著作《致青年学者》（*Advice for a Young Investigator*）中批判了那些对现实不管不顾的理论家，并把他们都归到一个名为"意志的疾病"的章节中。卡哈尔是这样描述他们的症状的："介绍起理论来头头是道，天马行空的想象无休无止，却厌倦实验室的工作，还冥顽不化地排斥具体的科学以及看似不重要的细枝末节。"卡哈尔还对理论家竟然可以为了美而置事实于不顾表示遗憾。生物学家研究的是活生生的东西，这些东西丰富多彩且各具特点，还总有游离于规则之外的特例。数学家则出于对简洁和优雅的追求，同时也为了让模型规模更加可控，就企图把丰富的万物都压缩进方程式里。

要理解这一切，我们就必须进行数学建模

我们在真实世界中运用数学时，的确应该主动避免过度简化或对优美形式的执念。但是，生物学的丰富性和复杂性，恰恰是我们更需要数学的原因。

让我们考虑一个简单的生物学问题。森林里有狐狸和兔子两种动物，狐狸吃兔子，兔子吃草。如果森林一开始有一定量的狐狸和兔子，那么这两个种群之间最终会发生什么呢？

可能狐狸会凶残地捕光所有兔子，兔子就此灭绝。但狐狸吃光了自己的食物，最终也会因饥饿而灭绝。那么，这个森林最终就会仅剩下树木和草。相反，如果狐狸没那么贪心，它们把兔子捕食到所剩无几但不至于全部灭绝的程度，那么虽然狐狸的数量仍旧会因为难以捕捉到剩下的兔子而减少，但兔子又会因为狐狸数量的减少而增加。随着兔子数量变多，狐狸也有了更多的食物，狐狸的数量也会变得多起来。

如果我们想要了解上述场景的结局，就不能仅仅依靠直觉去猜想。尽管这个场景是如此简单，但要试着去"想通"它，仅凭语言和讲故事是远远不够的。想要加深对问题的理解，我们就必须准确地去定义每一项内容，并精确描述项与项之间的关系，这也就意味着我们需要运用数学。

模型思维
MODELS OF THE MIND

上述关于"捕食者 - 猎物"关系的数学模型就是 20 世纪 20 年代发展起来的洛特卡 - 沃尔泰拉（Lotka-Volterra）种间竞争模型。这个模型由两个方程式组成，一个方程式根据猎物和捕食者的数量来描述猎物的增长速率，另一个方程式根据捕食者和猎物的数量来描述捕食者的增长速率。动态系统理论创立之初是用来描述天体之间的关系的，现在却可以用来分析到底是狐狸会灭绝，还是兔子会灭绝，抑或是它们会永远这样此消彼长生存下去。

在这种情况下，运用数学，我们就能更好地理解生物学，而如果没有数学，我们就只能局限在少得可怜的内部认知中冥思苦想。正如拉泽布尼克所说的那样："不借助分析工具就能理解复杂系统的人只能是天才，而天才在任何领域都寥寥无几。"

要了解生物学规律并将其简化成几个变量和方程式，需要创造力、专业能力以及判断力。科学家需要看穿真实世界里令人眼花缭乱的细节，找到背后的主要结构，并准确合理地定义模型中的每一部分。只要找到主要结构并写出方程式，在这门学科中做出成绩就是水到渠成的事情。数学模型对生物系统原理的描述必须精确，因为只有足够精确的描述，才能将原理准确地传达给其他人。如果理论正确，那么模型还能被用来预测实验结果，并从过去的实验中得出结论。通过在计算机上运行这些方程式，模型就为我们提供了一个"虚拟实验室"。你可以轻而易举地在"实验室"中输入不同的数值，来观测不同情形下的不同结果。而且，你还可以开展那些在真实世界中尚不可行的"实验"。有了模型的帮助，科学家就可以数字化地处理不同的情形和假说，从而确定一个系统里各个部分对系统整体功能的重要程度。

如果没有数学，像这样完备的研究是无法只用讲故事的方式去完成的。杰出的美国理论神经学家拉里·阿博特（Larry Abbott）[1] 在 2008 年发表的一篇文章中这样写道：

> 方程式让模型变得准确、完整以及自洽，它明晰了模型中一切隐藏的含义。在之前发表的某些神经学论文的结论部分，我们也不难发现一些用文字描述的模型。这些模型看似合理，但如果我们用数学模型去描述，就会发现它们前后不一且根本行不通。数学模型至少是自洽的，虽然自洽未必代表模型即为真理，但不自洽显然是错的。

---

[1] 他和彼得·达扬（Peter Dayan）共同撰写了计算神经学中使用最为广泛的一本教科书《理论神经科学》（*Theoretical Neuroscience*）。

人类大脑由大约1000亿个神经元组成，每个神经元都是一个忙碌的化工厂和发电厂，所有这些或近或远的神经元之间以错综复杂的方式彼此交流。如果没有数学的帮助，我们将无从了解如此复杂的生物系统。大脑是负责管理我们认知和意识的器官，它决定了我们如何感受、如何思考、如何行动，还定义了我们是谁。大脑规划着我们的每一天，储存着我们的记忆，让我们体验激情，帮我们做决策，也帮我们阅读文字。大脑既是人工智能的灵感来源，也是精神疾病的罪魁祸首。**所以，想要理解如此庞大和复杂的神经系统是怎样做到这一切的，又是怎样和我们的身体以及这个世界互动的，我们就必须在各个层面进行数学建模。**

尽管一些生物学家持怀疑态度，但如果仔细寻找，在神经学发展的漫漫历史长河中，不为人知的数学模型其实比比皆是。虽然从传统意义上来说，神经学的数学模型都是些爱冒险的物理学家或误打误撞的数学家在涉足，但如今，理论神经学或计算神经学已经成为一个完整的神经学学科分支，它有着自己专门的期刊、会议、教材和基金。数学思潮正在影响大脑研究领域的方方面面，正如阿博特所写的："原先那些想逃避数学的学生把生物学当作他们的避风港，但现在很多生命科学专业的学生都具有坚实的数理基础和编程能力，而那些不懂的人至少会对此感到羞愧[1]。"

但是，关于生物学家对数学模型的担忧，我们也不能完全置之不理。"所有模型都是错的"，这句名言出自美国统计学家乔治·博克斯（George Box）之口。的确，所有模型都是错的，因为所有模型都忽略了一些细节。所有模型都是错的，因为当模型声称对现象做出解释的时候，它所代表的其实只是一种片面的观点。所有模型都是错的，因为模型更偏向简洁性，而不

---

[1] 这种羞愧感并非新鲜事。查尔斯·达尔文作为一位功成名就的生物学家，他在1887年的自传中写道："我非常懊悔自己当初没能坚持不懈地去了解数学，哪怕只是一些重要的数学原理。而那些拥有数学天赋的人，似乎都有着特殊的感知力。"

是绝对的准确性。所有模型都是错的，就像所有诗歌都是错的：它们仅仅提纲挈领地去抓住核心，而非完美还原字面意义上全部的真理。博克斯说："所有模型都是错的，但有一些模型很有用。"如果我们之前听说的笑话里的奶农提醒物理学家，真正的奶牛实际上并不是球形的，物理学家就会这样回答他："管他呢！"或者更准确地说，他会这样反问："我们需要操心这些事情吗？"为了细节而关注细节并不是一件好事，就像一张和城市一样大小的地图并没什么用处。数学建模的艺术就在于确定哪些细节是重要的，然后坚定不移地忽略掉剩下的那些不重要的细节。

本书讲述的是，数学思维是如何影响科学家对大脑进行研究的，而这些数学思维是从物理学、工程学、统计学以及计算机科学中借鉴而来的。在每一章，我都会介绍神经科学里一个不同的话题，聊聊在这个话题下，数学和生物学是如何相互作用的。我会解释所有数学方程式背后所蕴含的想法，所以读者不需要具备专业的数学知识①。同时，我不会提出一个关于大脑的单一理论，而是会用不同的模型去解决不同的问题，从而以一种模型间相辅相成的方式去理解大脑。

本书的各章是根据生物学层面从小到大的尺度排列的：从单个神经元中的物理学，到整个生物个体行为中的数学。在这些章中我们会看到，科学家是怎样煞费苦心，试图将生物学和数学统一起来的。有时实验促成了模型的诞生，有时模型又反过来指导了实验。有时模型只是一张纸上短短的几个方程式，有时模型则是在超级计算机上运行的密密麻麻的代码。因此，本书涵盖的是各式各样的大脑数学模型，尽管涉猎的话题和模型十分广泛，但会有一个共同的主题贯穿始终。

---

① 为了满足钟爱数学的读者的需要，我把每章中涉及的最主要的几个数学方程式放在了本书的"附录"部分。

　　当然，本书所讲的东西也可能是错的。因为科学就是这样，它是一个不断更新我们对这个世界的认知的过程。也因为历史就是这样，总有不止一种讲述故事的方式。但更重要的是，因为它是用数学去解释心智，所以它就必然是"错"的。给大脑进行数学建模并不是想要复制出一个大脑，我们也不应该朝着这个方向努力。但在研究宇宙中已知的最复杂的物体时，数学不仅有用，而且是必不可少的。仅凭语言文字，我们绝无可能理解大脑。

MODELS OF THE MIND

第 1 章

我们头脑中的火树银花

带泄漏整合发放模型与霍奇金 – 赫胥黎模型

| 19 世纪 20 年代至 21 世纪 10 年代 |

神经系统因电流而生龙活虎，
赋予神经系统研究勃勃生机的，
正是电学研究。

1840 年，德国生理学家约翰尼斯·彼得·穆勒（Johannes Peter Müller）在他长达 600 页的教科书《人体生理学手册》（*Handbuch der Physiologie des Menschen*）中这样写道："神经行为的原理规律和电学规律一定是截然不同的。当我们讨论神经中的电流时，只不过是在做一种象征性的表述，这就像我们把神经原理比作光或磁是一个道理。"

穆勒的这本教科书在当时很受欢迎，它广泛探索了生理学的多个领域，其中的许多领域在当时都是全新且未知的。这本书，尤其是与它几乎同一时间出版的英译本《生理学基本原理》（*Elements of Physiology*），让穆勒成了一位家喻户晓且备受信赖的教师和科学家。

穆勒从 1833 年起就在柏林洪堡大学担任教授，直到 25 年后去世。这期间他对生物学的许多话题都抱有浓厚的兴趣，也发表了诸多鲜明的学术观点。他笃信活力论，认为生命依靠的是一种叫生命力（Lebenskraft）的东西，而这股能够组织起生命体的力量至关重要，它超越了一切化学反应或物理变化。在穆勒的生理学著作中，这种活力论的哲学思想可谓俯拾即是。他不仅在书中声称神经行为在本质上不可能是电，还说这个问题很可能根本就是"无法衡量的"，想要了解神经的本质"仅靠生理学发现是痴人说梦"。

很可惜，穆勒错了。在接下来的一个世纪中，人们证明了赋予神经生命力的不是别的，正是带电粒子的简单运动，用来书写神经元编码的"墨水"就是电。现在科学家已达成共识，神经原理这个问题是完全可以被衡量的。

"生物电"在神经系统中被发现，不仅打击了穆勒所支持的活力论，也带来了一个合作的机遇。如果能在迅速发展的电学和生理学这两个学科之间搭建一座桥梁，我们就能把电学里的工具运用在生理学问题上。更具体地说，在无数次电学实验后，那些用来描述导线、电池和电路基本行为的方程式，现在就成了一门用来描述神经系统的语言。因此，电学和神经生理学就可以共享一套符号，而这两个领域间的关系之深，也远非穆勒所说的那样是仅具象征性的。能否研究透神经系统，就取决于生理学家能否跟电学方面的研究者协同合作。而在 19 世纪就埋下的这颗协同合作的种子，最终会在20 世纪发芽，并在 21 世纪开花。

莱顿瓶与青蛙实验

在 18 世纪末的欧洲，如果你去参观一个上流社会知识分子的家，也许会在摆满众多科学工具和新奇玩意儿的书架上找到一个莱顿瓶。莱顿瓶是以荷兰小镇莱顿命名的，那里是它发明者之一的故乡。莱顿瓶看起来就跟普通玻璃瓶子一样，但它储存的不是果酱或泡菜，而是电荷。

18 世纪中叶莱顿瓶的发明，可以说是电学研究历史上的一个转折点。作为货真价实的"瓶中闪电"，无论是科学家还是普通人都能用它来控制并传递电流，这在历史上可是破天荒头一回。有时候，莱顿瓶甚至还能释放出很强的电击，足以使人流鼻血或昏迷。

尽管莱顿瓶很厉害，它的设计却非常简单（见图 1-1）。瓶子底部内外两侧都被一层金属薄膜所覆盖。瓶壁那层玻璃被夹在两层金属中间，就像三明治一样。通过插在瓶口的一截链子或杆子，我们就能使瓶子内侧的金属薄膜充满带电粒子。因为带相反电荷的粒子能够互相吸引，所以如果充进瓶子内侧的是带正电的粒子，那么带负电的粒子就会在瓶子外侧累积。但是由于处在中间的玻璃起到了阻隔作用，带相反电荷的粒子就永远不能彼此接触。这就像相邻人家养的两条狗被一道栅栏分开那样，带电粒子只能在玻璃两侧排列，并有着不顾一切靠近彼此的趋势。

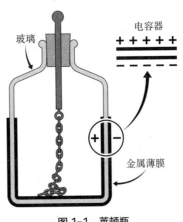

图 1-1　莱顿瓶

像莱顿瓶这样能储存电荷的装置，我们现在称之为"电容器"。由于玻璃两侧存在电荷差，因而产生了一种叫电压的势能差。当我们把更多的电荷添加到瓶子中时，电压也随之增加。如果隔在中间的玻璃消失了，抑或是有另外一条通路能够允许带相反电荷的粒子互相接触，那么当粒子向彼此运动时，势能就会转化为动能。电容器两侧的电压越高，电荷的运动（也就是电流）就越强。所以当人们用手握住莱顿瓶时，就在瓶子内外两侧之间制造了一个通路，带电粒子就会通过人们的身体流动，这就是很多人都会被莱顿瓶电到的原因。

路易吉·伽伐尼（Luigi Galvani）是一位意大利科学家，他出生于1737年。伽伐尼终其一生都信奉宗教，他甚至考虑过加入教会工作，不过最终他还是选择去博洛尼亚大学学习医学。在那里，他不仅学习了外科知识和解剖技巧，也学习了时髦的电学。伽伐尼的妻子露西亚（Lucia）是他的一位老师的女儿，他们夫妻俩在自家实验室里密切合作。在这个家庭实验室里，既有着探索生物学所需要的工具，如解剖刀和显微镜，也有着用来探索电学的装置，如静电装置，其中当然也包括莱顿瓶。伽伐尼主要的医学实验对象是青蛙，在这一点上，他同几个世纪之前以及之后的生物学学生都如出一辙。即使在死后，青蛙腿上的肌肉也能继续工作，这种特性正合科学家们的心意。因为如此一来，他们就能一边解剖一边了解生物运动的原理。

正是因为伽伐尼实验室工具的多样性——也许也是因为他不爱收拾，才使他在教科书上留下了浓墨重彩的一笔。故事是这样的，当有人（很可能是露西亚）正在实验室用金属解剖刀触碰死青蛙的腿部神经时，正巧实验室里的某个电学装置错误地释放了一个电火花，这让手术刀带上了电荷。结果青蛙的腿部肌肉居然立即收缩了。观察到这个现象后，伽伐尼热情高涨，决定深挖下去。在其1791年的书中，伽伐尼描述了他接下来在"动物电"实验上做的种种准备工作，其中包括比较不同材质的金属在造成肌肉收缩方面的效率有什么差异，以及他是如何把青蛙神经在雷雨天连上导线的。他观察到，每发生一次闪电，青蛙腿就收缩一次。

在此之前，一直有种种迹象表明生物在利用电。12世纪的哲学家伊本·鲁世德（Ibn Rushd）注意到，电鳗在水中麻痹渔民的能力很可能和磁铁吸引铁的能力是一脉相通的，这个观察为后来的很多科学发现埋下了伏笔。在伽伐尼发现"动物电"的数年前，医生们也尝试过运用电流去治疗从耳聋到瘫痪的各种疾病。但和之前不同的是，伽伐尼没有止步于猜想，而是进行了各式各样的实验。他收集到的证据表明，动物体内的电流赋予了生物运动的能力。因此他得出结论，电是动物体内的一种天然之力，像是一种在身体内流淌的液体，如同血液那般稀松平常。

在那个时代的欧洲，人人都有业余科学家的精神。在听说了伽伐尼的工作后，人们争先恐后地去复现这个实验。出于好奇，这些门外汉随手抓来一只青蛙，然后把它和自己的莱顿瓶连在一起，结果他们真的也发现了蛙腿的收缩，并得出了和伽伐尼一样的结论。伽伐尼研究的影响力是如此之大，以至于这种电驱动运动的想法风靡一时。这在一定程度上也启发了英国作家玛丽·雪莱（Mary Shelley），成为她的小说《弗兰肯斯坦》的灵感来源。

健康的科学研究总少不了质疑的声音。这就意味着，不是所有伽伐尼的科研同僚都欣然接受了他的说法。意大利物理学家亚历山德罗·伏特（Alessandro Volta，电压单位"伏特"正是以他的名字命名的）对电流能够让动物肌肉收缩的观点表示认同，但他否认正常的动物运动需要用电。伏特认为，伽伐尼的实验没办法证明动物会自己产生电。伏特指出，当两块不同的金属发生接触时，就会产生无数微小到几乎无法测量的电流，所以如果用金属触碰的方式去测试"动物电"，那么在这个过程中就一定会混入外部产生的电流。伏特在 1800 年的论文中写道："我必须反对伽伐尼那种弄虚作假的'动物电'，我认为那只不过是不同金属在相互触碰时所产生的外部电流罢了。"①

对伽伐尼来说，不幸的是，伏特更愿意公开与他争辩，伏特更年轻并且正在这个领域蒸蒸日上。作为一个可怕的科研对手，伏特那种强势的性格也

---

① 在证明不同金属相互触碰能产生电流的过程中，伏特最终发明了电池。

就决定了，即使伽伐尼的想法在很多方面都是正确的，也不得不因此蛰伏数十载。

穆勒的那本教科书是在伏特去世后近10年发表的，但他对"动物电"的反对却与伏特一脉相承。穆勒无论如何都不愿意相信电就是神经传递的物质，而当时也没有足够的证据来说服他。除了相信活力论这一点，让穆勒如此冥顽不化的原因可能还在于，他更喜欢观察而不是实验。因为在过去的几年间，无论积累了多少动物对外界施加的电流做出反应的例子，这些都无法替代直接观察到动物自主生电。"观察是简简单单、勤勤恳恳、不知疲倦的，同时也是诚实正直的，因为它没有任何先入为主的观点。"穆勒在波恩大学的就职演讲中这样说，"而实验则是人为地进行干预，它急功近利、离题万里，最终又徒劳无功，看似干劲十足，但结果却令人难以信服。"当时的情况是，人们观察不到动物生电，也没有任何辅助工具能灵敏到测量出神经在自然状态下发出的那些微弱电信号。

但在1847年，情况发生了改变。穆勒的一个名叫埃米尔·杜布瓦-雷蒙（Emil du Bois-Reymond）的学生动手制作了一个非常灵敏的检流计①，这个装置利用电流与磁场的相互作用来测量电流。杜布瓦-雷蒙的实验是想在神经中复现意大利物理学家卡洛·马泰乌奇（Carlo Matteucci）不久前在肌肉中观察到的现象。马泰乌奇强行让肌肉收缩，然后利用检流计从中检测到了一个细小的电流。而想要在神经中也找到这样的电流，就需要利用一个更加强大的磁场去测量更加微弱的电信号。杜布瓦-雷蒙不仅要设计出合适的绝缘手段来保证其他外部电流不会对测量产生任何干扰，还要徒手卷约1.6千米长的导线，这是马泰乌奇所卷导线长度的8倍，因为只有这样才能产生满足实验需求的强磁场。但这一切的辛苦都是值得的，杜布瓦-雷蒙用

---

① 检流计又称伽伐尼计，这显然是以伽伐尼的名字来命名的。

各种方法去刺激神经，包括电刺激以及化学药物（如士的宁）刺激，然后通过观察检流计的读数，来监测神经是如何进行反应的。每一次神经反应，他都观测到检流计的指针发生了偏转。这就意味着，他确实在神经系统工作时观测到了电流。

杜布瓦 – 雷蒙不仅是个科学家，还是个表演家，他对其他科学家那种枯燥乏味的展示方式嗤之以鼻。所以，为了传播自己的劳动成果，杜布瓦 – 雷蒙举办了多个面向公众的生物电展览。在其中的一个展览中，他通过挤压自己泡在一罐盐水中的手臂，就可以让指针发生偏转。这一切都确保了人们会关注他的研究发现，而杜布瓦 – 雷蒙也因此在他所处的那个时代受人爱戴。就像他自己说的那样："即使公众早就淡忘了最先做出扎实研究的科学家，人们也仍旧会记得那些普及研究成果的人，而这些人会作为人类进步的不朽丰碑永久地留在公众记忆中。"

幸运的是，杜布瓦 – 雷蒙的研究同样很扎实。他和学生尤里乌斯·伯恩斯坦（Julius Bernstein）后续做出的研究更加明确了神经电理论的命运。杜布瓦 – 雷蒙最初的研究成果成功地展示了被激活神经中的电流变化。伯恩斯坦则通过精妙细致的实验设计，不仅放大了信号强度，还能在更精细的时间尺度上记录信号，这算是对捉摸不定的神经信号做了第一次真正意义上的观测。

在实验中，伯恩斯坦先是将一根分离出来的神经放在装置上，接下来，他在神经的一端进行电刺激，然后在一段距离之外的地方寻找是否存在电活动。在高达 1/3 毫秒的精度下，伯恩斯坦观察了在每一次刺激后神经电流是如何有规律地随时间发生变化的。根据记录点和刺激点之间的距离，电活动从神经上传导到检流计之前会有一个短暂的延迟，而电活动一旦到达记录点的位置，电流总是会迅速减少，然后缓慢地恢复到正常值。

1868 年，伯恩斯坦的研究结果发表在《欧洲生理学杂志》（*European Journal of Physiology*）的创刊号上。他在文章中记录的，是我们现在称之为"动作电位"（action potential）的电活动，这是动作电位有史以来第一次被记录下来。动作电位，其定义是细胞电特性依照某种特殊模式所发生的改变。不仅神经元能产生动作电位，其他的一些可兴奋性细胞，例如肌肉或心脏中的细胞，也能产生动作电位。

这些电流的变化在细胞膜上传导开来，就如同波纹一般。以这种方式，动作电位就能将信号从一个细胞传递到另一个细胞。比如在心脏中，细胞的收缩就是靠动作电位的传播来完成的。动作电位的产生与传播也是细胞之间互相交流的方法。在神经元中，当动作电位到达轴突突触（这是神经元延长的节状末梢）时，就会促进神经递质的分泌。而当这些神经递质到达其他细胞时，也能在那里触发动作电位。以我们熟悉的青蛙神经为例，动作电位沿着蛙腿神经元传导，致使神经递质被释放到腿部的肌肉细胞，之后肌肉细胞再产生动作电位，并最终导致肌肉抽搐。

在对动作电位漫长的研究历史中，伯恩斯坦的实验可谓开山之作。如今，动作电位被认为是神经系统交流的基本形式，是现代神经学的基础。这种一闪而逝的电流活动，将我们的大脑和身体的其他部分相连，也将大脑中所有的神经元连接在了一起。

在见证了这种神经中的电流变化后，杜布瓦－雷蒙这样写道："如果我没有自欺欺人，我应该是成功地实现了物理学家和生理学家长达百年的梦想，我发现神经原理可以被归结为电学原理。"没错，神经原理与电学原理的相似性的确在动作电位上有所体现。但杜布瓦－雷蒙说他致力于用一种"数学－物理方法"去解释生物学现象，尽管他建立了物理的那部分，但还没有完全解决数学的那部分。科学家逐渐意识到，好的科研终究离不开定量

化，所以单单描述神经原理的物理特性还远远不够。实际上，还要再过大约
100 多年，我们才能用方程式去描述神经原理的本质。

欧姆定律与带泄漏整合发放模型

格奥尔格·欧姆（Georg Ohm）和穆勒的人生经历迥然不同，他发表
了自己的研究成果后却丢了工作。

1789 年，欧姆出生于德国埃尔朗根，是一个锁匠的儿子。他只在自己
家乡的大学短暂地读过书，之后就辗转多个城市当物理和数学老师。后来，
因为想要成为一名学者，欧姆开始做实验，做得最多的是电学实验。在一次
实验中，他把不同金属材质的导线切割成不同的长度，然后在导线两端施加
电压，观测有多少电流通过导线。经此实验，他推导出了导线长度和电流之
间的数学关系——导线越长，电流越小。

1827 年，欧姆将他的这一发现连同一系列电学方程式整理成册，这
便是《伽伐尼电路的数学研究》（*The Galvanic Circuit Investigated
Mathematically*）一书。和现代电学研究不同，在欧姆所处的年代，电学
并不是一个十分数学化的研究领域，而欧姆的同侪们也并不喜欢他这种离经
叛道的研究方式。其中一个审稿人甚至这样写道："所有抱着敬畏之心看待
这个世界的人都不应该理睬这本书，因为它充满了不可救药的痴心妄想，它
唯一努力想做的就是玷污大自然的尊严。"欧姆在工作之余抽空撰写的这本
书可谓一败涂地，他本想着靠它升职加薪，却反而被迫辞去了工作。

但欧姆是对的。通过导线的电流等于导线两端的电压除以导线的电阻。
欧姆观察到的这个规律，现在是全世界电气工程学一年级新生必修课程中的

基础。现如今，这个规律被称作欧姆定律，而电阻的基本单位也被命名为"欧姆"。虽然欧姆活着的时候没办法见证他的研究成果所带来的巨大影响，但他最终得到过一些认可。在 63 岁时，欧姆终于被任命为慕尼黑大学的实验物理学教授，但在短短的两年之后，他便撒手人寰。

电阻，顾名思义就是阻力的度量，它描述了物质对电流阻力的大小。大部分物质都有一定的电阻，但欧姆注意到，物质的物理特性决定了电阻的大小。导线越长，电阻越大；导线越粗，电阻越小。就像沙漏的细颈口能够减缓沙子的流动一样，电阻越大的导线越能够阻碍带电粒子的流动。

法国神经生理学家路易斯·拉皮克（Louis Lapicque）就懂得欧姆定律。拉皮克于 1866 年在法国出生，就在第一个动作电位被记录后不久，他完成了自己在巴黎医学院的博士学业，其毕业论文是关于肝功能和铁元素代谢的。尽管拉皮克从事的是科学研究，但他兴趣广泛，从历史到政治再到帆船均有涉猎，他有时甚至会自己驾驶帆船穿越英吉利海峡去参加学术会议。

20 世纪初，拉皮克开始研究神经冲动。这个项目耗时数十年，是由拉皮克和他的学生玛塞尔·德·埃雷迪亚（Marcelle de Heredia）共同开展的，两人后来结为夫妻。拉皮克夫妇把研究重点放在神经中的时间概念上，他们最初提出的一个问题是："激活一根神经需要多长时间？"当时人们已经知道，如果在神经表面施加电压，就能引起神经反应[①]。这种反应要么是一个可以在神经中直接被观测到的动作电位，要么是神经反应所引起的肌肉抽搐。人们还清楚地知道，施加电压的高低也很重要：电压越高，神经的反应速度就越快，反之则越慢。但是施加刺激的强度和神经反应的时间，这两

————————

① 想要控制电荷流动，施加电压要比直接注入电流更简单。

者之间准确的数学关系又是什么呢？

　　这个问题听起来似乎微不足道，纯粹是出于好奇才被提出来，也不知道有什么重要性。但这个问题的价值在于拉皮克所采用的研究方法。一位合格的神经生理学家还必须是一位工程师，因为他需要设计和搭建各类不同的电子设备去刺激神经纤维并从中记录信号。拉皮克正巧懂得电学原理。他知道什么是电容器、电阻、电压以及欧姆定律。正是借助这些知识，他才能建立起一个关于神经原理的数学模型，来帮助他回答包括上述问题在内的许多疑问。

　　在拉皮克开展这项研究的数十年前，人们对包裹细胞的那层细胞膜有了更深入的理解。人们越发清楚，这些生物分子被绑在一起，其功能就类似一堵砖墙，很多物质都无法通过它。而被拦下来的这些物质中就有离子，例如钠离子、钾离子或者氯离子。如同带电粒子能在莱顿瓶两侧的玻璃上富集一样，这些带电粒子也能在细胞内侧或外侧富集。拉皮克在他 1907 年的论文中指出："在经过极端简化后，这种想法能够指引我们找到在金属电极极化研究中已有的相关方程式。"

　　所以，拉皮克想到利用"等效电路"来描述神经（见图1-2）。也就是说，他假设神经的不同部分就像电路中的不同组成部分。他先把细胞膜和电容器画上等号，因为细胞膜能以相同的方式储存电荷。但细胞膜并不等同于电容器，因为它无法将所有的电荷都分隔开，仍然有一些电荷可以出入细胞，从而让细胞轻微地放电。不过，一截有电阻的导线就能扮演离子通道的角色，所以除了电容器，拉皮克在他的神经电路模型里又添加了一个并联的电阻。如此一来，当电流进入这个电路时，一部分电荷会进入电容器，另一部分则会通过电阻。也就是说，试图在细胞内外两侧创造电荷差的这个过程，就如同向一个漏桶中灌水，大部分水会留在桶里，另一部分则会漏走。

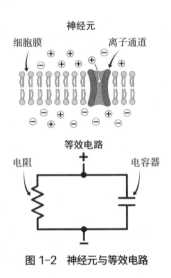

图 1-2　神经元与等效电路

将细胞类比成电路后，拉皮克就可以写出方程式了。该方程式描述了施加电压的强度和时长变化时，细胞膜两侧的电势差是如何随之变化的。而一旦他构想好了这种规范化的方程式，就可以动手计算神经做出反应所需的时间了。

为了搜集数据来测试他的方程式，拉皮克把目光转向了标准的蛙腿实验。他在青蛙神经上施加不同大小的电压，然后记录了神经反应所需的时间。拉皮克猜想，青蛙神经会做出反应，是因为跨膜电压超过了某个阈值。于是他根据模型，计算了施加不同强度电压后，跨膜电压到达阈值所需的时间。在比较了模型预测的时间和实验记录的时间后，拉皮克发现两者非常吻合。这意味着，人们可以利用拉皮克的方程式计算，向青蛙神经施加一定强度的电压后，神经要经过多长时间才能做出反应。

拉皮克并不是第一个给出类似方程式的人。关于如何描述电压强度和反应时间这两者间的关系，在拉皮克之前，有一位叫作乔治斯·韦斯（Georges Weiss）的科学家也给出过一个猜想。与拉皮克的预测相比，韦斯的这个猜想其实也八九不离十，只是在长时间施加电压的情况下稍有出入罢了。但失之毫厘，差之千里，与之前的其他结论相比，拉皮克方程式所给出的预测，让我们对神经的理解有了天壤之别，达到了一个全新的深度。

和拉皮克的方程式不同，韦斯的方程式既不是受细胞原理的启发，也没有将细胞解释成一个等效电路。与其说韦斯的方程式是一个模型，倒不如说它更像是对现象的一种描述。**所谓描述性的方程式，就像是把一个事件做成动画，它能够还原事件的样貌但缺乏深度，而模型是对事件的重现**。所以一个关于神经冲动的数学模型，必须拥有和神经一样的各个组成部分。模型中的每一个变量都应该对应一个真实的物理元件，而变量之间的关系也应该反映它们在真实世界中的关系。这些都是拉皮克的等效电路模型所拥有的，这个方程式中的每一项都可以被解释得明明白白。

其实在拉皮克之前，也有许多人察觉到，用来研究神经的那些电学工具和神经本身十分相似。拉皮克的研究在很大程度上是基于德国物理学家、化学家瓦尔特·能斯特（Walther Nernst）的工作。能斯特注意到，细胞膜能将带电离子隔开，这可能正是细胞产生动作电位的原因。杜布瓦 – 雷蒙的另一个学生卢迪玛·赫尔曼（Ludimar Hermann）也曾将神经比喻成电容器和电阻。甚至伽伐尼本人也曾认为，神经的工作方式可能和他的莱顿瓶原理类似。但和他们相比，拉皮克给出了具体的等效电路方程式，并且做了定量化的数据拟合，所以他可以更进一步地断定，神经就是一个精确的电学装置。他这样写道："关于神经可兴奋性研究，我现在给出的这个物理解释，精确地诠释了之前已知的很多重要结论……我有理由相信，这是向着实在论①迈进的一步。"

受限于粗糙的仪器，与拉皮克同时期的神经科学家只能通过一整根神经记录信号。神经是众多神经元轴突聚集成束所形成的纤维结构，每个神经元都通过这个纤维结构把信号传递给其他神经元。要捕捉神经产生的电流变化，同时从多个轴突记录信号会更容易。可这样一来，就很难看清电流变化的具体情况。如果能把电极插在单个神经元中，我们就能直接记录跨膜电压。20世纪早期，随着观测单个神经元的技术变得成熟，我们对动作电位也有了更清晰的认识。

20世纪20年代，英国生理学家埃德加·阿德里安（Edgar Adrian）注意到，动作电位的一个独有特征就是"全或无"定律②。所谓"全或无"定律，就是一个神经元要么发放一个动作电位，要么就不发放，这两者之间绝无可能有其他任何状态。换句话说，神经元一旦接收到了足够的刺激，它的跨膜电压就会发生改变，而这种改变每次都一模一样。所以，无论我们怎样猛烈地刺激神经元，动作电位都不可能变得更大更强，这就像是在曲棍球比赛中，进一个球就得一分，而无关球入网时的速度有多快。更猛烈的刺激只会让神经元发放更多的动作电位，而这些动作电位都一模一样。如此说来，神经系统更在乎数量而非质量。

神经元这种"全或无"的特征，与拉皮克关于阈值的直觉不谋而合。拉皮克知道，跨膜电压必须达到特定的阈值，神经才会产生反应，而一旦达到这个阈值，一个反应就是一个反应。

---

① 实在论（realism）认为物理世界独立于人的思维而存在，而科学的目的就在于为世界提供正确的描述。——译者注
② 在第6章，我们会看到更多阿德里安的研究，以及他的发现如何揭示神经元表征信息的方式。

20 世纪 60 年代，人们把"全或无"定律和拉皮克的方程式结合在一起，总结出了神经元的一个数学模型，我们把它称为带泄漏整合发放模型（Leaky Integrate-and-Fire，LIF）。"带泄漏"是指模型中存在电阻，所以有一部分电流漏走了。"整合"是指神经元类似电容器，整合了剩下的输入电流，并把电荷一并储存起来。"发放"则是因为当神经元的跨膜电压达到阈值时，神经元就会"发放"一个动作电位，此时也称神经元被"激发"。在每次"发放"后，电压又会回到基准值，而如果神经元接收到更多的输入电流，跨膜电压就会再次达到阈值。

尽管这个模型很简单，但它还原了神经元在发放动作电位时的很多特点。比如，当外界刺激很强且持续不断时，该模型中的神经元也会持续不断地产生动作电位，任意两个相邻的动作电位之间也会有一个短暂的延迟。当外界刺激强度足够低的时候，神经元则如一潭死水，一个动作电位也不会产生。

这些神经元模型还可以连接在一起，使一个神经元发放的动作电位成为另一个神经元的输入信号。如此一来，这类模型的用途就更广泛了，因为它能复现、探索和解释的不只是单个神经元的行为，而且可以是整个神经网络的行为。

带泄漏整合发放模型自建立之初就被用来帮助人们理解大脑的各个方面，其中也包括神经疾病。帕金森病是由基底核神经元放电紊乱而造成的疾病。基底核是位于大脑深处的一个结构，它由许多区域组成，每一个区域都有一个复杂的拉丁名字。当其中一个叫作纹状体的区域出现紊乱后，整个基底核的平衡都会被打破。随着纹状体发生变化，基底核的一个叫作丘脑下核的区域的放电频率就会变高，这导致基底核的另一个叫作外侧苍白球的区域的神经元也开始放电。然而，由于外侧苍白球的神经元与丘脑下核中的抑制性神经元相连，当外侧苍白球将放电信号反馈给丘脑下核后，丘脑下核的放电活动被抑制，进而导致外侧苍白球的活动也被抑制。神经网络中的这种复杂连接就造成了神经振荡，也就是说，神经网络里的神经元在放电之后，会静默一段时间，然后继续放电。帕金森病患者的运动症状，例如震颤、运动缓慢以及肢体僵硬，就跟这种神经节律息息相关。

2011年，弗赖堡大学的研究人员用大约3 000个带电泄漏整合发放模型在计算机中模拟了这些脑区。他们在干扰了模型中代表纹状体的神经元后，发现在神经网络中出现的一系列放电活动和研究人员在帕金森病患者丘脑下核中观察到的神经活动一模一样。

既然这个模型呈现了和疾病相同的特点，我们就可以利用它来寻找治疗疾病的方法。例如，给模型中的丘脑下核区域输入脉冲，就能打破这种神经振荡，从而恢复神经元原有的正常电生理活动。但是施加脉冲的频率必须刚刚好，如果频率太低，反而会加重神经振荡并导致病情恶化。脑深部电刺激所采用的正是这种方法，通过对帕金森病患者丘脑下核区域施加电脉冲，就能有效缓解患者震颤的症状。采用这种治疗方法的医生们还知道，施加的高频脉冲必须在每秒100次左右。而这个模型就向我们解释了，为什么高频的外界刺激要比低频的更管用。通过把大脑模拟成一系列互相连接的电路模型，我们就能了解施加的外部电流是如何将神经元放电活动正常化的。

一开始，拉皮克只是对神经放电中的时间概念感兴趣。在组装好电路中的各个零件后，他成功地解释了动作电位何时会发生。但拉皮克所创造的这个能够替代神经元的电路模型还有着更深远的影响，它为之后科学家建立由成百上千个相互连接的神经元构成的庞大网络模型打下了坚实的基础。现如今，全世界的计算机都在利用这些虚拟的神经元来模拟真实的神经元在正常或者患病的情况下是如何活动的。

乌贼实验：动作电位是如何形成的

1939 年夏天，艾伦·霍奇金（Alan Hodgkin）乘坐一艘小渔船从英国南部海岸出海捕鱼。他本意是想抓些乌贼回来，但其实大多数时候他都只是在晕船。

霍奇金是剑桥大学的一名研究人员，他来到位于普利茅斯的海洋生物学协会，准备开展一项新的研究。他打算研究乌贼巨大轴突的电生理特征。更具体地说，他想了解动作电位为什么会有这种一上一下的特殊形状（这种形状通常被形容成"峰"①）。几周后，同样是初出茅庐的安德鲁·赫胥黎（Andrew Huxley）作为霍奇金的学生兼同事，也加入了这个项目。幸运的是，他们最终找到了解答问题的关键，它就位于茫茫大海之中。

尽管赫胥黎是霍奇金的学生，两人的年纪却只相差四岁。霍奇金看起来像是一个标准的英国绅士：长脸，眼睛深邃，头发梳得整整齐齐。而圆脸浓眉的赫胥黎看起来就显得较为孩子气。他们都既懂生物学也懂物理学，只不过最初求学时，两个人中一个偏好生物学，另一个偏好物理学。

霍奇金主修的是生物学，但在最后一个学期，一位动物学的教授鼓励他尽量多学点数学和物理知识。霍奇金听从了他的建议，并花了大量时间学习

---

① 峰（spike）、激发 / 发放（firing）、放电活动（activity）、动作电位（action potential），这些词指代的都是同一个东西，即神经元的放电活动。

微分方程。

赫胥黎一开始感兴趣的是机械工程，可一个朋友告诉他，生理学课堂会教一些更生动有趣且富有话题性的内容。于是，他选择了研究生物学这条道路。赫胥黎的这种转变，可能也受其祖父托马斯·亨利·赫胥黎（Thomas Henry Huxley）的影响。他的祖父也是一位生物学家，因激烈捍卫达尔文的进化论，素有"达尔文的斗犬"之称，他还将生理学描述成"活体中的机械工程"。

拉皮克的等效电路模型预测了神经元何时会发放动作电位，但他并没有解释动作电位到底是什么，以及神经元发放动作电位时又发生了什么。就在霍奇金出海抓乌贼的时候，当时盛行的关于动作电位成因的理论，还是观察到动作电位的第一人伯恩斯坦提出来的。伯恩斯坦认为，细胞膜在产生动作电位时会暂时破裂。这样一来，各种带电离子就能自由地穿梭于细胞内外，本来的跨膜电荷差就会消失，而这就会产生伯恩斯坦用检流计所检测到的那个微小的电流。

但是，之前霍奇金在螃蟹身上做过的一些实验告诉他，这种理论可能不太正确。为了弄清这个问题，他选择用乌贼进行研究，这是因为乌贼外套膜中的轴突巨大无比，可以让精确测量变得更容易[①]。

于是，霍奇金和赫胥黎将电极插进轴突，记录神经元在发放动作电位时电压的变化（见图1-3）。他们观察到了明显的"超射"现象。所谓超射，就是电压没有像完全放电后的电容器那样直接归零，而是发生了反转。在正

---

① 霍奇金和赫胥黎用于研究的这个"乌贼巨大轴突"非常大。神经科学专业的学生通常有一个误解，认为这是巨型乌贼的轴突。但其实乌贼本身体形中等，轴突却有马克笔笔尖那么粗。

常情况下，神经元细胞膜外侧带有更多的正电荷，但在动作电位达到峰值时会发生反转，使细胞膜内侧带上更多的正电荷。单纯的跨膜离子扩散并不能做到这一点，其中显然是一些有主动选择性的东西在起作用。

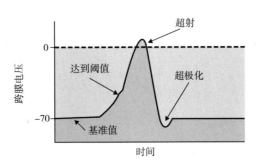

图 1-3　动作电位被发放时的电压变化

就在霍奇金和赫胥黎得出这个发现后不久，他们的工作却因希特勒入侵波兰而不幸被迫中断。他们必须放弃实验室的工作去投身战争，破解动作电位的事还得再缓缓。

一晃 8 年过去了，当霍奇金和赫胥黎重返普利茅斯时，他们发现，战争期间，不仅实验室所在的大楼在空袭中被轰炸了，而且他们的实验器材也散落到了其他科学家手上。幸运的是，他们在战争期间的工作提高了他们的数学能力。赫胥黎在皇家海军的炮兵师中负责分析数据，霍奇金则为空军研发雷达系统。终于回归的两人，都迫不及待地投入对神经冲动机制的研究。

在接下来的几年里，霍奇金和赫胥黎以及来帮忙的生理学家伯纳德·卡茨（Bernard Katz），一直和离子打交道。他们通过将某种特定离子从神经元所处的环境中分离出来，来确定动作电位的哪一部分和哪些带电离子相关。比如，在缺钠环境中的神经元，其超射程度会减轻；而在环境中添加钾，"超极化"现象（超极化是指在动作电位末期，细胞内侧比平时带上更多负电荷的现象）则会消失。同时，他们也尝试了一种可以直接控制细胞膜内外电压的技术。实验发现，打破细胞内外电压的平衡，大量的离子就会进出神经元细胞。如果抹去跨膜电压，堆积在细胞膜外的钠离子就会涌入细胞；如果让细胞在这个状态下维持得久一点，那么富集在细胞膜内的钾离子又会冲出细胞。

模型思维
MODELS OF THE MIND

以上所有这些实验，最终促成了一个模型的诞生，这就是霍金奇－赫胥黎模型。具体来说，霍奇金和赫胥黎把他们辛苦研究发现的神经元细胞膜特性，用一个等效电路的形式来表示，而这个电路可以由一系列方程式来描述。这个等效电路比拉皮克的模型复杂，它不仅能解释动作电位在什么时候发生，还能解释动作电位为什么是现在这样的形状。而该模型和拉皮克的等效电路模型的主要区别就在于电阻。

在拉皮克的等效电路模型中，与电容器并联的只有一个电阻，而霍奇金和赫胥黎在这个基础上又添加了两个电阻，一个电阻用来控制钠离子的流动，另一个用来控制钾离子的流动。之所以要设置两个电阻，是因为霍奇金和赫胥黎假设，细胞膜上不同的离子通道能选择性地允许不同类型的离子通过。此外，电阻大小决定了对相应离子流的阻碍程度，这些电阻的大小不再是模型中一个固定的参数，而是随跨电容器电压大小的变化而变化。细胞能做到这一点，是因为它能根据跨膜电压的大小来控制离子通道的开关。神经元细胞膜看起来就像是俱乐部门口的保安：它在分析了细胞内外两侧的离子数量后，决定哪些离子可以进去，哪些可以出来。

在定义好这个电路的方程式后，霍奇金和赫胥黎就想测试一下，模型中跨电容器电压是否真能模拟出动作电位一上一下的特点。可还有一个难题，当时的剑桥大学是最早拥有数字计算机的几个学术机构之一，如果有数字计算机的帮忙，就能大大加快霍奇金和赫胥黎的计算速度，可是这台计算机坏了，无法使用。所以，赫胥黎不得不使用布朗斯牌计算器，这是一种庞大的手摇式机械计算器。他把当前计算出的电压值输入机器，然后运算出十万分之一秒后的下一个电压值。就这样在桌前坐了几天几夜后，赫胥黎产生一种感觉，他觉得这项工作有些令人捉摸不透。就像他在诺贝尔奖演讲时所回忆的那样："这项工作经常令人心潮澎湃……膜电位会形成动作电位，还是会在阈值之下振荡？我直觉上的判断经常都是错的，要说我在手动计算的过程中学到了什么重要教训，那就是仅通过一个人的直觉去判断一个如此复杂的系统是远远不够的。"

在此之后，霍奇金和赫胥黎就得到了一组计算出来的人工动作电位，这些动作电位的行为和真正的神经元动作电位毫无二致。

当输入电流时，霍奇金 – 赫胥黎模型中的跨膜电压和电阻都展现出了一系列复杂的变化。输入电流打破了神经元原有的自然状态，它使本来带负电的细胞内膜带上了很多正电荷。如果最初外界电流的干扰足够大，使跨膜电压超过了阈值，钠离子通道就会打开，细胞外带正电荷的钠离子就会涌入细胞。这样就形成了一个正反馈回路：钠离子的涌入让细胞内膜带更多的正电荷，而跨膜电压的降低又进一步减小了钠离子通道的电阻。于是，跨膜电压很快消失了，这意味着细胞内外带同样多的正电荷。但随着细胞内膜涌入更多的钠离子，"超射"就出现了，这时，钾离子通道打开了。于是，带正电的钾离子就能从细胞内涌向细胞外。钠离子通道和钾离子通道就像是双开门，一个允许钠离子涌入细胞，一个允许钾离子涌出细胞，但是现在钾离子的运动速度更快。所以，钾离子的涌出改变了电压的变化趋势。当细胞内膜再一次带负电时，钠离子通道就关闭了，细胞膜两侧的电荷又重新被分离开来。当电压差不多回到初始电位时，钾离子通道还没有完全关闭，所以带正电的钾离子会继续涌出细胞，这就造成了"超极化"。最终，钾离子通道也关闭了，跨膜电压又恢复到初始值，神经元又回到正常状态，准备着下一次被激发。整个过程的持续时间不到 5 毫秒。

根据霍奇金的回忆，他们俩建立这个数学模型是因为，"一开始，人们可能会觉得不同电刺激下的神经反应实在太过复杂多变，没办法使用这些相对简单的结论去描述它们"。但他们做到了。就像要杂技一样，神经元用简易的规则把简单的成分组合起来，却给人们展示了一个复杂精妙的产物。**霍奇金 - 赫胥黎模型清晰地指出，在我们大脑里每秒发生数十亿次的动作电位，其本质就是被精确控制的离子运动。**

霍奇金和赫胥黎的实验以及理论成果，都发表在 1952 年的《生理学杂志》(*Journal of Physiology*) 上。11 年后，他们因"发现了在神经细胞膜的外围和中心部位与神经兴奋和抑制有关的离子流动机理"被授予了诺贝尔生理学或医学奖。如果还有生物学家心存疑虑，不清楚是否可以用带电离子的运动来解释神经冲动，那么霍奇金 - 赫胥黎模型就彻底打消了这一怀疑。

电缆理论：树突是神经元中一枚有用的齿轮

"信息以神经冲动的形式通过神经元轴突在神经细胞之间进行传递，而神经细胞的细胞体以及树突都进行了特异化，从而能更好地接收并整合信息。"这简单的一句话，就是澳大利亚神经生理学家、与霍金奇和赫胥黎共同获得诺贝尔奖的约翰·埃克尔斯（John Eccles）的诺贝尔奖报告开场白。接下来，他在这场报告中讲述了离子流动是怎样将信息从一个细胞传递到另一个细胞的。

但报告中并没有讨论有关树突的内容。树突是神经元细胞体上生长出来的纤细藤蔓。这些藤蔓就像树根一样，不断分枝、延伸、再分枝，并最后覆盖神经元周围很大一片区域。就像撒出去的一张网，神经元通过树突搜集周围其他神经元发出的信号。

埃克尔斯和树突之间的故事很曲折。他研究的是猫脊髓中的一种神经元，这种神经元有着复杂的树突结构。这些树突向各个方向延伸，覆盖的区域大约是神经元细胞体大小的 20 倍。但埃克尔斯并不认为神经元的这种"根系"结构很重要。虽然他承认，细胞体附近的一部分树突可能有些用途，因为这些区域会和其他细胞的轴突相连接，并将输入信号及时传递给细胞体，从而帮助神经元产生动作电位。但埃克尔斯认为，那些离细胞体很远的树突就没办法贡献什么作用了，因为距离太远，它们接收到的信号无法传递给细胞体。

所以埃克尔斯认为，神经元是在利用那些树突结构吸收和排放带电粒子，从而总体保持化学平衡。在他看来，树突顶多就像是传递火焰的灯芯，它将附近的冲动信号传递给神经元细胞体，而在其他时候它只不过是一根吞吐离子的吸管。

在"树突的作用是什么"这个问题上，埃克尔斯的学生威尔弗里德·拉尔（Wilfrid Rall）和他的老师意见相左。1943 年，拉尔获得了耶鲁大学的物理学博士学位。他还参与过"曼哈顿计划"，之后便将兴趣转移到了生物学上。1949 年，他搬去了新西兰，与埃克尔斯一同研究神经的刺激作用。

由于拉尔的教育背景，他很快就试图用数学分析以及模拟的办法去理解生物细胞这个复杂的系统。在拉尔读研究生期间，霍奇金曾做客他所在的芝加哥大学。而当拉尔听说了霍奇金和赫胥黎的工作后，他如触电般醍醐灌顶并从中获得了灵感。有了霍奇金－赫胥黎模型，拉尔怀疑，树突的作用远比埃克尔斯原先设想的要大。在新西兰之旅结束后，拉尔又花了其职业生涯的很长一段时间去证明树突的作用，同时也是为了证明数学模型可以用来预测生物学上的发现。

同样还是把神经元比作一个电路，拉尔将细绳模样的树突模拟成电缆，就如同它们看起来的那样。在拉尔的这个"电缆理论"中，每一个树突都是一段极细的导线，而导线的电阻就像欧姆定律所规定的那样，取决于它的粗细和长度。拉尔把电缆部分和其他部分相连，然后研究"树突远端的电活动是怎样到达细胞体的"等类似的问题。

这个数学模型有了更多的组成部分，这就意味着要处理更多的数据。拉尔任职于位于马里兰州贝塞斯达的美国国家卫生研究院，当时，那里并没有合适的数字计算机可供拉尔运行这种大型的模型。如果拉尔想运行一个模型中的方程式，而这个模型又拥有很多树突，他就必须让美国国家卫生研究院的程序员玛乔里·韦斯（Marjory Weiss）带着一箱写满计算机指令的打孔卡，驱车前往华盛顿特区，并在那里的计算机上运行模型。直到韦斯第二天返回，拉尔才能看到自己模型的运行结果。

通过详尽的方程式，拉尔证明了带树突的神经元细胞体拥有截然不同的电学生理特性，这和埃克尔斯的想法大相径庭。1957 年，拉尔发表了他对这些计算的简短描述，这开启了他和埃克尔斯之间旷日持久的隔空辩论。他们不断发表论文和演讲来抨击彼此[1]，各自指出支持自己观点的实验证据和

---

[1] 拉尔声称，埃克尔斯甚至企图阻止他的论文被发表。1958 年，他在手稿中写道："一个持负面意见的审稿人极力劝说编辑拒绝这篇手稿。而在手稿被退回来后，从上面诸多的页边注释中可以清楚地看出，这个人就是埃克尔斯。"

计算结果。但在潜移默化中，埃克尔斯的想法发生了改变。直到 1966 年，他发表了一篇论文，承认树突是神经元这个装置中一枚有用的齿轮。拉尔是对的。

电缆理论不仅揭示了埃克尔斯的错误，还使拉尔能够在相关的实验技术出现之前，通过方程式来探索树突的诸多奇妙能力。拉尔发现树突的一个重要能力就是探测信号的顺序。拉尔在模拟中发现，树突接收输入信号的顺序决定了神经元的反应。如果输入信号最先源自远端的树突，而之后的输入信号离细胞体越来越近，那么神经元就会被激发，如果顺序反过来则不会被激发。这是因为远端的输入信号要经过很久才能到达神经元细胞体，所以，如果从远端开始输入信号，那么所有的信号会同时到达细胞体，这样就会造成膜电压较大幅度的变化，也因此更有可能产生动作电位。而如果顺序反过来，信号则是在不同时间到达的，那就只会造成膜电压较小幅度的变化。这就像在一场跑步比赛中，选手们是在不同时间从不同位置出发的，而想要让所有选手同时冲过终点线，就必须让离得较远的选手率先出发。

1964 年，拉尔做出了上述预测。2010 年，人们在真实的神经元中证实了这个预测。为了验证拉尔的理论，伦敦大学学院的研究员从大鼠脑中提取了一个神经元的样本。将这个神经元样本放在培养皿中，研究人员就能小心翼翼地控制神经递质，将其释放到树突上不同的位置，而这些位置之间仅距 5 微米，也就是一个血红细胞的大小。当刺激输入的顺序是从远端到近端的时候，细胞有80% 的概率会被激发。如果采用相反的输入顺序，细胞只有之前一半的概率会发生放电反应。

这项研究表明，生物学中无论多么细小的东西都自有其妙用。**树突的各个部分就像是钢琴的琴键，以不同的方式演奏同一个音符可以产生不同的效果**。有了树突，神经元就有了更多的本领。具体来说，树突的存在赋予了神经元辨认方向的能力。在很多情况下，神经元需要辨别输入信号是从哪个方向传播过来的。比方说，视网膜中的神经元就有这类"方向选择性"，这种能力使它们可以察觉出物体在视野中的移动方向。

在很多科学小课堂上，中学生们可以捣鼓一个小型的电路。他们用导线将不同的电阻、电容器以及电池连在一起，从而点亮一只灯泡或是让一台电扇转起来。与他们一样，神经科学家通过摆弄电路，创造了神经元的模型。他们只需要使用一个电路中的基本组成成分，就能模拟神经元几乎所有的电活动。拉尔则帮这个电路加上了更多的零件。

赋予神经系统研究勃勃生机的正是电学研究

如果把标准的模型神经元比作一栋小砖房，而每一块砖都是电气工程学结晶，那么蓝脑计划（Blue Brain Project）在 2015 年搭建的这个模型就是一整个大都市。在这场史无前例的合作中，来自 12 个机构的 82 名科学家同心协力，他们的目标是复刻大鼠大脑中一个沙砾般大小的区域。为了搜集关于这块区域中神经元的每一丁点信息，他们不仅梳理了之前的研究，还花了数年时间亲自做实验。这些科学家厘清了神经元的离子通道、神经元轴突的长度、神经元树突的形状、神经元之间的距离，以及它们之间连接的紧密程度和频率。通过这些研究，科学家确定了 55 种可能出现的神经元的标准形状、11 种它们可能拥有的电反应特征，以及一大堆它们之间可能用来交流的方式。

科学家运用这些数据进行模拟，而整个模型包含了超过 3 万个高度细节化的模型神经元，以及它们之间的 3 600 万个连接，要运行这整个模型中数以亿计的方程式，需要一个特制的超级计算机。然而所有这些复杂的东西，其实都源自拉皮克、霍奇金、赫胥黎以及拉尔等人所发现的神经元基本原理。 伊丹·塞格夫（Idan Segev）是这项计划的领导者，他对计划中所采用的方法总结道："拓展性地运用霍奇金 – 赫胥黎模型去模拟这些神经元的活动。这样一来，我们就能通过模拟一整个神经网络中如交响乐般的电活动，从而试图理解它所效仿的真实生物网络。"

正如这个科研团队在他们发表的论文中所展示的那样，这个模型能够复现很多真实生物网络的特征。模拟结果显示，神经元的激发模式（即动作电位的时间序列和模拟结果）十分相似，并且模型中不同类型的细胞还展现出了不同的神经反应和神经振荡。这个近乎真实的模型不仅复现了之前的实验结果，我们还能借助它更快、更容易地开展新的实验。运用在计算机中重建的生物系统去虚拟化地探索这个大脑区域，需要的只是多写几行简单的代码。因此，这种研究方法也被称为"计算机"（in silico）神经科学。

只有当上述模型是真实生物系统的合理复现时，运行模拟才会给出正确的预测。多亏了拉皮克，我们才能想到用电路方程式来描述神经元，这是大脑建模的坚实基础。也正是由于拉皮克所做的这个类比，我们才能像研究电子设备一样去研究神经元。而之后又有不计其数的科学家拓展了拉皮克的这种类比，其中很多科学家同时受过物理学和生物学的训练，这使模型能够解释的现象更丰富了。和穆勒的直觉不同，神经系统正是由于电流的存在才生龙活虎，而毫无疑问，赋予了神经系统研究勃勃生机的正是电学研究。

MODELS OF THE MIND

第 2 章

一团执行精密逻辑计算的粉色物质

麦卡洛克 – 皮茨模型与人工神经网络

| 17 世纪 70 年代至 20 世纪 70 年代 |

要将大脑视为一台遵循逻辑

规则的计算设备，

而不单是"一箩筐"蛋白质和其他化学物质。

20 世纪初，伯特兰·罗素有一个宏伟的目标，就是要发现所有数学的哲学根基。为此他花了 10 年时间，和他之前的导师怀特海一同刻苦钻研。这项雄心勃勃的计划最终催生了一本书，这便是《数学原理》(*Principia Mathematica*)。但在出版商眼里，这本书不仅逾期交稿，还远超预算，因此为了让这本书成功面世，作者们不得不自掏腰包，而在此后的 40 年里，他们没能拿到一分钱的版税。

但与完成这本书所遇到的其他问题相比，经济上的窘迫简直不值一提。首先，绞尽脑汁思考学术问题的罗素必须安抚自己焦躁不安的内心。他在自传中说，有时候他会盯着一张白纸坐上一整个白天，夜里睡觉时脑子里想的全是要怎样一头撞向疾驰的火车。那时的罗素还在闹离婚，而他和怀特海之间的关系也异常紧张。罗素说，那时怀特海本人也面临着心理上以及婚姻上的危机。其次，写这本书甚至还是个体力活。为了传达复杂的数学思想，罗素每天要花 12 个小时坐在书桌前，写下那些复杂的符号。而当书稿最终付梓时，他甚至都搬不动这么重的手稿。不过历经千辛万苦，罗素和怀特海最终还是完成并出版了这本书。通过这本书，他们想要驯服看似桀骜的数学。

所谓数学原理，就是作者的一个雄心壮志，认为所有数学都可以归结为符号逻辑。换句话说，罗素和怀特海相信，只需要一些被称为"表达式"的基本陈述，并对它们进行正确的排列组合，就能推理出所有的数学方程式和结论。这些独立于任何对真实世界的观察，也因此是普适的。比如说，以下这个表达式：如果"X 为真"，那么"X 为真或 Y 为真"这个表述也为真。诸如此类的表达式是由命题构成的，命题是逻辑的基本组成单位，它们可真可假，通常用 X 或 Y 之类的字母表示。而命题之间用布尔操作符①连接，比如"和"、"或"，还有"否"。

在《数学原理》第一卷中，罗素和怀特海展示了十来个这样抽象的表达式。通过这些看似微不足道的表达式，他们建立了一整套数学系统。通过长篇累牍的各种符号，他们甚至骄傲地宣布，自己证明了"1 + 1 = 2"。

罗素和怀特海向我们展示了只需要通过一些简单的数理逻辑，就能推理出如此宏大的整个数学系统②，其中的哲学意义十分深远，因为它证明了逻辑是多么强大。不仅如此，这也意味着在 30 年后，另一对二人组的后续发现也同样具有深远的影响。他们发现，神经元仅仅依靠其解剖学和生理学上的性质，也能够执行数理逻辑规则。这在大脑以及智能研究领域掀起了一场革命。

麦卡洛克 – 皮茨模型：将大脑理解为一个遵循逻辑规则的计算设备

沃尔特·皮茨（Walter Pitts）出生在底特律，在年仅 12 岁时，他就

———————————

① 布尔操作符的名称源于英国数学家乔治·布尔（George Boole）。尽管罗素和怀特海用到了布尔的思想，但他们在书中并没有使用"布尔操作符"这个词语，这是因为这个词直到 1913 年才被发明出来。
② 至少在当时看起来是这样的，我们之后还会聊到这个话题。

已经被罗素邀请去剑桥大学读研究生了。传闻，年少的皮茨为了躲避校霸，藏到图书馆里后，偶然翻开了一本《数学原理》。当他研读这本书时，发现了一些他认为是错误的地方，于是，他把自己的读书笔记寄给了罗素。罗素大概并不知道这位寄信者的年龄，就顺水推舟地推荐皮茨去剑桥大学读研究生。可当时的皮茨并没有接受罗素的邀请。几年以后，当罗素做客芝加哥大学时，皮茨又离家出走去听了他的讲座。就这样，皮茨从虐待他的原生家庭逃到了芝加哥，尽管无家可归，但他再也不愿意返回底特律了。

幸运的是，皮茨还批评了罗素以外的其他人。另一位举世闻名的逻辑学家鲁道夫·卡尔纳普（Rudolf Carnap）当时就在芝加哥大学，他写了一本新书叫《语言的逻辑句法》（*The Logical Syntax of Language*）。皮茨又在这本书中挑出了一些毛病，并把这本书的读书笔记送去了卡尔纳普位于芝加哥大学的办公室。还没等到卡尔纳普的反馈，皮茨就匆匆离开了。但他给卡尔纳普留下了十分深刻的印象，卡尔纳普对他的评价是"那个懂得逻辑学的小报童"。于是，被批评了的卡尔纳普反而追上了皮茨，并成功说服他与其共事。尽管皮茨从没被正式录取，但他实际上就是卡尔纳普的研究生，这让他结识了很多对生物学中的数学饶有兴致的学者。

相较之下，沃伦·麦卡洛克（Warren McCulloch）对哲学的兴趣则显得更为传统。他出生于新泽西，之后在耶鲁大学学习了哲学和心理学。麦卡洛克广泛阅读了许多著作，他对德国哲学家伊曼努尔·康德和戈特弗里德·莱布尼茨（Gottfried Leibniz）尤其感兴趣，而这两位哲学家的思想都深深地影响了罗素。在 25 岁那年，麦卡洛克读到了《数学原理》。尽管麦卡洛克长着一张长脸还蓄着一把大胡子，但他是一位生理学家而非哲学家。他曾就读于曼哈顿的医学院，并在贝尔维尤医院和罗克兰州立医院的精神病科做神经病学的实习生。在那里，麦卡洛克得以观察到人脑是如何以各种各样的方式丧失其功能的。1941 年，他加入了伊利诺伊大学芝加哥分校，在精神病学系担任基础研究实验室主任。

所有伟大故事的起源都扑朔迷离，关于麦卡洛克和皮茨是如何相遇的，人们众说纷纭。有人说是麦卡洛克给一个研究小组做过报告，而皮茨是当时的听众之一。也有人说是卡尔纳普介绍他们认识的。而与他们同时代的神经生物学家杰罗姆·莱特文（Jerome Lettvin）则声称是自己介绍他俩认识的，因为他们三人志趣相投，都崇拜莱布尼茨。但无论如何，到了1942年，43岁的麦卡洛克和他的妻子已经把18岁的皮茨邀请到了自己家中，他们俩会彻夜喝威士忌，畅谈逻辑学。

在20世纪早期的科学家眼里，"灵"与"肉"之间耸立着一堵高墙。心灵，是深藏不露且难以捉摸的；而肉体，包括大脑，则是实实在在的存在。在这堵墙两边，研究人员勤勤恳恳，但他们都仅仅研究各自领域的问题。就像我们在上一章中所看到的那样，生物学家想要解开神经元的物理机制，他们运用移液管、电极和化学试剂，试图厘清动作电位是如何产生的。另一方面，精神科医生则利用弗洛伊德精神分析法冗长的一系列步骤，试图揭示思维的运作机制。对双方来说，很少有人去关注墙另一头的人们在干些什么，因为他们说着不一样的语言，并朝着不一样的目标埋头耕耘。对大多数学术圈的人来说，神经组织是如何创造思维的这个问题不仅没能得到解答，而且根本就没被人提出来过。

但早在麦卡洛克还在上医学院时，他就跟一群关注这个问题的科学家混在一起，这种耳濡目染的环境给了他空间去思考这个问题。最终，麦卡洛克通过生理学角度的观察得出了一个想法。他觉得，新兴的神经学概念很有可能同另外两个数学概念相对应，那便是他在哲学中所钟爱的逻辑和计算。**将大脑视为一台遵循逻辑规则的计算设备而不单是"一箩筐"蛋白质和其他化学物质，这样的想法将开启一扇新世界的大门，使我们得以从神经活动的角度去理解思维。**

　　然而数学分析并不是麦卡洛克擅长的领域。一些认识他的人常说，他是个浪漫主义者，而太浪漫的人是不会拘泥于分析细节的。多年以来，麦卡洛克不断在脑海中酝酿这些想法，也不断在讨论中提及它们，甚至在贝尔维尤医院实习期间，他就曾被人指责"妄图编写单单一个方程式来解释大脑的工作方式"。尽管如此，他仍旧在一些技术问题上苦苦挣扎，无法将这些想法付诸实践。相较之下，皮茨对这种分析就显得游刃有余。当麦卡洛克将他的想法告诉皮茨时，皮茨一瞬间就明白了需要用什么样的方法才能系统地阐明麦卡洛克的直觉。于是在他们俩见面后不久，一篇关于神经计算最富影响力的论文就横空出世了。

　　《神经活动中内在思想的逻辑演算》（*A Logical Calculus of the Ideas Immanent in Nervous Activity*）发表于 1943 年。这篇论文长达 17 页，包含了许多方程式，却只有包括《数学原理》在内的三篇参考文献，以及一幅由麦卡洛克女儿亲笔绘制的小型神经回路[①]的图片。

　　论文先是回顾了当时人们已知的神经元生物学特性：神经元有细胞体和轴突；当一个神经元的轴突遇到第二个神经元的细胞体时，两个神经元相互连接；通过这种连接，一个神经元向另一个神经元提供输入信号；想要激发一个神经元就需要输入一定量的信号；一个神经元要么发放一个动作电位，要么不发放，而没有发放半个动作电位或者中间态的动作电位的情况；来自某些神经元，即抑制性神经元的输入信号能阻止其他神经元放电。

　　接下来，麦卡洛克和皮茨解释了神经元的这些生物学特性是如何同布尔逻辑相关联的。他们的核心思想是，每个神经元的活动状态，即神经元是否

---

① 这里的"回路"和上一章中的"电路"虽然在英文中都是 circuit，但意义有所不同。除了上一章中电路的意思，神经科学家还用"回路"表示一组神经元以特殊的方式相互连接所形成的神经网络。

被激发，就如同一个命题的真值，或真或假。用他们自己的话来说，就是"任何神经元的反应实际上就等同于一个命题，一个关于神经元所受刺激是否足量的命题"。

所谓"足量的刺激"，指的其实是关于外界的一些信息。试想一下，在视觉皮质中有一个神经元，它的神经活动代表了这样一个命题，即"当前的视觉刺激看起来就像是一只鸭子"。如果这个神经元正在放电，那么这个命题就为真；而如果该神经元没有放电，则命题为假。现在再试想一下，在听觉皮质中有另一个神经元，它的神经活动代表的命题是"当前的听觉刺激听起来就像是一只鸭子在嘎嘎叫"。那么同理，如果该神经元放电，则命题为真，反之则为假。

于是，我们现在就可以用神经元之间的连接来进行布尔运算了。例如，如果我们把上述这两个神经元的输出当作第三个神经元的输入，就可以建立"如果它看起来像一只鸭子并且叫起来像一只鸭子，那它就是一只鸭子"这样一个规则。我们所要做的就是构建第三个神经元，使它只有在两个输入神经元都被激发时才会被激发。如此一来，"看起来像一只鸭子"和"听起来像一只鸭子"都必须为真，才能使第三个神经元所代表的"它是一只鸭子"的结论为真。

模型思维
MODELS OF THE MIND

上述文字就描述了实现布尔运算中的"和"所需的一个简单神经回路。在这篇论文中，麦卡洛克和皮茨还展示了许多其他布尔运算符是如何实现的。例如，要实现布尔运算中的"或"，就要求每个神经元同第三个神经元之间的连接必须足够强，以至于仅凭"一个输入"就足以使输出神经元激发。在这种情况下，如果代表"看起来像一只鸭子"的神经元或是代表"听起来像一只鸭子"的神经元正在放电，或者两者都在放

电，那么代表"它是一只鸭子"的神经元就会放电。作者们甚
至还展示了如何将多个布尔运算串在一起。例如，要实现像
"X 而非 Y"这样的语句，那么代表 X 的神经元对输出神经元
的激发作用就必须足够强，强到足以单独使其激发。而代表
Y 的神经元则会抑制输出神经元，这意味着前者的放电活动会阻
止后者的放电。这样一来，输出神经元只会在代表 X 的神经元
放电而代表 Y 的神经元不放电时才会被激发放电（见图 2-1）。

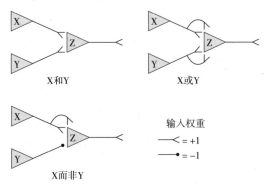

图 2-1　麦卡洛克 - 皮茨模型的放电逻辑图

如果 Z 神经元需要"两个输入"才能放电，那么"和""或""X 而非 Y"逻辑对应的神经
回路就能如图表示。

这些旨在反映真实神经元放电逻辑的神经回路，就逐渐演变成了我们如
今所熟知的人工神经网络。

麦卡洛克慧眼识珠，他敏锐地在这些相互作用的神经元中看见了逻辑所
扮演的角色。作为一个生理学家，他很清楚，神经元远比他的方程式和简笔
画中所展示出来的要复杂得多。真正的神经元有细胞膜，有离子通道，还有
枝枝丫丫的树突。但他这个理论并不需要神经元全部的复杂度。所以，就像
印象派画家只挥洒必要的寥寥几笔一样，麦卡洛克也根据所需，为自己想要

讲述的故事精挑细选了一些神经活动中的要素。在这个过程中，他向我们展现了构建模型时固有的艺术性，即建模是一个主观且富有创造性的过程，我们可以自行决定哪些要素能够登场。

麦卡洛克和皮茨通过这个模型讲述了一个十分大胆前卫的故事，即神经元在执行逻辑演算。这是人们第一次尝试用计算原理将灵与肉的问题转化成灵与肉之间的联系。现在，神经元网络被赋予了一个形式逻辑系统所拥有的全部能力。一旦某些逻辑值通过感觉器官被输入神经元群体，一连串神经元之间的相互作用就可以决定新的不同命题的逻辑值，就如同一连串倒下的多米诺骨牌一般。这就意味着，一组神经元可以完成无穷无尽的各种计算：诠释感官、判断结论、制订计划、推论推理、加减乘除等。

麦卡洛克和皮茨的这项研究，既把对人类思维的研究向前推进了一步，也使人类思维的产生机制不再神秘。一旦"思维"的产生有了科学的解释，也就是说，一旦它神秘莫测又虚无缥缈的能力被简化成了神经元的放电，它就失去了高高在上的地位。引用莱特文的话来说，大脑现在可以被认为是"一台机器，它虽然看似肉乎乎挺不可思议，但仍旧只是一台机器"。麦卡洛克的学生迈克尔·阿比伯（Michael Arbib）则更为激进，他后来评论说这项工作"扼杀了二元论[①]"。

众所周知，罗素经常感叹自己为《数学原理》投入了 20 年心血，它却只影响了逻辑学家和哲学家，而对从事数学研究的数学家几乎毫无影响。书中提出的关于数学基础的新观点，对从事数学研究的人来说似乎无足轻重，也没能改变他们日常的工作方式。对于当时的神经学家来说，麦卡洛克和皮

---

① 二元论主张世界有精神和物质两个独立本原，在心理学上表现为身心或心物的对立。——编者注

茨的发现也是如此。

　　生物学家、生理学家以及解剖学家，所有这些希望通过物理手段挖掘神经元工作细节的科学家，他们都没能从这个理论中汲取太多内容。其中一部分原因在于，他们不清楚基于该理论接下来还应该做些什么样的实验。另一部分原因则可能是，这篇论文中充斥着专业性的符号表述，佶屈聱牙。

　　三年之后，在一篇关于神经传导的综述中，作者就声称麦卡洛克和皮茨的论文"不适合外行读者"，他还补充说，如果诸如此类的工作想要有所作为，"生理学家就必须精通数学，或者至少要让数学家用一种不那么令人生畏的语言来阐述他们的结论"。灵与肉之间的高墙或许已经轰然倒塌，但生物学家和数学家之间的这堵高墙却仍然屹立不倒。

　　但是还有另外一群人，他们既拥有必要的专业数学知识，也对神经元的逻辑演算饶有兴趣。在第二次世界大战后，由慈善机构梅西基金会主办的一系列会议汇集了一众生物学家和技术狂人，其中的许多人都希望利用生物学上的发现来制造一台类似于大脑的机器。

　　麦卡洛克就是这些会议的组织者，其他与会者还包括"控制论之父"、美国应用数学家诺伯特·维纳（Norbert Wiener）以及现代计算机的发明者美国数学家约翰·冯·诺伊曼（John von Neuman），而后者在设计计算机结构时直接受到了麦卡洛克 – 皮茨模型的启发。

　　正如莱特文在 40 年后所描述的那样："对于麦卡洛克 – 皮茨模型中的结构、信息和形式，整个神经学和神经生物学领域都弃之如敝屣。相反，能从中汲取到灵感的那些人，注定会成为一个新兴领域的忠实拥趸，这个新兴领域现在被称为人工智能。"

感知机，像人脑一样思考和学习

上周，海军展示了一台名为"感知机"的数字计算机原型，该计算机预计在大约一年内制造完成，届时将会成为世界上第一台能够"感知、辨认以及识别其周围环境"的非生命体……位于纽约州布法罗市的康奈尔航空实验室的研究型心理学家弗兰克·罗森布拉特（Frank Rosenblatt）博士，设计了这台感知机并进行了演示。他说，这台机器将是第一台像人脑一样思考的电子设备。他还说，和人类一样，感知机一开始也会犯错，但随着经验的积累，它会变得越来越聪明。

上面这段话摘自一篇题为《电子"大脑"自我学习》(*Electronic "Brain" Teaches Itself*) 的文章，它发表在 1958 年 7 月 13 日的《纽约时报》上。30 岁的罗森布拉特是"感知机"项目的总设计师，尽管他学习的是实验心理学，却正致力于建造一台能够与当时最先进的技术成果相媲美的计算机。

这台计算机比操作它的工程师还要高，其长度则是高度的 2 倍。计算机两端是各类控制面板和输出装置。罗森布拉特雇用了三名专业人员和一名相关技术人员，花了 18 个月打造这台机器，其估算成本为 10 万美元（约合今天的 87 万美元）。

广义来说，罗森布拉特将"感知机"一词定义成特定的一类设备，它们可以"识别光学、电学或声学的信息模式，并辨别模式之间的相似性"。因此，这台建于 1958 年的计算机，实际上是感知机的一种，叫作"光感知机"，因为它的输入信号是安装在机器一端三脚架上的照相机所输出的图像。

如同麦卡洛克和皮茨的那篇论文中所介绍的模型，感知机也是一种人工神经网络。跟真实的神经元以及它们之间的连接网络相比，它就是一个简化版的复制品。但是，罗森布拉特不是纸上谈兵，没有停留在用墨水书写的数学方程式上，而是将感知机货真价实地打造了出来。照相机通过光传感器以"20×20"的网格形式提供 400 个输入，然后，电线将这些传感器的输出随机连接到 1 000 个"关联单元"上。通过这样简单的电路，关联单元把接收到的输入相加，并最终判断是要"开"还是要"关"，就像神经元一样。而这些关联单元的输出又成为"响应单元"的输入，这些响应单元本身也可以或"开"或"关"。响应单元的数量等于输入图像可能所属的互斥类别的数量。所以说，如果海军想要使用感知机来确定图像中是否存在一架喷气式飞机，那么就有两个响应单元：一个对应有喷气式飞机的类别，一个对应没有喷气式飞机的类别。而在照相机对面，隔着机器的另一端是一组灯泡，通过它们工程师就可以知道哪个响应单元被激活了，即输入图像属于哪个类别。

用这种方式实现的人工神经网络庞大又笨重，它到处是开关、插板以及充气管。由真正的神经元组成的网络，则会比一粒海盐还要小。但是，能呈现这种实体形式却意义非凡。因为这意味着，我们可以在现实世界中根据真实的数据，去实地验证神经元计算的理论。麦卡洛克和皮茨的工作是在理论上证明了他们的观点，而罗森布拉特则将它付诸实践。

正如罗森布拉特对《纽约时报》所说的那样，感知机和麦卡洛克 – 皮茨模型之间的另外一个重要区别是，感知机可以进行学习。在麦卡洛克和皮茨的论文中，作者没有提及神经元之间的连接是如何形成的。他们仅根据神经网络需要执行的逻辑功能来定义这些连接，并让它们保持这种状态。但是要让感知机进行学习，神经网络就必须对这些连接进行修改[①]。事实上，感知机的全部功能都来自它对连接强度的不断修改，直到这些连接恰到好处为止。

感知机参与的学习类型被称为"监督学习"。专业人员通过给感知机提供成对的输入和输出，例如提供一堆图片以及每张图片中是否包含喷气式飞机的标签，使它学会了自己做判断。通过改变关联单元和响应单元之间的连接强度（这种强度也被称为"权重"），感知机实现了学习。

具体来说，当一张图片被提供给神经网络时，它首先激活的是输入层中的单元，然后是关联层中的关联单元，最后是输出层中的响应单元，而输出层代表的是神经网络的判断。如果神经网络的分类有误，那么不同连接的权重就会根据以下的规则进行相应的修改：

- 如果一个输出单元本该"开"着，而实际上却"关"着，则所有"开"着的关联单元到这个输出单元的连接应被加强。
- 如果一个输出单元本该"关"着，而实际上却"开"着，则所有"开"着的关联单元到这个输出单元的连接应被削弱。

通过遵循上述规则，神经网络就可以开始正确地将图片与其所属类别关联在一起。如果神经网络能够很好地做到这一点，那它就不再会分错类，不同连接的权重也不再会发生变化。

从很多方面看，感知机最令人叹为观止的地方就是它的自主学习能力。自主学习的概念就像是一把能够打开所有大门的钥匙，这样人们就不用

---

① 在下一章中，我们还会了解更多关于大脑如何通过修改神经元连接来完成学习和记忆的内容。

一五一十地告诉计算机该如何去解决一个问题，只需要向它展示一些之前已经被解决过的问题示例即可。这极有可能会彻底改变计算的模式，而罗森布拉特也毫不谦虚地指出了这一点。他告诉《纽约时报》，感知机将"能够识别出一个人并喊出他的名字"，还能"将听到的一种语言的语音即时翻译成另一种语言的语音或者文字"。他还补充道："人们有可能打造能在流水线上自我复制的感知机，而且它还能'意识到'自己的存在。"这个表述确实胆大包天，至少当时并非所有人都认同罗森布拉特这些虚张声势的话。不过话又说回来，他夸大其词背后的思想精髓却不无道理，即一台能够自主学习的计算机将加快几乎任何问题的解决。

但拥有学习能力是要付出代价的。让系统自主决定其连接，这使得连接不再遵循布尔运算。当然，感知机也可以学习麦卡洛克和皮茨那种为了执行"和""或"等布尔运算所需要的连接，但是它并不是非得这样做，也并不需要从这个角度去理解整个系统。此外，尽管感知机中的关联单元被设计成只有"开"或"关"两种状态，而学习规则其实并不强求它们只能处于这两种状态。事实上，这些人工神经元的活动水平可以是任何正数[①]，而同样的学习规则依然奏效。这样一来，系统更加灵活了。但是少了二进制的"开"和"关"，我们就很难再将这些单元的活动水平转化为命题中的二元逻辑值。**相较麦卡洛克 – 皮茨模型中清晰明了的逻辑，感知机就像是一团无法解释的乱麻。事实是感知机能够自主学习，为了学习能力，它牺牲了可解释性。**

在新兴的人工智能领域，感知机及其相关的学习过程成为一个热门的研究对象。当感知机从一个给定的物理实体过渡到感知机算法这样一个抽象的数学概念时，单独的输入层和关联层都被抹去了，相反，代表输入数据的输入单元直接连接到了输出单元。随着感知机的学习，这些连接被不断修改，

[①] 这可以被看作代表了神经元动作电位的发放频率，而不是神经元是否发放一个动作电位。我们只需对学习过程稍作修改，就能使用这种类型的人工神经元。

从而使人工神经网络更好地完成任务。人们从各个角度研究了这种简化版的感知机能学习哪些内容，以及它是如何学习的。研究人员或是用纸笔从数学的角度钻研它的工作原理，或是亲手搭建自己的感知机进行探究，而当数字计算机终于面世时，人们又用电子模拟的方式进行了进一步探索。

感知机赋予我们希望，或许人类可以建造出像自身一样会学习的机器。通过这种方式，感知机使人工智能的前景变得触手可及。同时，它也提供了一个了解我们自身智力的新思路。感知机表明，人工神经网络可以在不严格遵守逻辑规则的情况下进行计算。如果感知机可以在不借助命题和布尔运算符的情况下进行感知，那么大脑中的每个神经元或突触连接也不需要依据明确的布尔逻辑。也就是说，大脑真正的工作方式可能没那么严苛，如同感知机一样，神经网络的功能可能分布在众多神经元中，并从它们之间的连接里涌现出来。这种研究大脑的新方法被称为联结主义。

麦卡洛克和皮茨的研究成果是一块重要的基石，它向我们展示了神经网络是如何进行思考的，这使神经科学突破了纯生物学的狭小海域，进入了计算的宽广海洋。正是这种突破性而非其观点的绝对正确性，使这项成果被列入史册。而赋予麦卡洛克和皮茨工作灵感的《数学原理》一书，可以说也遭受了相似的命运。1931年，德国数学家库尔特·哥德尔（Kurt Gödel）发表了《〈数学原理〉及有关系统中的形式不可判定的命题》（*On Formally Undecidable Propositions of Principia Mathematica and Related Systems*）。这篇论文从《数学原理》出发，证明了为什么书中的宏图大业，即以简单的逻辑为前提去解释所有的数学是注定会失败的。事实上，罗素和怀特海并没有完成他们认为自己已经做到的事情[①]。哥德尔的发现被称为"不完全性定理"，它对数学和哲学都产生了至关重要的影响，而这种影响在一

---

① 《数学原理》的弱点在其发表之初就已经暴露得十分明显，一些必需的"基本"假设前提实际上一点也不基本，而且也很难证明这些前提是正确的。

定程度上也源自罗素和怀特海失败的尝试。

面对各自工作上的失败，罗素和麦卡洛克都能从容面对。可是皮茨的心理防线就没那么坚固了。一想到大脑并没有遵循优美的逻辑规则，他就心力交瘁[①]。再加上他之前的一些心理疾病以及与一位重要的导师不欢而散的经历，导致皮茨开始酗酒并滥用药品。他变得性情古怪神志不清，和朋友们形同陌路，并将自己的研究成果也付之一炬。1969 年，年仅 46 岁的皮茨死于肝病的并发症。同年，麦卡洛克也与世长辞，享年 70 岁。

小脑的神经元结构与感知机原理：从错误中学习的神经网络

小脑是一片森林。在脊髓进入头骨的位置，小脑整整齐齐地折叠起来。作为大脑的一部分，小脑很厚，其中不同类型的神经元就像森林里不同种类的树，它们看似杂乱无章却和谐地生长在一起（见图 2-2）。

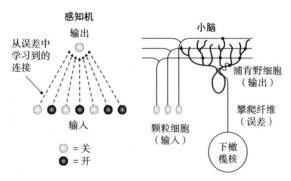

图 2-2　感知机工作原理与小脑中的神经结构

---

① 对于这一认识，皮茨参与的一项有关青蛙大脑的研究还提供了更加直接的证据，我们将在第 5 章中讲到。

浦肯野细胞很容易被识别，它很大并且有很多分支，其树突从细胞体出发向上延伸，宛如无数外星人高举着的手。颗粒细胞则数量众多，其细胞体大小不足浦肯野细胞的一半，却能延伸至很远。它们的轴突一开始先向上生长，与浦肯野细胞的树突平行。然后这些轴突向右急转，直接穿过了浦肯野细胞的树突，就像穿过树梢的电线一般。在这里，颗粒细胞和浦肯野细胞相互接触，每一个浦肯野细胞都从成千上万个颗粒细胞中接收了输入信号。攀爬纤维则是一些轴突，它们跋山涉水来到浦肯野细胞旁边。这些轴突来自另外一个叫作下橄榄核的脑区中的神经元，它们从底部接近浦肯野细胞体并在其周围蜿蜒生根。攀爬纤维就像常春藤一样缠绕在浦肯野细胞树突的基部，并在那里形成突触连接。和颗粒细胞不同，每个浦肯野细胞只有一根攀爬纤维。因此，纵观小脑，浦肯野细胞至关重要，它们在顶部与一大群颗粒细胞相连，而在底部则与一小束攀爬纤维精准地相连。

小脑的回路就是这样有机而曲折，但它却具有明显的组织性和精确性。正是在这种生物性的回路中，美国国家航空航天局的电气工程学博士生詹姆斯·阿尔布斯（James Albus）看到了感知机的原理。

小脑在运动控制中具有举足轻重的作用，它参与身体的平衡、协调以及反射等活动。人们研究最多的是小脑在眨眼反射中的作用。这种可以被训练出来的反射在日常生活中随处可见。例如，如果你的家长或者室友总是叫你早起，当他们拉开窗帘叫你起床时，你会本能地闭上双眼来回避阳光。这样几天以后，仅仅是听到窗帘被拉开的声音，就足以让你提前眨眼了。

在实验室中，研究人员在兔子身上进行了类似研究。他们用一小股空气代替阳光，并将空气吹到兔子的眼睛上，这股空气十分烦人，于是兔子会通过闭上眼来回避它。接下来，研究人员先播放一个声音，然后再吹气。经过反复试验后，兔子最终学会了一听到声音就立马闭上眼睛。如果给兔子听一个没有跟

吹气相匹配的新声音，比如拍打声，兔子就不会眨眼。这使眨眼条件反射成为
一项简单的分类任务：兔子需要判断它听到的声音，是预示着马上就会吹气的
声音呢，还是说只是无害的中性噪声。在前一种情况下它应该闭上眼，而在后
一种情况下则仍然睁着眼。如果我们破坏兔子的小脑，它就无法学习这项任务。

浦肯野细胞就能使动物闭眼。具体来说，当它们通常较高的激发放电频
率下降时，通过从小脑发出的连接最终就能导致闭眼。基于这个解剖结构，
阿尔布斯认为浦肯野细胞的位置就是输出的位置，也就是说，浦肯野细胞的
活动指示着分类的结果。

感知机是通过监督进行学习的，它需要解读输入以及这些输入的标签才
能判断出错的情况。阿尔布斯在浦肯野细胞的两种不同类型的连接中察觉到
了这两个功能。颗粒细胞传递的是感觉信号，具体来说，不同的颗粒细胞会
根据听到的声音来激发放电。攀爬纤维则告诉小脑有关吹气的信息，当感觉
到有吹气的干扰时它们就会激发放电。重要的是，这意味着攀爬纤维能够传
递误差信号，它指出了动物在应该闭眼却没有闭眼时所犯下的错误。

为了避免再次出错，颗粒细胞和浦肯野细胞之间的连接需要发生改变。
具体来说，阿尔布斯推测，如果在攀爬纤维被激发之前，也就是在发生错误
之前，如果有任何颗粒细胞也被激发，那么它与浦肯野细胞之间的连接就会
被削弱。这样一来，当下一次这些颗粒细胞再被激发放电时，也就是下一次
再听到相同的声音时，浦肯野细胞就不会被激发，而浦肯野细胞激发放电频
率下降则会导致闭眼。所以，通过这种连接强度的变化，动物可以从过去的
错误中吸取教训，从而避免之后眼睛再被空气吹到。

在这种方式下，浦肯野细胞就像一位总统，它接受着作为"内阁顾问"
的颗粒细胞给出的建议。起初，浦肯野细胞会听取所有的建议，但如果很明

显有些颗粒细胞提供了错误的建议，也就是说紧接着其输入的是来自攀爬纤维的坏消息，那么这些颗粒细胞对浦肯野细胞的影响力将会被削弱。如此一来，浦肯野细胞之后就能表现得更好。而这整个过程与感知机的学习规则如出一辙。

1971年，阿尔布斯提出了感知机和小脑之间的这种对应关系[1]，并预测了颗粒细胞和浦肯野细胞之间的连接应该如何变化。但在当时，他的这种预测就只是一个预测而已，没有人在小脑中直接观察到过这种学习过程。但到了20世纪80年代中期，对阿尔布斯有利的证据越来越多。证据表明，在出现错误之后，颗粒细胞和浦肯野细胞之间的连接强度确实会减弱，而这一过程中具体的分子机制也被揭示了出来。

现在我们知道，浦肯野细胞膜中的受体会对颗粒细胞的输入信号做出反应，这就有效地标记了哪些颗粒细胞在给定时间是被激发的。如果之后吹气，浦肯野细胞又会接收到来自攀爬纤维的输入，这就会导致钙离子涌入细胞，而钙离子会向所有被标记的连接发出信号以降低其强度。脆性X染色体综合征是一种导致智力障碍的遗传疾病，患者缺少一种调节颗粒细胞和浦肯野细胞之间连接的蛋白质。因此，对这些患者来说，要学会眨眼条件反射等任务是比较困难的。

关于神经网络要如何学习，感知机有着一套清晰的规则。它为神经科学家提供了一个明确的可以到大脑中去寻找并测试的想法。而在这个寻找的过程中，不同尺度上的科学被整合了起来。就连最微小的细节，例如在神经元内游离的钙离子，也在计算中具有了更重要的意义。

---

[1] 神经学家大卫·马尔和伊藤正男（Masao Ito）也都提出了类似的小脑学习模型，所以这种对应关系有时被称为"马尔-阿尔布斯-伊藤"（Marr-Albus-Ito）运动学习理论。

多层感知机：人工智能领域的变革引擎

1969 年，这种感知机的研究热潮画上了句号。不过带有莎士比亚戏剧般讽刺意味的是，使其终结的东西同样叫作感知机。

《感知机》（*Perceptrons*）是由麻省理工学院的数学家马文·明斯基（Marvin Minsky）[1]和西蒙·派珀特（Seymour Papert）合著的作品。这本书的副标题是"计算几何导论"，其封面上还画着一个简单的抽象设计。明斯基和派珀特被感知机深深地吸引，出于对罗森布拉特这个发明的欣赏以及更进一步探索它的欲望，他们编写了这本书。事实上，明斯基和派珀特是在一次会议上相遇的，关于感知机是如何学习的，他们在这个会议上展示了相似的研究成果。

派珀特是土生土长的南非人，他脸颊饱满，胡须浓密，且拥有两个数学博士头衔。他一生都对教育以及如何通过计算进行教育改革抱有兴趣。明斯基比派珀特大了不到一岁，他五官轮廓分明，戴着一副大眼镜。明斯基是纽约人，他与罗森布拉特一起就读于布朗克斯科技高中，同时也是麦卡洛克和皮茨的门生。

与麦卡洛克和皮茨一样，明斯基和派珀特也执着地想要规范化地分析什么是思维。他们坚信，对计算更上一层楼的理解一定来源于数学推导。无论感知机能够执行什么样的计算，无论它能够学习什么样的分类，如果不能从数学上理解它为什么会成功以及它是如何工作的，感知机在经验上的成功就几乎毫无意义。

---

[1] 明斯基是"人工智能之父"、麻省理工学院人工智能实验室联合创始人、人工智能领域首位图灵奖获得者。其重磅力作《情感机器》引领了人工智能的大趋势，揭示了人工智能新风口的驾驭之道。该书中文简体字版已由湛庐引进、浙江人民出版社出版。——编者注

彼时的感知机风靡一时，它备受瞩目并吸引了来自人工智能领域的大量资金，但没有人像明斯基和派珀特所希望的那样，对它进行严谨的数学分析。所以，他们俩决心亲自编写一本书，希望能以此提醒人们更严谨地研究感知机。但正如派珀特后来承认的那样，他们写书的目的也是希望提醒人们不要盲目地崇拜感知机 [1]。

《感知机》一书中的主要内容是证明、定理和推导，这些方程式共同讲述了关于感知机的一个故事：它是什么、能做什么以及是如何学习的。作者用了大约 200 页的篇幅对感知机工作原理的来龙去脉刨根问底，然而大众从书中看到的却主要是它的局限性。这是因为明斯基和派珀特最终证明，某些一目了然的简单计算对感知机来说却是天方夜谭。

设想一个只有两个输入的感知机，每个输入可以是"开"或"关"。我们希望感知机可以判断出两个输入是否相同：如果两个输入都是"开"或者两个输入都是"关"，那么感知机判断为真，即输出单元为"开"。但如果一个输入是"开"而另一个是"关"，则输出单元为"关"。这就像从一堆衣物中挑选袜子一样，感知机应该只在看到一双配对的袜子时才做出响应。

为了确保只有一个输入是"开"时，输出单元不会响应，就要使每一个输入的权重足够低。例如，它可以是输出单元响应所需量的一半。这样，当两个输入都为"开"时，输出单元才会响应，而当只有一个输入为"开"时，输出单元就不会响应。在这种条件下，感知机能对四种可能的输入情况中的三种正确地进行响应，但在两个输入都为"关"时，输出单元也为"关"，即分类发生了错误。

---

[1] 对感知机刮起的这股狂热之风，派珀特当时用来描述其感受的具体词语是"很抗拒"和"很烦人"。

事实证明，无论我们怎样调整这些连接强度，都无法同时满足所有的分类需求，感知机根本就办不到。那么问题来了，一个优秀的大脑模型或是有前景的人工智能，不可能连这样一个判断两个东西是否相同的简单任务都做不好。

阿尔布斯关于小脑的那篇论文发表于 1971 年，他认识到尽管感知机存在缺陷，可它仍然强大到足够作为眨眼条件反射任务的模型。可是感知机真的能像罗森布拉特所承诺的那样是一个全脑模型吗？这不可能。

明斯基和派珀特为感知机画的这幅肖像迫使研究人员重新审视它的能力。在此之前，研究人员尚能盲目地探索感知机可以完成什么任务，祈祷它的能力上限还很高，甚至没有上限。然而，一旦我们清晰地勾勒出了感知机的轮廓，人们就不可否认它的边界确实存在，而且其上限远比预想中低得多。事实上，这一切都是对感知机的一种理解，这也正是明斯基和派珀特一开始打算做的事。但是人们对感知机不再懵懂也就意味着对它不再感到兴奋。正如派珀特所说："被了解可能是同死亡一样糟糕的命运。"

《感知机》出版后的一段时期被称为联结主义的"黑暗时代"。在此期间，人们显著减少了对所有基于罗森布拉特最初成果的研究项目的资助。构建人工智能神经网络的方法被扼杀在了摇篮里。之前一切过火的承诺、过高的期望以及各种炒作此时都偃旗息鼓了。在这本书出版后两年，罗森布拉特本人也在一次沉船事故中不幸身亡，而他帮助开创的这个领域也从此沉寂了10 多年。

如果说围绕着感知机过度且不明智的大肆炒作源于对它的一知半解，那么这场反过来对感知机疾风骤雨般矫枉过正的批判也同样如此。明斯基和派珀特在书中谈到的局限性客观存在，他们研究的这种形式的感知机也确实无法完成很多任务，但感知机并非一定要保持这种形式。例如，如果我们在输入层和输出层之间添加一层额外的神经元，就能轻松解决之前那个判断两个输入是否相同的问题。这一层可以由两个神经元组成，一个的权重确保它在两个输入都为"开"的时候为"开"，另一个的权重确保它在两个输入都为"关"的时候为"开"，而输出神经元则从这两个中间神经元中获取输入，现在它只需在二者其一为"开"时处于"开"的状态就行了。

这些新的神经网络架构被称为"多层感知机"，它们有望让联结主义起死回生①。但在感知机"王者归来"之前，还有一个问题必须解决：学习。最初的感知机算法只告诉我们如何设置输入神经元和输出神经元之间的连接，也就是说，其学习规则是为两层神经网络制订的。如果新型的神经网络有三层、四层、五层甚至更多层的话，那么所有这些层之间的连接又该如何设置呢？（见图2-3）

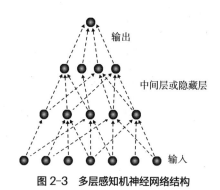

输出

中间层或隐藏层

输入

图2-3　多层感知机神经网络结构

尽管感知机的学习规则有着许多优点，它既简单，又被证明很实用，并

----

① 严格来说，这些架构算不上是"新的"。明斯基和派珀特在他们的书中确实提到了多层感知机，但他们对这些架构的潜能不屑一顾。而且对科学界来说十分不幸的是，科学界也没有鼓励这两个人进一步研究下去。

且相似的学习过程还被证实会发生在小脑中，但这一切都无法回答上面这个疑问。仅仅知道多层感知机在理论上能够解决一些更复杂的问题，还并不足以兑现联结主义夸下的海口。多层感知机需要的是自主学习如何解决这些问题。

反向传播算法：推动人工智能发展的关键突破

1986 年，联结主义上演了起死回生戏码中的复活情节。一篇题为《通过反向传播误差学习表征》(*Learning Representations by Back-Propagating Errors*) 的论文于 10 月 9 日在《自然》杂志上发表。论文的作者是加州大学圣迭戈分校的认知科学家大卫·鲁梅尔哈特（David Rumelhart）和罗纳德·威廉姆斯（Ronald Williams），以及卡内基梅隆大学的计算机科学家杰弗里·辛顿（Geoffrey Hinton）。这篇论文提供的解决方案切中要害，直指该领域所面临的问题，即如何训练多层人工神经网络。论文中被称为"反向传播"的学习算法在当时被广泛使用。时至今日，如果人们想要让人工神经网络去完成有趣的任务，反向传播仍然是训练它的主要方式。

第一代感知机的学习规则能行之有效，是因为只有两层神经元，可以很容易地看出如何修复错误。如果一个输出单元本该开着却关着，那么从输入层到该神经元的连接应该被加强，反之亦然。因此，输出单元和这些连接之间的关系清晰明了。而反向传播算法要解决的问题则非常困难。因为输入和输出之间有多层神经元，输出单元和所有这些连接之间的关系就不那么清楚了。所以，我们现在拥有的不是一个总统和他的顾问们，而是总统、他的顾问以及这些顾问的员工们。一个顾问对任何一个员工的信任程度，也就是该员工和顾问之间连接的强度，最终肯定会影响总统的判断。但如果总统觉得哪里出了差错，想要直接找出这些影响所处的位置并修复它们便十分困难了。

　　因此，我们需要一种明确的方法来计算神经网络中任意连接是如何影响输出层的。事实证明，数学提供了一种巧妙的办法。让我们设想一个三层的人工神经网络，它具有输入层、中间层以及输出层。试问，输入层和中间层之间的连接是如何影响最终输出的呢？我们知道，中间层神经元活动是由输入层神经元活动以及二者间的连接权重决定的。知道了这些，就可以直接写出方程式去描述这些连接是如何影响中间层神经元活动的。同时我们还知道，输出神经元也遵循着相同的规则，即输出层神经元活动是由中间层神经元活动以及二者之间连接的权重决定的，所以要写出方程式描述这些连接如何影响输出神经元活动也易如反掌。接下来，我们唯一要做的就是将这两个方程式串联到一起。如此一来，就能得出一个方程式直接告诉我们从输入层到中间层的连接是如何影响输出层的。

　　在多米诺骨牌游戏中，要将两张牌连接到一起组成一长串，那么一张牌末尾的数字就必须跟下一张牌开头的数字相匹配。在多层人工神经网络中，将这些方程式拼接在一起，也是同样的道理。在这里，将两个方程式连接在一起的公共项是中间层的神经活动，它既由输入层到中间层的连接所决定，同时也决定了输出层的活动。一旦我们通过中间层将这些方程式拼接在一起，就可以直接计算输入层和中间层之间的连接是如何影响输出的。这样一来，如果输出有误，我们就可以更方便地厘清这些连接应该如何变化。在微积分中，这种相连的关系被称为"链式法则"，这就是反向传播算法的核心。

　　链式法则正是200多年前由麦卡洛克和皮茨的偶像莱布尼茨发现的。鉴于该法则运用广泛，它在多层神经网络训练中的应用也就不足为奇了。事实上，在1986年之前，反向传播算法似乎至少被分别发明了三次。但1986年的这篇论文乘风而起，将这一发现传播得更广更远。其成功归根结底，首先是因为论文本身的内容。它不仅证明了可以通过这种方式训练神经网络，还分析了在多项认知任务（例如理解家族树中的关系）上训练神经网络的工作原理。其次是因为计算能力在 20 世纪 80 年代得到了大幅提升，这使研究人员能够真正着手训练多层神经网络。最后一个原因是，在论文发表同年，作者之一的鲁梅尔哈特还出版了一本关于联结主义的书，书中内容也包含反向传播算法。到 20 世纪 90 年代中期，这本由鲁梅尔哈特和另一位卡内基梅隆大学教授詹姆斯·麦克莱兰（James McClelland）合著的书总计售出约 4 万册，而该书的书名"并行分布式处理"（Parallel Distributed Processing）在 20 世纪 80 年代末和 90 年代初摇身一变，成为一个以构建人工神经网络为目标的研究议题。

出于某些类似的原因，在进入千禧年后大约 10 年，人工神经网络的故事发生了更加戏剧性的转变。互联网时代积累的海量数据与 21 世纪强大的计算能力相结合，推动了该领域突飞猛进的发展。一时之间，越来越多层的神经网络可以通过训练完成越来越复杂的任务。这种更多层的模型被称为"深度神经网络"，它目前正主导着人工智能和神经科学中日新月异的变革。

相较于麦卡洛克和皮茨对神经元的基本理解，现如今深度神经网络所基于的理论也大同小异。然而，除了灵感来源相同，人们建立深度神经网络的目的不再是复制人脑，例如，它不再试图模仿大脑的解剖结构[1]。但是它确实旨在模仿人类的行为，而且模仿得越来越像。当谷歌流行的语言翻译软件在 2016 年开始使用深度网络学习算法时，翻译错误减少了 50%。同时，You Tube 也使用深度神经网络以帮助其推荐算法更好地掌握人们想要看什么样的视频。当苹果的语音助手 Siri 对命令进行响应时，背后也是深度神经网络在负责听和说。

总体而言，我们现在可以训练深度神经网络来识别图像中的物体、玩电

---

[1] 其中不包括为理解图像而构建的深度神经网络，我将在第 5 章对其进行全面介绍。

子游戏、理解用户偏好、翻译多门语言，以及将文字和语音互相转化。正如第一代感知机那样，用来运行这些神经网络的计算机也填满了房间。这些计算机位于全球各地的服务器中心，在那里，它们嗡嗡作响，忙着处理世界各地的图像、文本以及音频数据。罗森布拉特可能会感到欣慰，他对《纽约时报》许下的一些宏伟承诺确实得到了兑现，只不过现在的模型的规模几乎是他当时可支配的1000倍罢了。

人工神经网络在处理某些任务上能够达到近乎人类的水平，反向传播算法功不可没，作为神经网络的学习规则它确实有效。但很可惜，这并不意味着大脑也是这样工作的。尽管感知机的学习规则可以被看作真正神经元的工作原理，但反向传播算法却不可以。它从设计之初就是一种训练人工神经网络的数学工具，而不是大脑学习方式的模拟，它的发明者从一开始就对此心知肚明。其原因在于，通常来说真正的神经元只能知道同它相连的神经元的活动，而不知道同这些神经元再相连的其他神经元的活动。出于这个原因，真正的神经元没有一种显而易见的方法来实现链式法则，它们一定还有其他办法另辟蹊径。

对一些研究人员来说，尤其是对人工智能领域的研究人员来说，反向传播算法的人工性质无伤大雅。他们的目标就是要采用任何必要的手段制造出能够思考的计算机。而对其他一些科学家，尤其是对神经科学家来说，找到大脑的学习算法却很重要。我们知道大脑擅长学习，它可以学乐器、学开车、学新的语言，但问题的关键在于，它是怎么学的？

因为我们知道反向传播算法是有效的，一些神经科学家从那里开始着手研究。他们寻找大脑中的蛛丝马迹，证明大脑正在做类似反向传播的事情，即使它不能完全做到反向传播。这些研究的灵感源于此前在小脑中发现感知机工作原理的成功案例。在这个成功案例中，线索就隐藏在小脑的解剖结构中：攀爬纤维和颗粒细胞的不同位置表明了它们各自不同的功能，而其他脑区的连接方式也可能暗示着它们的学习方式。例如，在新皮质中，有些神经元的树突极力向上延伸，而远处的脑区则将输入信号传递给这些树突。这些神经元是否携带了关于它们如何影响大脑神经网络中其他神经元的信息？这些信息又是否可以用来改变神经网络中的连接强度？神经科学家和人工智能研究人员都渴望能够发现一个大脑版本的反向传播案例，而当它被发现的时候，人们就能通过复制它来创造一个比现如今人工神经网络更好、更快的新算法。

为了搞清楚大脑是如何在监督下学习的，现代研究人员正在做麦卡洛克做过的事。他们研究手头掌握的有关大脑生物学的大量事实，并试图从中找到一种计算性的结构。也许这一回，人工系统的工作原理指导了生物学探索，而下一回，生物学上的发现又将反过来指导人工智能的构建。这种来回的相互指导就定义了这两个领域之间的共生关系。希望构建人工智能的研究人员可以从生物网络里发现的模式中得到启发，而神经科学家也可以借鉴人工智能的研究来确定生物学细节在计算中所扮演的角色。通过这种方式，人工神经网络将思维研究与大脑研究联系在了一起。

MODELS
OF
THE MIND

第 3 章

我们如何相处，世界就如何被记住

霍普菲尔德神经网络与环形网络

| 20 世纪 40 年代至 20 世纪 90 年代 |

一起激发的神经元连在一起。

一块铁在 770℃下呈现出坚固的灰色网状结构，其晶体结构就如同无数相互平行的墙壁和天花板，而每一个原子都充当着这里面的一小块砖。这种排列就是秩序的典范。然而，与其井然有序的结构排列不同，这些原子的磁性排列却是一团乱麻。

每个铁原子都会形成一个偶极子，这是一个具有正负端的微型磁体。热能使这些原子不再稳定，它们可以随机反转自己的正负极方向。在微观层面，这意味着许多微小的磁体都在朝各自的方向施力。当这些作用力相互抵消时，它们的净效应就变得微乎其微。而在宏观层面，大量聚集的微磁体约等于没有磁性。

然而，当温度降至 770℃以下，情况就有所不同了。此时单个原子的磁极方向不再轻易变化，而随着偶极子的不再改变，每一个原子都开始对相邻原子施加一个方向不变的作用力，这个力告诉其他原子它们也应该朝向哪里。不同磁极方向的原子不断争夺它在周围邻居中的话语权，直至所有原子都以同一方向有序地排列。当所有偶极子同向整齐排列时，其净效应就不容小觑，之前没有磁性的铁块就获得了磁性。

美国物理学家菲利普·沃伦·安德森（Philip Warren Anderson）因研究此类现象而获得了诺贝尔奖。他在那篇著名的题为《量变引起质变》（*More Is Different*）的文章中这样写道："事实上，大型复杂的基本粒子集合体的行为，并不能按照少数基本粒子性质的简单外推来理解。"这也就是说，由大量微小粒子通过彼此间局部相互作用而组织起来的集合体，其特性可以创造出任意单独粒子都不能直接实现的功能。物理学家已经用方程式规范化地描述了这些相互作用，并成功地用它们来解释金属、气体以及冰块的特性。

在20世纪70年代后期，安德森的同事约翰·J. 霍普菲尔德（John J. Hopfield）在这些磁体的数学模型中看到了类似大脑的结构。凭借这一敏锐的观察，霍普菲尔德用数学方式破解了一个长久以来的谜团：神经元是如何创造并保留记忆的。

印迹与赫布型学习：记忆科学的演进

理查德·塞蒙（Richard Semon）搞错了。塞蒙是20世纪初的德国生物学家，他撰写了两本关于记忆科学的长篇大作，书中充满了对实验结果和理论的详细阐述，同时用了各种术语来描述记忆对"有机组织"的影响。塞蒙的学术研究诚信、清晰且极富洞察力，可它却有一个重大的缺陷。与我们目前对进化的理解不同，法国自然学家让-巴蒂斯特·拉马克（Jean-Baptiste Lamarck）认为，动物在其一生中所获得的性状可以传递给它的后代，而塞蒙和拉马克的想法不谋而合，他主张动物的记忆同样也是可以遗传给下一代的。也就是说，他认为生物对其自身环境的习得性反应，其后代即使在缺乏相应指导的情况下也能够产生。正是由于这种错误的直觉，塞蒙的其他许多本来很有价值的工作也都渐渐地被人们抛弃和遗忘了。

　　搞错记忆原理这件事并不罕见。例如，法国哲学家勒内·笛卡尔就曾认为，记忆的激活靠的是一个引导"动物精神"流动的小型腺体。尽管塞蒙工作中存在的缺陷害得他在历史上默默无闻，但仍然有一项工作让他脱颖而出，他的这项汗水结晶虽然微小，却具有长远的影响力，并催生出一整个研究领域，这便是"印迹"。"印迹"一词最早是由塞蒙于 1904 年在《记忆力》（ The Mneme ）一书中创造的，而从此以后，不计其数的心理学和神经科学的学生都开始学习这个概念。

　　当塞蒙写这本书时，记忆才刚开始被科学化地研究，但大部分的研究结果都纯粹是关于记忆能力的，而非关于生物学的。例如，科学家会训练人们试着去记住一对毫无意义的单词，如"wsp"和"niq"，然后测试他们在被提示第一个单词时回忆出第二个单词的能力。这种类型的记忆被称为联想记忆，而它将成为未来几十年中的研究重心。但塞蒙感兴趣的不仅仅是行为，他想要了解为了支持这种联想记忆，动物在生理学上发生了怎样的变化。

　　在缺乏实验数据的情况下，塞蒙将创造和恢复记忆的过程分解成了多个部分。他发现日常用语数量众多且含混不清，于是为这些不同分工的部分创造出了新的术语：印迹。这个在今后影响巨大的词语，被他定义为"刺激使易激物质产生的持久但更为潜在的改变"。说得更直白些就是：形成记忆时大脑中发生的物理变化。另外一个术语"兴奋痕迹复现"（ecphory）则被定义为"能将记忆痕迹或印迹从其潜在状态中唤醒至激活状态的影响"。将印迹和兴奋痕迹复现区分开来，即将创造记忆的过程和提取记忆的过程区分开来，是塞蒙工作成果中诸多概念上的进步之一。尽管塞蒙的名字和他大部分的文字都消失在了浩如烟海的文献中，但他很多概念性的见解都是正确的，而它们构成了当今记忆模型的核心。

　　1950 年，美国心理学家卡尔·拉什利（Karl Lashley）发表了《寻找印迹》

（*In Search of the Engram*）一文，这篇论文巩固了"印迹"这一概念的地位。但同时，它也为记忆研究领域奠定了一个十分悲惨的基调。拉什利给这篇论文取这个名字，是因为他觉得自己在 30 年间已经完成了对印迹的全部寻找。

拉什利的实验内容要么是训练动物建立联想，例如让它们在看见圆圈或叉号时以某种特定的方式做出反应，要么是训练它们完成学习任务，例如如何穿过特定的迷宫。在这之后，他会通过手术的方式切除特定的大脑区域或连接通路，然后观察动物术后的行为受到了怎样的影响。可是拉什利没能找到任何一类能够稳定干扰记忆的脑区损伤或者一种特定模式的脑损伤，因此他得出结论，记忆不是存在于任何单个大脑区域中，而一定是以某种方式均匀地分布在大脑中的。拉什利还计算了可以用于记忆的神经元数量以及它们之间的通路数量，但他无法确定分布式记忆是如何实现的。因此，他的这篇具有里程碑意义的论文看起来就像是一面投降的白旗，面对大量自相矛盾的数据，他放弃了所有尝试，不再奢望能总结出记忆所在的位置。对拉什利来说，记忆的物理基础仍像之前一样令人一头雾水。

与此同时，拉什利教过的一位学生却正在深耕他对学习和记忆的理论研究。

加拿大心理学家唐纳德·赫布（Donald Hebb）早年在学校当老师，这经历让他对思维产生了浓厚的兴趣，于是他致力于将心理学变成一门生物学科。在 1949 年出版的著作《行为的组织》（*The Organization of Behavior*）中，赫布将心理学家的任务描述为"将人类变幻莫测的思维简化成因果关系中的机理"。在这本书中，他阐述了自己认为的记忆形成背后的机理①。赫布搁置了当时人们手头的心理学数据，因为它们不仅有限，有

---

① 波兰生理学家杰泽·科诺尔斯基（Jerzy Konorski）比赫布早一年出版了一本主要观点十分
　接近的书。实际上，科诺尔斯基对神经学和心理学领域中的许多重要发现都有先见之明，但
　由于当时东西方之间存在隔阂，他的贡献并未得到认可。

时候还会误导人。因此，他能总结出关于学习的物理学原理，凭借的主要还是直觉。但日后，这个现在被称为赫布型学习的原理在经验上却取得了巨大的成功，我们可以用一句话精炼地概括它："一起激发的神经元连在一起。"

赫布型学习描述了两个神经元之间的连接处发生的事情，在这个连接处，一个神经元可以将信号传递给另一个神经元，我们把这个连接区域称为突触。假设有 A、B 两个神经元，A 神经元的轴突与 B 神经元的树突或细胞体通过突触相连，因此 A 被称为"突触前"神经元，B 被称为"突触后"神经元（见图 3-1）。在赫布型学习中，如果 A 神经元总是在 B 神经元被激发之前放电，那么从 A 到 B 的连接则会被加强。这就意味着 A 神经元再次放电时，就能更有效地激发 B 神经元放电。通过这种方式，神经活动和连接强度就可以彼此相互决定。

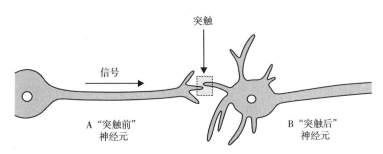

图 3-1　赫布型学习所描述的神经元连接

赫布的这个方法聚焦于突触，因此它将印迹既定位在局部也定位在全局。定位在局部是因为记忆的痕迹发生在两个神经元之间的缝隙处，定位在全局则是因为这种改变可能发生在整个大脑的突触中。根据这个理论，记忆成为个体经历的自然产物，因为突触是可塑的，所以任何大脑活动都有可能留下痕迹。

拉什利是一位忠于事实的科学家，根据自己的实验结果，他承认印迹是分布在整个大脑中的。但他并不满足于赫布的理论，因为尽管该理论十分优美动人，但它更多是基于大胆推测而非确凿证据。因此，他拒绝了赫布让他成为《行为的组织》这本书共同作者的提议。

尽管拉什利并不支持赫布的想法，但自《行为的组织》这本书出版以来，越来越多的实验却对赫布提供了支持。海蛞蝓是一种30厘米长的黏糊糊的棕色无脊椎动物，它仅有大约2万个神经元。由于这种生物能够建立基本的联想，它在神经科学领域中被大量研究。这些没有壳的海蛞蝓在背部有一个外鳃，当受到威胁时，为了安全起见，它的鳃可以迅速缩回。在实验室中，短暂的电击就会导致缩鳃反应。而如果在电击之前总是轻轻地触摸它，那么即便这种触摸本身是无害的，最终海蛞蝓也会只要一被触摸就发生缩鳃反应，这表明它在被触摸和接下来将要发生的电击之间建立了联想。这就是海洋生物版的学习配对 wsp 和 niq。实验证明，这种联想是通过加强代表触摸的神经元和导致缩鳃反应的神经元之间的连接来完成的，这与赫布型学习的理论不谋而合。**连接的变化导致了行为的变化。**

人们不仅观察到了赫布型学习，同时还能控制它。1999年，普林斯顿大学的研究人员发现，如果对细胞膜中有助于突触变化的蛋白质进行基因改造，就可以控制小鼠的学习能力。增强这些受体蛋白的功能，小鼠就能更好地记住之前展示过的物体。干扰这些蛋白质的功能则会损伤它的记忆能力。

现在已经确立的科学观点是，经历会激活神经元，而被激活的神经元可以改变它们之间的连接。在一定程度上，这解答了关于印迹的问题。但就像塞蒙指出的那样，印迹本身只是记忆的一部分，而记忆还需要被再次回忆起来。那么，依靠这种生成记忆的方式，长期记忆又是如何被存储和检索的呢？

霍普菲尔德网络：跨学科的记忆模型

霍普菲尔德能成为物理学家丝毫不出人意料。他 1933 年出生，父亲老约翰·霍普菲尔德（John Hopfield Sr.）在紫外光谱领域声名显赫，母亲海伦·霍普菲尔德（Helen Hopfield）则是研究大气电磁辐射的。在这种家庭中成长起来的小霍普菲尔德，把物理学不仅看作一门科学，更是一种哲学。他在自传中写道："物理学是我们对身处世界的一种观点。靠着努力、创造力以及足够的资源，我们就能以一种可预测且相对定量化的方式去理解这个世界……而成为一名物理学家就是致力于追寻这种理解。"而他日后确实也成为一名物理学家①。

霍普菲尔德身材高挑，笑容迷人。1958 年，他在康奈尔大学获得博士学位。追随他父亲的脚步，他又获得了古根海姆奖学金，并将其用于他在剑桥大学卡文迪许实验室的学习。即使走到了这一步，霍普菲尔德对他博士期间的研究课题，即"凝聚态物理"，已经感到有些厌倦了。他后来写道："在 1968 年，我已经找不到……能用上我聪明才智……的问题了。"

霍普菲尔德从物理学转向生物学的契机是血红蛋白。血红蛋白拥有重要的生物学功能，它是血液中的氧气载体，同时血红蛋白也可以用当时很多实验物理学中的技术手段去研究。霍普菲尔德在贝尔实验室研究了好几年的血红蛋白结构，但他在 20 世纪 70 年代后期受邀参加波士顿的一个神经科学系列研讨会之后，才发掘出了自己在生物学领域的真正使命。在那里，他遇到了一群形形色色的临床医生和神经科学家，他们聚在一起讨论思维是如何从大脑中产生的这一深刻问题。霍普菲尔德一下子就着了迷。

---

① 当霍普菲尔德在本科录取志愿表上写下他打算学习"物理或化学"时，他后来的大学辅导员，也是他父亲的同事，划掉了后面那个选项，他说："我觉得我们不用考虑化学。"

可拥有数学思维的霍普菲尔德，却对大会上所展示出的定性化的大脑研究方法大失所望。他忧心忡忡，觉得尽管这些研究人员在生物学上天赋异禀，但他们"永远解决不了问题，因为这些问题的答案只能用合适的数学语言和结构来表达"①。而数学正是物理学家所掌握的语言。因此，即使是在他开始研究记忆问题时，霍普菲尔德也强调要运用物理学家的技能。在他眼里，当时"移民"到生物学领域的很多物理学家，全盘接受了新领域中的提问方式、行事方式以及交流方式，可他却想坚守自己物理学家的身份。

1982 年，霍普菲尔德发表了一篇题为《具有涌现集群计算能力的神经网络与物理系统》（*Neural Networks and Physical Systems With Emergent Collective Computational Abilities*）的论文。论文描述并总结的这种神经网络，现在被称为霍普菲尔德网络。这是霍普菲尔德在神经科学领域的第一篇论文，他在这个领域仅仅是蜻蜓点水般的涉足，没承想却掀起了惊涛骇浪。

模型思维
MODELS OF THE MIND

霍普菲尔德神经网络（见图 3-2）是神经元的数学模型，它可以实现被霍普菲尔德称为"相联存储器"的记忆功能。这个术语来自计算机科学，是指整体记忆可以仅根据其中的一小部分被检索出来。霍普菲尔德为这项任务设计的神经网络非常简单，它仅由或"开"或"关"的二元神经元组成，正如上一章中介绍的麦卡洛克－皮茨模型中的神经元一样。正是这些神经元之间的连接才让神经网络涌现出了各种奇妙无比的行为。

---

① 并非只有霍普菲尔德一人持此观点。在 20 世纪 80 年代，有许多物理学家对自己领域感到厌倦，他们看到大脑后这样想，"嘿，也许我能解决这个问题"。而在霍普菲尔德获得成功之后，又有越来越多的物理学家转身投向了神经科学领域。

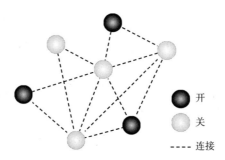

图 3-2 霍普菲尔德神经网络示意图

　　霍普菲尔德神经网络是循环的，也就是说每个神经元的活动是由网络中其他所有神经元的活动决定的。因此，每个神经元的活动既是相邻神经元的输入也是其输出。具体来说，我们先将每个神经元从其他神经元中接收的输入乘上一个特定的系数，也就是突触权重。然后我们会将这些输入的加权总和跟阈值进行比较，如果加权总和大于或等于阈值，那么神经元的活动水平为 1，也就是"开"，否则为 0，也就是"关"。然后这个输出又将被反馈给网络中的其他神经元作为输入，而其他神经元的输出又将被反馈为更多的输入，如此这般循环往复下去①。

　　就像夜店舞池里扭动的身体一样，循环系统的各组成部分相互推搡拉扯，而每一个成员在任意给定时刻的状态都是由它周围的其他成员决定的。霍普菲尔德网络中的神经元就像是铁原子，它们通过彼此间的磁作用不断地相互影响，而这种无休止的相互作用所造成的影响可能错综复杂且变幻无穷。因此，如果没有精确的数学模型，我们基本上就不可能预测出这些相互作用的组成部分会形成怎样的模式。霍普菲尔德则对这样的模型驾轻就熟，他非常清楚，模型能够揭示出局部的相互作用是如何引发全局上的行为的。

---

① 尽管在霍普菲尔德神经网络中，每个神经元的活动还是根据输入和权重进行计算的，这一点同上一章描述的感知机一样，但感知机是一个前馈神经网络，而非循环神经网络。循环意味着连接可以形成闭环，比如 A 神经元连接到 B 神经元，而后者又连接回前者。

　　霍普菲尔德发现，如果网络中神经元之间的权重恰到好处，那么这整个网络就能实现联想记忆。为了理解这一点，我们就必须先在这个抽象模型中定义什么才能算作记忆。想象一下，霍普菲尔德网络中的每个神经元都代表一个物体：A神经元是摇椅，B神经元是单车，C神经元是大象，以此类推。为了表征一个特定的记忆，比如说你童年的卧室，那么表征那个房间中所有物体的神经元，如床、你的玩具、墙上的照片，都应该"开"着，而表征那个房间中不存在的物体的神经元，如月亮、公交车、菜刀，都应该"关"着。如此一来，整个网络就处于"你童年的卧室"这样的一个活动状态。而不同的活动状态，也就是这组神经元的另一种"开关"状态，就表征了不同的记忆。

　　在联想记忆中，一个很小的输入就会重新激活整个网络的状态。例如，当你看到自己躺在童年时的床上的一张照片时，一些表征你房间的神经元就会被激发："床神经元""枕头神经元"等。在霍普菲尔德网络中，这些神经元与表征卧室中其他部分的神经元相连，如表征窗帘、你的玩具、你的书桌等部分的神经元，而它们之间的连接就能重现一个完整的卧室场景。而表征卧室的神经元与表征诸如公园的神经元之间存在负权重的连接，这就确保了卧室记忆不会被其他记忆所干扰。如此一来，你就不会错误地记得衣柜旁边有一架秋千了。

　　当一些神经元处于"开"的状态而另一些神经元处于"关"的状态时，正是它们之间的相互作用才使完整的记忆变得清晰。因此，记忆的重任就是由突触完成的。正是借助这些连接的力量，大脑才能完成记忆提取（retrieval）这一艰巨而精细的任务。

　　用物理学的话讲，被完整检索出的记忆就是一种吸引子。简而言之，吸引子是一种有吸引力的活动模式。其他活动模式都会朝着这个模式发展，就像雨水顺着排水管向下流动一样。记忆是一种吸引子，是因为激活构成记忆的一些神经元会促使神经网络填补上剩余的空白。而当神经网络处于吸引子的状态时，它就不再发生变化，所有神经元也不再改变它的"开关"状态。物理学家总喜欢用能量去描述事物，他们认为吸引子就处于一种"低能量"的状态。对系统来说，这样的状态十分舒适，这也就是吸引子具有吸引力和稳定性的原因。

想象一个蹦床，上面站着一个人。放在蹦床上任意位置的小球最终都会滚向人所站的地方并且停在那里，而小球处于人所形成的凹陷处就是该系统的吸引子状态。如果两个重量相同的人站在蹦床两端，那么这个系统就会有两个吸引子。小球会滚向它一开始更接近的人，但条条大路仍然通向吸引子。如果记忆系统只能存储一段记忆，那么它就不堪大用，所以关键的是，霍普菲尔德网络能够维持多个吸引子。就像蹦床上的小球滚向离它最近的低洼处一样，最初的神经活动状态也会朝着离它最近、最相似的记忆演变（见图 3-3）。例如，一张你童年小床的照片点燃了你关于整个房间的记忆，又或者是一次海滩旅行点燃了你关于童年假期的记忆。而收敛到特定记忆吸引子的网络最初状态被称为处于该记忆的"吸引域"中。

1792 年，英国诗人塞缪尔·罗杰斯（Samuel Rogers）写了一首题为《记忆的乐趣》（*The Pleasures of Memory*）的诗。诗中思考了记忆是如何带领千思万绪去遨游寰宇的。他这样写道：

> 无数的大脑房间里沉睡着记忆，
> 隐形的链条将它们连为一体。
> 一个苏醒，千万升起！
> 飞吧，去打上你独有的印迹！

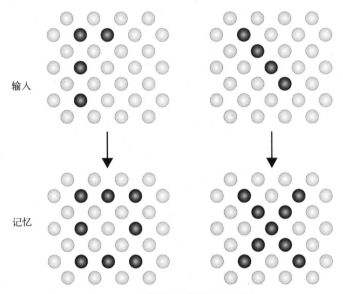

图 3-3 不同的输入会激活不同的记忆

在霍普菲尔德网络中，罗杰斯所写的"隐形的链条"就是能激活记忆的权重模式。的确，吸引子模型符合我们对记忆的大部分直觉：模型暗含了回忆所需的时间，因为霍普菲尔德网络也需要时间去激活相应的神经元；在霍普菲尔德网络中，吸引子还可能存在些许误差，这就创造了除一两个细节外几乎完全正确的记忆；两个记忆如果过于相似也可能会出现合二为一等情况。尽管将记忆压缩简化成一系列的 0 和 1 似乎是对我们丰富体验的一种冒犯，但也正是由于这种简化，我们才能逐渐开始理解那原本不可言喻的记忆。

在霍普菲尔德网络中，神经元相互连接的牢固程度决定了哪些神经活动模式可以形成记忆。因此，印迹就存在于权重中，但它又是怎样诞生的呢？经历是如何创造出一系列恰到好处的权重来制造记忆的？赫布告诉我们，记忆应该是通过加强具有相似活动的神经元之间的连接而产生的，而这也正是记忆在霍普菲尔德网络中形成的方式。

霍普菲尔德网络通过一个简单的过程对一组记忆进行编码。如果在一次经历中，两个神经元同时激发或者同时不激发，它们之间的连接都会得到加强。这样一来，一起激发的神经元就连在了一起。另一方面，如果一个神经元激发而另一个神经元不激发，它们之间的连接就会被削弱[①]。经过这一学习过程，记忆中经常同时被激发的神经元之间就会具有很强的正权重连接，而那些拥有相反活动模式的神经元之间就会具有很强的负权重连接。这正是形成吸引子所需的连接方式。

形成吸引子并不是个简单的现象。毕竟，如果网络中所有的神经元都在不断地发送和接收信息，我们凭什么假定它们会一直处于记忆状态中，更别说处于正确的记忆状态中？所以，为了确保网络中会形成这些正确的吸引子，霍普菲尔德必须做出一个十分离奇的假设，即霍普菲尔德网络中的权重是对称的。这意味着从 A 神经元到 B 神经元的连接强度始终和从 B 神经元到 A 神经元的连接强度相同。这条规则在数学上确保了网络中会形成吸引子。但问题在于，在大脑中找到这样一组神经元的可能性微乎其微，这要求 A 神经元轴突与 B 神经元之间形成的突触，必须跟 B 神经元轴突与 A 神经元之间形成的突触保持完全一模一样的强度，生物学现象可没有这么规整。

这也表明了在生物学中运用数学方法时，冲突在所难免。物理学家的观点依赖于近乎荒唐的简化程度，而这始终与充斥着混乱烦人细节的生物学大相径庭。在这种情况下，霍普菲尔德要想推动建立记忆模型，就必须对吸引子做出明确且量化的描述，而反映在数学细节上，就必须假设权重的对称性。但是生物学家则可能会全盘否定这个假设[②]。

---

① 第二部分，即"如果突触前神经元高度激发而突触后神经元不激发，则连接强度应该降低"并不是赫布最开始提出的想法，但它已经被后续实验证实了。

② 事实上，当霍普菲尔德向一群神经科学家展示这项研究的前期工作时，一位与会者评论道："演讲很精彩，只可惜和神经生物学毫无关系。"

　　霍普菲尔德跨立在数学和生物学之间的鸿沟之上，一只脚踩着一边，所以，他懂得尊重神经科学家的想法。为了缓解他们的担忧，他在那篇原始论文中表示，即便权重不对称的网络在数学上得不到任何保证，但仍然能够较好地完成学习和维持吸引子。

　　因此，霍普菲尔德网络在概念上证明了赫布型学习的理论实际可行。除此之外，它还让我们能够以数学的方式定量化地研究记忆。例如，一个神经网络究竟能容纳多少记忆？这种问题仅当我们脑海中存在一个关于记忆的精确模型时才能被提出来。在最简单的霍普菲尔德网络中，记忆的数量取决于网络中神经元的数量。例如，一个拥有 1 000 个神经元的网络可以存储大约 140 段记忆，2 000 个神经元可以存储 280 段记忆，10 000 个神经元可以存储 1 400 段记忆，以此类推。如果记忆的数量保持在神经元总数的 14%以下，我们就能以最小的误差检索记忆。然而，在此基础上添加更多的记忆，其结果就像是在纸牌屋上放上最后一张牌，整个系统将在瞬间崩塌。当记忆数量超出霍普菲尔德网络的容量时，网络就会崩溃，输入状态会收敛至毫无意义的吸引子，而没有任何记忆可以被成功地检索。这种现象也自然而然地有了一个夸张的名字："晕厥灾难"（blackout catastrophe）[①]。

　　模型的精准性不容小觑。因此，当我们估计出记忆容量后，自然就想要知道它是否与我们已知的大脑能够存储的记忆数量相一致。1973 年的一项具有里程碑意义的研究表明，人们在看过 1 万张图片后，即使每张图片只显示一次并且显示时间很短，他们仍然可以辨别出这些图片。嗅周皮质是一个与视觉记忆有关的大脑区域，其中的 1 000 万个神经元在理论上可以存储这么多的图片。但这样一来，它就没有太多剩余的记忆空间留给其他东西了。

---

① 你也许曾听人讲起，他在彻夜豪饮后也发生了"晕厥灾难"的事。然而，人们并不认为这种发生在霍普菲尔德网络中的记忆故障也会发生在人类身上。

因此，赫布型学习似乎也有瑕疵。

然而，如果我们意识到再认（recognition）和回忆（recall）并不同时，这个瑕疵也就变得没那么重要了。也就是说，当我们看到一张图片而感到熟悉时，无须从头开始在大脑里重新生成这张图片。而和识别记忆相比，重建记忆的难度显然更大。霍普菲尔德网络就出色地完成了后一项任务，它可以从部分的记忆碎片中拼凑出完整的记忆，但识别任务同样也很重要。布里斯托大学的研究人员告诉我们，识别功能也可以借由使用赫布型学习网络来完成。当我们用新的标准去评估这些网络，即根据网络能否正确地标记输入图片是否熟悉，它们就展现出显著增加的容量：1000 个神经元现在可以识别多达 23 000 张图片。这个例子证明塞蒙确实有先见之明，如果我们仅用日常语言去描述大脑的功能，就会出现歧义。在我们看来都叫"记忆"的东西，在科学和数学的严格审视下，被分割成了零星的许多不同的能力。

海马，解开记忆奥秘的关键枢纽

1953 年，美国医生威廉·斯科维尔（William Scoville）为 27 岁的亨利·莫莱森（Henry Molaison）的大脑双侧切除了海马，他认为此举是在帮助莫莱森治疗癫痫。但斯科维尔不知道的是，他的这个手术会对记忆科学产生难以置信的影响。莫莱森在科学论文中常被称为"H.M."，用以隐藏他的身份，直到他 2008 年去世。术后，莫莱森的癫痫的确得到了缓解，可他却再也没办法形成新的有意识的记忆了。这之后，莫莱森的永久性健忘症引发了一连串以海马为核心的研究，它被看作记忆形成系统的关键枢纽。海马是大脑深处一个约一指来长的弯曲结构。拉什利在研究时遗漏了海马，而它确实是一个在存储记忆方面发挥特殊作用的大脑区域。

目前人们关于海马功能的理论如下：环境信息首先到达海马的齿状回，这是一个沿着海马底部边缘延伸的区域。在这里，记忆的表征先被准备成更适合存储的形式。然后齿状回与一个叫作 CA3 的区域相连接，人们认为这里是形成吸引子的区域。CA3 具有大量的循环连接，这提供了完成类似霍普菲尔德网络功能的天然土壤。接着 CA3 又与一个叫作 CA1 的区域相连，这个区域充当着中继站的功能，它将记住的信息又反馈给大脑的其他部分（见图 3-4）。

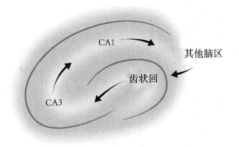

图 3-4　海马

其中的最后一步耐人寻味，人们认为这些投射到大脑不同区域的连接有助于记忆的复制，而这可能也是为什么拉什利在最初研究时被混淆了视听。以这种方式，CA3 就像是一个缓冲区或者仓库，在记忆转移到其他脑区之前将它们暂时保存于此。而 CA3 是通过在其他脑区中重新激活记忆的方式来进行记忆的转移。

因此，海马帮助大脑其他区域记忆事物的方式就和你准备考试的策略相同，即不断重复。通过反复激活大脑其他区域的同一组神经元，海马使这些神经元自身也能进行赫布型学习。最终，在神经元间的连接权重发生了足够的变化后，记忆就可以被安全地存储在那里了[①]。而当莫莱森的海马被切除

———————————

① 研究人员认为，这个过程通常发生在睡眠中。

后，他就失去了存储记忆的仓库，也就无法将他的记忆反复回放给他的大脑了。

在知道了大脑中存在海马这样一个记忆仓库后，研究人员就可以对它的工作原理一探究竟。他们尤其希望可以在海马中找到吸引子。

2005 年，伦敦大学学院的科学家记录了大鼠海马神经元细胞的活动。大鼠先是被训练习惯于待在两种不同的围栏中，一个圆形的和一个方形的。而大鼠在圆形区域时，它的海马神经元活动模式与其在方形区域时有所不同。为了测试吸引子理论，他们将大鼠放在一个新的环境中，一个介于圆形和方形之间的形状的区域。

研究人员发现，如果环境更接近于圆形，则神经元的活动模式趋于大鼠在圆形环境中的，而如果环境更接近方形，则神经元的活动模式趋于大鼠在方形环境中的。关键在于，其中没有出现处于中间状态的神经元表征，它的活动模式只能趋于大鼠在圆形环境中的或方形环境中的，这就意味着关于圆形或者方形环境的记忆成为吸引子。给定任何一个初始的输入状态，如果它不是完全处于圆形环境或方形环境这两个状态中的一种，那它就是不稳定的，也因此不可避免地会趋向于离它最近的、已建立的记忆。

霍普菲尔德网络证明了赫布的理论，同时揭示了吸引子这个通常在物理学中被研究的概念是如何解释记忆奥秘的。然而，霍普菲尔德也知道，要用数学分析真正实验里的真实大脑活动，还面临很多困难，他将自己的模型描述为"仅仅是对神经生物学复杂性的一次粗劣的模仿"。的确，物理学家创造的这个模型，缺乏生物学活动盘根错节的丰富性。但是这样的模仿不仅拥有强大的计算能力，也提供了许多真知灼见，这让我们对记忆的理解并不止于简单的存储与检索。

环形网络：建立优质工作记忆系统的得力干将

当你正在客厅吃晚饭时，你的室友回家了。你一见到他就突然想起，自己昨晚刚刚看完一本之前跟他借的书，因为室友明天就要出远门旅行了，所以你想在他走之前把书还给他。于是你放下手中的食物，从客厅出来，穿过走廊，爬上二楼，转身进入你的房间。这时候你突然感到困惑："等等，我到这儿是要做什么来着？"

这种感觉司空见惯。人们把它命名为"目的健忘"（destinesia），也就是到了一个地方却忘记自己来这个地方的目的。而这就是所谓的工作记忆失效的一个案例。工作记忆是指短暂地将一个想法记在脑子里的能力，哪怕这个时间只是从一个房间走到另一个房间所需的短短 10 秒钟。工作记忆对认知的几乎各个方面来说都不可或缺，因为一个人如果一直忘记自己在想些什么，那么他就没办法做任何决策或者完成任何计划。

几十年来，心理学家一直在研究工作记忆。"工作记忆"这一术语最早出现在 1960 年的一本题为《计划和行为结构》（*Plans and Structure of Behavior*）的书中，该书的作者是加利福尼亚州行为科学高等研究中心的乔治·A. 米勒（George A. Miller）以及他的同事们。不过在此之前，工作记忆这个概念就已经被人提及过了。事实上，就在这本书出版的 4 年以前，也就是 1956 年，米勒本人也写过一篇关于这个话题最富影响力的论文。也许是预测到了这篇论文今后将声名远扬，米勒给它取了一个俏皮的标题：《神奇的数字：7±2》（*The Magical Number Seven, Plus or minus two*）。这个神奇的数字是指在任何时候人们可以在其工作记忆中保存的事物的数量。

关于要如何估计出这一数字，我们举一个例子。研究人员首先会在屏幕上向被试展示几个彩色的方块，然后让他们等待几秒钟到几分钟不等的一段时间，最后再向他们展示另外一组彩色方块。被试的任务就是判断第二组的颜色是否和第一组的相同。当方块数量很少的时候，人们可以很好地完成该任务。在只有一个方块的情况下，准确率达到了100%。如果不断地增加方块的数量，那么被试的表现就会不断下降，直到超过 7 个方块，此时他们的准确率就和盲猜几乎没什么区别了。对工作记忆的容量而言，7 是否真的是一个特殊的数字，这一点还有待商榷，因为有些研究发现工作记忆的极限容量更低，有些则更高。但毫无疑问，米勒的这篇论文颇具影响力。自此以后，心理学家就一直致力于描述工作记忆的方方面面，从可以存储的记忆内容到记忆可以维持的时间。

但还有一个问题悬而未决，那就是大脑具体是如何做到这一点的：工作记忆被存储在哪儿，而它又是以何种方式被存储的呢？要回答这些问题，大脑损伤实验被证实是一种有效的方法。实验结果表明，工作记忆被存储在前额皮质，这是在前额后的一大块脑区。无论是不幸伤及此处的人类还是被人工切除该区域的实验动物，前额皮质的损伤都会显著削弱其工作记忆的能力。对于缺少前额皮质的动物来说，要维持一个想法哪怕只是一两秒钟都很艰难，想法和经历从它们的脑海中流逝，就像水从指缝间匆匆流走。

如同寻宝一般，神经科学家标记好了大致的区域，现在就可以开始动手深挖了。1971 年，加州大学洛杉矶分校的研究人员将电极插入猴子的前额皮质，并"监听"了那里的神经元。科学家华金·福斯特（Joaquin Fuster）和加勒特·亚历山大（Garrett Alexander）一边记录神经元的活动，一边让猴子完成一项类似于颜色记忆测试的任务。这类实验被称为"延迟反应"任务，因为完成任务的过程包含了一段既不接收信息，亦不做出反应的时间。在这段时间里，屏幕上不存在任何重要的信息。因此，想要完成任务，关键信息就必须被保存在记忆中。所以现在的问题是，在延迟反应期间，前额皮质中的神经元在做些什么？

在负责视觉的大脑区域中,大多数神经元对于此类任务的反应都循规蹈矩。当屏幕上最初出现图像时,以及当延迟后屏幕上再次出现图像时,视觉神经元都会做出强烈反应。然而在延迟反应期间,由于大脑没有接收任何视觉输入,视觉区域因而基本上风平浪静,对这些视觉神经元来说,眼睛里没有就意味着大脑里没有。然而,福斯特和亚历山大发现,前额皮质中的神经元却不同。这些神经元即使在屏幕上的视觉刺激消失后也依然会继续激发放电,也就是说它们在延迟反应期间也在不停地活动着。这就是工作记忆在物质实体上的表现!

此后的无数实验都重复了这些发现。实验结果显示,在多种场景下,延迟反应期间的前额皮质以及其他一些区域都会保持活动。实验结果还显示,如果这些神经元的激发模式出了差池,那么工作记忆就会出错。例如,在一些实验中,如果我们在延迟反应期间对大脑进行一个简短的电刺激,就会干扰其正在进行的活动,导致动物在延迟反应任务上的表现变差。

那么这些神经元又有什么特别之处呢?为什么这些神经元可以在几秒钟到几分钟内保持激发放电并维持信息,而其他神经元却坚持不了呢?对这种持续的输出,通常神经元也需要持续的输入。所以,如果延迟反应期间的神经元活动并不来自外界图像的输入,那么这些持续的输入只能来自相邻的神经元。因此,延迟反应期间的活动只能在协同合作的神经元网络中才能产生,也只有通过神经元间齐心协力的连接才能维持。于是,又轮到吸引子重出江湖了。

到目前为止,我们已经研究了霍普菲尔德网络中的吸引子,它向我们展示了一条输入线索是如何重新点燃整个记忆的。但我们还不清楚,这对工作记忆有何帮助。毕竟,工作记忆内容是关于记忆被点燃之后发生的事情,是在你起身去取室友的书时要如何将这个目标牢牢地记在脑子里的事情。而事实证明,在这种情况下我们需要的也正是吸引子,因为它能保持不变。

吸引子是由导数定义的。如果我们知道神经元获取的输入以及与这些输入相乘的连接权重，那么我们就能写出导数方程式，用以描述该神经元的活动如何随着这些输入而变化。如果导数为零，则意味着神经元的活动不会随时间发生变化，而会以一个恒定的激发频率放电。回顾一下，每个神经元都是循环网络的一部分，它不仅可以获取输入，同时还可以作为其他神经元的输入。因此，在计算其相邻神经元的导数时，它的活动也会被考虑进去。而如果该相邻神经元获取的输入没有变化（也就是说如果所有输入神经元的导数也都为零），那么它的导数也会为零，并会以相同的激发频率放电。所以，当网络处于吸引子状态时，网络中每个神经元的导数都为零。

以上就是维持记忆的方法，如果神经元之间的连接恰到好处，从某一时刻开始的记忆就能维持较长的时间。所有神经元都能维持它们目前的激发频率，因为它们周围的所有神经元也都在维持其目前的状态。所以，如果无事发生，那么一切都将风平浪静。

可实际上确实有事发生。当你从客厅走向房间，这一路上你会看见各种各样的东西，例如，走廊里的鞋子、要打扫的浴室、窗户上的雨点，这些都有可能改变正在维持记忆的神经元的输入，输入的改变就有可能将神经元从表征那本要还的书的吸引子状态中"拽"出来，并"扔"到一个完全不相关的地方。而为了使工作记忆正常发挥作用，神经网络必须擅于抵抗干扰性的输入，一个普通的吸引子在一定程度上可以抗干扰。回想一下蹦床的例子，如果站在蹦床上的人轻轻地向外推一下小球，那它就会从凹陷处滚出来，然后再滚回去。因此，在轻微的干扰下，记忆仍会保持完整。但如果给小球蓄力一击，天知道它会到什么地方去呢？一个好的记忆必须在干扰下也保持稳定，那么，怎样才能让神经网络擅长维持记忆呢？

数据和理论之间的舞蹈是复杂的，而它们对谁当领舞却没有明确的分工。有些时候，人们建立数学模型只是为了拟合某个数据集，在其他时候，人们则选择对数据中的细节视而不见，而理论学家也正如其名，他们在了解系统如何工作之前就率先提出了关于它工作原理的潜在理论。在建立关于工作记忆的稳定网络时，20世纪90年代的科学家选择了第二条路。他们提出了所谓的"环形网络"（ring network），这是一种人工设计的神经回路模型，它非常适合稳定地维持工作记忆。

环形网络的结构名副其实，和霍普菲尔德网络不同，它由排列成一个环的多个神经元组成，而每个神经元只和它附近的神经元相连接。和霍普菲尔德网络一样，环形网络中也存在着吸引子状态，即可以用于表征记忆的自我维持的神经活动模式。但环形网络模型中的吸引子状态和霍普菲尔德网络中的略有差异。在霍普菲尔德网络中，吸引子是离散的。也就是说，每个吸引子状态，例如，童年卧室的吸引子、童年假期的吸引子、现在卧室的吸引子，它们同其他吸引子状态都是分割开来的。因此，无论这些记忆多么相似，它们之间都没有一条平滑的转化路径。也就是说，神经网络必须从一个吸引子状态中完全脱离后才能到达另一个吸引子状态。然而在环形网络中，吸引子是连续的。这就意味着相似的记忆之间可以较容易地互相转化。因此，与其被看作一张到处站着人的蹦床，具有连续吸引子状态的模型更像是保龄球道旁的球沟：一旦球进入球沟后就无法轻易摆脱，但它仍可以在沟里平稳地移动。

像环形网络这样具有连续吸引子状态的神经网络大有可为，其中有各式各样的原因，但最主要的原因在于它所犯的错误类型。这听起来似乎有些可笑，我们为什么会因为犯错而去表扬一个记忆系统？我们难道不应该期望拥有一个完美无缺的系统吗？但是，如果我们假设没有任何一个网络可以拥有十全十美的记忆，那么它所犯错误的质量就变得至关重要了，而环形网络允许出现的是小而合理的错误。

让我们考虑之前那个工作记忆的测试，在那个例子中，被试需要记住屏幕上方块的颜色。颜色这个概念就能很好地对应到环形网络上。也许你还记得美术课上学过的，颜色是排列在色环上的，因此，我们可以设想一个排列成环的神经元网络，每一个神经元都代表一个稍许不同的颜色。环上的一侧是代表红色的神经元，旁边是橙色，接着是黄色和绿色，然后就到了与红色相对的另一侧，这里是代表蓝色的神经元，之后是紫色，最终又回到了红色。

在这项任务中，当被试看见某个形状的颜色时，代表那种颜色的神经元就会被激活，其他神经元则不会。这就会在环形网络中制造一个以被记忆颜色为中心的活动"凸包"（bump）。在被试试图保持关于这种颜色的记忆时，如果出现任何干扰信号，例如在房间中看到其他随便什么东西，活动凸包就有可能被推离预定的颜色。但关键的一点是，这种干扰只能将它推到环上一个相距很近的位置。所以红色可能会被记成橙红色，或者绿色可能会被记成蓝绿色，但是红色不太可能被记成绿色，也不太可能被记成完全没有颜色。也就是说，在环上的某个位置总会有一个凸包。所有以上这些特性都是连续吸引子球沟性质的直接产物，即活动模式在相邻状态之间移动时所受的阻力较低，但在其他情况下抗干扰能力较强。

环形网络的另一个好处是它可以被用来完成具体的任务。工作记忆中的"工作"一词，意在反对"记忆只不过是被动地维持信息"这一说法。相反，我们可以将维持在工作记忆中的想法与其他信息结合起来，并得出新的结论。一个很好的例子是大鼠的头朝向系统，该系统也是早期环形网络模型的灵感来源。

　　大鼠和许多其他动物一样，都有一个内部的指南针，这是一组可以随时记录动物头朝向的神经元。如果动物转向一个新的方向，为了反映这种变化，这些神经元的活动就会发生相应的变化。即使大鼠安静地待在一个鸦雀无声的黑暗房间中，这些神经元也不曾停止放电，它们始终在获取动物的朝向信息。1995 年，来自亚利桑那大学布鲁斯·麦克诺顿实验室的一个团队，以及加州大学圣迭戈分校的张克臣，各自独立提出了可以用环形网络来很好地描述这组细胞的想法。方向也是一个能够很好地对应到环形上的概念，环形上的活动凸包就能用来存储动物的朝向信息（见图 3-5）。

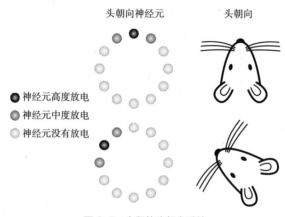

图 3-5　大鼠的头朝向系统

　　但是环形网络不仅可以解释头朝向信息是如何被维持的，还可以用来解释当动物改变头朝向时，存储的头朝向信息是如何发生改变的。头方向神经元接收来自其他神经元的输入，例如来自视觉系统和前庭系统输入，其中前庭系统负责身体运动和平衡。如果这些输入能恰到好处地连接到环形网络，它们就能将活动凸包沿着环推到一个新的位置。例如，前庭系统报告说"现在身体正在向左移动"，那么活动凸包就会被推向左边。通过这种方式，沿环的移动并不会造成错误的记忆，而是会根据新的信息对记忆进行更新。"工作记忆"也因此得名。

关于如何建立一个稳定有效的工作记忆系统，环形网络为这个复杂的问题提供了一个精巧的解决方案。同时，环形网络还是一件优美的数学产物，因为它展示出了精简性和对称性等理想特性，在被精心调试后，它既精确又优雅。

但正因如此，环形网络是完全不现实的。对生物学家来说，"被精心调试"简直就是一种奇耻大辱。对任何需要精细计划和大量原始条件才能正常运转的事物来说，想要从各种混乱的大脑发育情况和大脑活动中幸存下来都是绝无可能的。环形网络的很多理想特性都基于非常特定的假设，而对神经元之间连接的这些假设根本就不太现实。因此，尽管模型具有很多理想的理论特性和实用价值，但要想在大脑中找到这样的环形网络希望渺茫。

因此，2015年在华盛顿特区郊外的一个研究所的发现就显得格外激动人心。珍利亚研究园区是一个世界级的研究机构，它位于在美国弗吉尼亚州阿什本的一个田园牧歌般的农场中。维韦克·贾亚拉曼（Vivek Jayaraman）自2006年以来一直在这里工作，他和团队中的六七个人共同致力于了解黑腹果蝇是如何导航的。黑腹果蝇是神经科学实验中常用的一种果蝇，它仅有一粒米的大小。这样微小的体形对研究人员来说既是一种烦恼也是一种幸福。尽管很难抓住它们，这些微小的果蝇却只有大约135 000个神经元，这仅是另一种实验动物，即小鼠神经元数量的0.2%。而重中之重的是，人们对这些神经元了如指掌。我们可以很容易地根据这些神经元所表达的基因对它们进行分类，而它们在不同个体之间的数量和位置也都大同小异。

如同大鼠一样，果蝇也有一套用来记录头朝向的系统。对果蝇来说，这些记录头朝向的神经元位于一个叫作椭球体的区域中。椭球体是位于果蝇大脑中央有着特殊形状的一个结构，它中间是空的，而围绕着中空区域的是一圈神经元，就像是一个由神经元组成的甜甜圈，或者换句话说，就像是一个环形。

但是排列成环形的神经元不一定就会构成环形网络。所以接下来，贾亚拉曼实验室开始着手研究这组看起来像是环形网络的神经元是否真的表现得像一个环形网络。为此，他们在椭球体神经元中添加了一种特殊的染料，使神经元在处于活动状态时会发出绿色的光。之后，他们让果蝇四处走动，同时对这些神经元进行拍摄记录。如果你在屏幕上观察这些神经元，当果蝇向前移动时，原本黑色屏幕上的某个位置就会闪烁出绿色的斑点，假如果蝇选择转向，那么这个闪烁的斑点就会移动到一个新的位置。随着果蝇不断移动，屏幕上的绿色斑点也随之移动，而这些被点亮的位置最终形成了一个清晰的环形结构，这和椭球体的内在环形结构一模一样。即使你关掉房间中的灯，让果蝇看不见它头朝向的地方，绿色的闪烁斑点也仍然会被维持在环上相同的位置。这清楚地表明，果蝇维持了关于头朝向的记忆。

为了探究这个环在极端情况下的表现，研究人员还对其进行了人为的操作。一个真正的环形网络只能允许一个活动凸包的存在，也就是说，在任意时刻，环上只有一个位置的神经元处于活动状态。于是研究人员人为地刺激了环上已经激活的神经元对侧的其他神经元。实验发现，强烈刺激对侧的神经元可以使原本的活动凸包消失，而在新位置产生的活动凸包即使在外界刺激消失后也能维持。通过这一系列实验，我们可以很清楚地认识到，椭球体就是名副其实的环形网络，它是理论反映现实的一个鲜活例子。

我们在大脑中发现了环形网络，而它的结构还真就是肉眼可见的环形，这感觉仿佛是大自然在调皮地向我们眨眼。在最初提出环形网络的一篇论文中，威廉·斯卡格斯（William Skaggs）和其他作者就明确地对这类发现的可能性提出了质疑："为了好解释，我们将网络看作一系列环状层。虽然这种看法是大有裨益的，但这并不能反映大脑中相应细胞在解剖上的组织结构。"大多数研究环形网络模型的理论家都假设，环状结构是嵌在更大更复杂的神经元网络中的。对大多数物种中的大部分系统来说，这必然如此。果蝇这个典型的例子可能源自一个被精确调控的遗传程序，而其他物种中的环形网络则会更加隐蔽。

即使我们通常无法直接观察到环形网络，我们也可以预测大脑的行为，看它是否与连续吸引子假设下的结果相一致。1991年，帕特里夏·戈德曼－拉基克（Patricia Goldman-Rakic）在工作记忆领域中做出了一项开创性的研究。她发现，如果阻断神经调节物质多巴胺的功能，猴子想要记住物体的位置就会变得很困难。我们知道，多巴胺会改变进出细胞的离子流。2000年，美国加利福尼亚州索尔克生物研究所的研究人员发现，如果在一个具有连续吸引子的模型中引入类似多巴胺的物质，模型的记忆能力就会增强[1]。多巴胺使编码记忆的神经元活动更加稳定，让它们更能抵抗毫不相关的输入。又因为多巴胺还与奖励相关，该模型还预测，在人们期待会有更高奖励的情况下，工作记忆能力也会提高，而这正是我们所发现的，当人们因为记住某些事情而被给予更高奖励时，他们的工作记忆能力就得到提高。在这里，吸引子的概念就像是一根线，将化学上的变化和认知上的变化串在了一起。在微观离子和宏观经验之间，是吸引子在穿针引线。

在物理世界中，吸引子无处不在。它源自一个系统中各组成部分之间的局部相互作用。这些组成部分可以是金属中的原子，可以是太阳系中的行星，甚至也可以是社会中的每个人，这些系统都会被迫进入吸引子状态，并在不受到重大干扰的情况下维持该状态。将这个概念运用于创造记忆的神经

---

[1] 该模型由第 1 章中描述的霍奇金－赫胥黎模型神经元组成，这使我们可以更加得心应手地引入多巴胺对离子流的影响。

元中，我们就能将生物学和生理学联系起来。一方面，霍普菲尔德网络将创造并提取记忆的功能与神经元之间连接的变化联系了起来。另一方面，像环形网络这样的结构又解释了大脑是如何维持想法的。因此，在这样一个简易的框架中，我们就解释了大脑是如何创造、维持并检索记忆的。

MODELS

OF

THE MIND

第 4 章

花样百出的神经元制衡战

平衡神经网络与神经震荡

| 20 世纪 30 年代至 20 世纪末 |

上帝不掷骰子，但大脑会。

几乎每个神经元中都在进行着一场激烈的战斗。战斗的双方是大脑中的两股基本力量，它们相互对抗，对神经元最终的输出展开争夺。这便是兴奋与抑制之间的战斗，兴奋性的输入会促使神经元放电，而抑制性的输入则恰好相反，它会使神经元远离激发阈值。

这两股力量之间的平衡决定了大脑的活动。它决定了哪些神经元可以激发以及它们何时激发。它同时还塑造了神经元的节律，而这样的节律影响着大脑行为的方方面面，从注意力到睡眠再到记忆。或许更出人意料的是，兴奋与抑制之间的平衡还可以解释困扰了科学家几十年的大脑一个广为人知的特征，即神经元的随机性。

有些神经元会一遍又一遍地重复做同一件事情，例如运动系统中的神经元会重复进行相同的动作。但假如你"监听"这样一个神经元，就会发现其放电活动竟是如此不规律。它不会每次都丝毫不差地重复相同的激发模式，而是在某些实验中会发放更多的动作电位，在其他实验中则更少。

在关于神经活动的早期研究中，科学家就已经发现了神经元的这种特殊习性。1932 年，美国生理学家约瑟夫·厄兰格（Joseph Erlanger）更新了他在圣路易斯实验室的设备，这使他能够以高于之前 20 倍的灵敏度去记录神经活动。最终，他和他的同事 E.A. 布莱尔（E. A. Blair）分离出了青蛙腿上的单个神经元，并记录了它对精确电脉冲的反应。准确地说，是对每分钟 58 个完全相同的脉冲的反应。

出人意料的是，厄兰格和布莱尔发现，相同的脉冲却并没有产生相同的神经反应：神经元可能对某一个电脉冲做出反应，但对下一个脉冲却无动于衷。虽然脉冲的强度和神经反应之间仍然相关，例如，当使用弱电流时，神经元有 10% 的概率做出反应，而当使用中等强度电流时，神经元则有 50% 的概率做出反应，但除了这些概率，给定一个脉冲，神经元将做出怎样的反应似乎纯属偶然。正如他们俩在 1933 年发表于《美国生理学杂志》（*American Journal of Physiology*）上的论文中所写的那样："在绝对恒定的条件下，我们从大型神经处所观察到的（反应）却五花八门，这让我们大受震撼。"

这项工作是对神经系统中这种神秘的不规律性的早期系统性研究之一，在这之后，又有更多的研究前赴后继。例如在 1964 年，一对美国科学家用相同的方式一遍又一遍地拂拭猴子的皮肤。他们在报告中称，猴子的神经元对这种拂拭的反应活动表现为"一系列不规律的重复冲动，因此在一般情况下，仅凭肉眼观察无法从中发现任何有序的模式"。

神经元噪声：神经元反应的"乱糟糟"有何大用处

1983 年，来自剑桥和纽约的一组研究人员指出："众所周知，皮质神经元反应中存在大量的随机性。"他们对猫和猴子视觉系统的研究再次表明，神经会对相同的重复图像做出不同的反应。虽然反应和刺激之间仍然具有相关性，比如对不同的图像，神经元仍然会改变它的平均激发频率，但是对任意一个给定的实验来说，究竟哪个神经元会激发，以及它们何时激发，仍旧像是下周的天气一样不可准确预测。于是作者总结道："连续相同的刺激并不会使神经元产生相同的反应。"

1998 年，有两位著名的神经科学家甚至将大脑的运作方式比作随机的放射性衰变。他们写道，神经元"滴嗒作响，更像是盖格计数器而非时钟"。

数十年的研究和数千篇的论文总结出一条清晰的信息，那就是神经系统活动的乱七八糟。在信号涌入大脑之前，尚未受其影响的神经元似乎本身就已经在随心所欲地或"开"或"关"了。尽管外界的输入可以影响这些神经元的活动，却不能百分之百掌控它，其中总暗藏着些意外。而这种毫无用处的"喋喋不休"很可能会干扰神经元试图传递的主要信息，神经科学家称之为"噪声"。

爱因斯坦在评论量子力学时说过一句名言："上帝不掷骰子。"但是，大脑为什么会掷骰子呢？神经元进化出噪声又有什么好处呢？一些哲学家主张，我们的自由意志可能就来源于大脑中的噪声。因为噪声的存在，我们就不会认为思维和任何机器一样也遵循着相同的决定论。但也有人持不同意见。英国哲学家盖伦·斯特劳森（Galen Strawson）就指出："或许某些变化在一定程度上可以追溯到……不确定性或随机因素的影响。但根据随机性的定义，一个人绝不该对随机的东西负任何责任。因此，谁要是假设不确定性或随机因素能够以某种方式促成一个人在道德上真正对自己的行为负责，那便是滑天下之大稽。"换句话说，用丢硬币的方式来做决定也谈不上是完全"自由"。

至于这种不可预测性为什么会存在，科学家提出了自己的看法。例如，随机性可以帮助我们学习新事物。如果一个人上班总是走同一条路，那么偶尔随机向左拐也许会让他发现一个不为人知的公园、一家全新的咖啡店甚至是一条更快的捷径。这类探索也可能会让神经元受益无穷，而噪声就是让它们进行探索的方法。

但神经科学家不仅思考神经元为什么会产生噪声，他们还关心噪声是如何产生的。噪声源可能存在于大脑之外。例如，眼睛中的光感受器需要被一定数量的光子击中后才能做出反应。但即使是恒定的光源，也无法保证到达眼睛的光子流是恒定的。这样一来，神经系统的输入本身就有可能是不可靠的。

除此之外，构成神经元功能的一些元件也受制于随机过程。例如，如果离子在神经元周围液体中的扩散发生了变化，那么神经元的电势状态就会发生变化。并且和其他细胞一样，神经元也是由分子机器组成的，而这些分子机器并不总是能按部就班地运作：必要的蛋白质可能无法被即时合成出来，移动中的组件也可能会卡壳等。虽然这些物理上的故障都有可能导致大脑中产生噪声，但噪声的来源似乎还不止这些。事实上，当我们把神经元从大脑皮质中分离出来放在培养皿中时，其行为明显变得更加可靠了。以相同的方式刺激这些神经元两次，就会出现两个相似的结果。因此，仅凭细胞机制的故障，我们似乎还不足以完全解释通常观察到的噪声。

因此，"账面"似乎不平：不知为何，输入的噪声小于产生的噪声。当然我们可以怀疑，这只是"会计"在对账时犯下的一个奇怪错误罢了，也许这台神经机器里还额外有些不可靠的齿轮，或者说来自外界的输入比我们想象中的更加不稳定。这种错误的估计看似可以用来弥补账面上的误差，但我们忘记了一个事实：因其运作方式，神经元是天然的降噪器。

要想理解这一点，让我们假设你和你的小伙伴们正在一个长方形球场上玩一个游戏，游戏的目标很简单，在计时器归零之前，看你们能一起将足球踢多远。由于你们当中没有人训练有素，因此偶尔也会犯些错误，比如一个人没接住球，另一个人跑累了，还有一个人摔了一跤。但有时你们又会超水平发挥，比如跑得特别快或者将球传得特别远。如果分配给你们的时间很短，比如 30 秒，那么短暂的失误或者超常发挥就会对最终的距离产生巨大的影响：可能你们这一次踢了 150 米，下一次就只踢了 20 米。可如果时间很长，比如 5 分钟，那么你表现上的波动就可能会相互抵消：你起跑慢了就可以通过终点前的冲刺来弥补，或者你也可能把长传所取得的优势挥霍在一次跌倒上。因此时间越长，每次的距离就越相似。换句话说，随着时间的推移，你运动能力中的"噪声"就通过平均的方式被消除了。

神经元也发生类似的情况。如果一个神经元在一定时间内获得了足够的输入，它就会发放一个动作电位（见图 4-1）。但它得到的输入也是带噪声的，因为这些输入来自其他神经元的放电。所以，神经元可能会在某一时刻接收到 5 个输入，下一次 13 个，而再下一次 0 个。这就像我们所举的游戏例子一样，如果神经元有足够长的时间来接收这些有噪声的输入，然后再决定是否获得了激发所需的足量输入，那么噪声的影响就会降低。但是，如果它只使用转瞬之间的短暂输入，那么噪声就会占据主导地位。

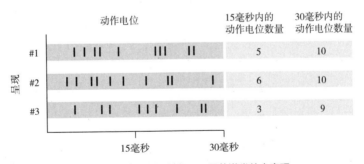

图 4-1　同一刺激下神经元不同的激发放电表现

在同一刺激的三次呈现中，神经元在不同的时间点激发放电。假设有另外一个神经元从这个神经元获得输入，并且它只监听一小段时间内的动作电位，那么它在每次呈现中所接收的动作电位数量都是不同的，而时间越长，数量就会越接近。

那么一个神经元将输入整合起来要花多长时间呢？大约是 20 毫秒。这个时间看起来似乎很短，但对神经元来说却绰绰有余。一个动作电位只需花费大约 1 毫秒，而一个神经元可以从所有不同的输入源中同时接收多个动作电位。因此，神经元理应有足够的时间对多个转瞬之间的输入取平均值，然后再决定是否要激发。

神经科学家威廉·索夫特基（William Softky）和克里斯托弗·科赫（Christof Koch）利用一个简单的神经元数学模型，也就是我们第 1 章中介绍的带泄漏整合发放模型，测试了神经元对输入的整合。1993 年，他们在研究中模拟了一个神经元，使其在不规则的时间点接收输入。由于该神经元在很长一段时间内对输入动作电位进行了整合，所以和它接收的输入相比，其自身产生的输出动作电位变得较有规律。这表明神经元确实能够消除噪声，它可以接收有噪的输入，同时产生噪声较少的输出。

如果说神经元能消除噪声，那么大脑的随机性该如何解释呢？按照前文所述，无论随机性是来自外界还是细胞内部，我们都可以假设这些少量的随机性——有噪声的输入在进入大脑后，通过神经元之间的连接在系统内传播。如果有噪声的输入导致同样有噪声甚至可能噪声更多的输出，那么这将是一个完全自洽的故事，即噪声会传播甚至放大。但根据索夫特基-科赫模型，情况并非如此。当信号通过一个神经元时，噪声应该会减弱，而当信号一遍又一遍地在整个神经元网络中穿梭时，噪声就应该会逐渐消失。然而事实上，神经科学家发现，噪声在大脑中无处不在。

如此来说，大脑不仅是不可预测的，而且似乎是在鼓励这种不可预测性，这与神经元消除噪声的自然趋势背道而驰。是什么让随机性经久不衰？是大脑中存在一个随机数生成器，还是隐藏着某种生物骰子，抑或是如同 20 世纪 90 年代的科学家所设想的那样，所有这些表面的杂乱无章其实是由一个更基本的秩序造成的，即兴奋与抑制之间的平衡引起的？

抑制性神经元：使大脑产生思维的关键角色

恩斯特·弗洛里（Ernst Florey）多次前往位于洛杉矶的马肉屠宰场，这让他发现了大脑中抑制机制的来源。

20 世纪 50 年代中期，出生于德国的神经生物学家弗洛里移居到了北美，他和自己的妻子伊丽莎白·弗洛里（Elisabeth Florey）一起研究大脑的抑制机制。当年人们已达成了共识，认为神经元是通过传递一种叫作神经递质的化学物质来进行交流的。然而，当时已知的神经递质都是兴奋性的，也就是说这是一种使神经元更容易放电的化学物质。但自 19 世纪中叶以来，人们就知道有些神经元其实可以减弱其下游目标神经元的放电活动。例如，1845 年，恩斯特·韦伯（Ernst Weber）和爱德华·韦伯（Eduard Weber）两兄弟就发现，用电刺激脊髓神经可以减缓甚至完全阻断控制心跳的神经元的活动。这意味着，这些神经元释放的化学物质是抑制性的，它会使神经元放电变得困难。

弗洛里将这类负责抑制神经元活动的物质命名为"I 因子"[①]，而他需要大量的样本才能研究它。于是，他经常开着自己 1934 年款的雪佛兰前往一家马肉屠宰场，在那里他收集了一些普通顾客不太爱买的部位：新鲜的大脑

---

① "I 因子"中的"I"是 inhibition（抑制）的首字母。——译者注

和脊髓。弗洛里从这些神经组织中提取出了不同的物质，并将每种物质分别作用于从小龙虾中剥离出的活体神经元并观察其反应。最终他发现了一些候选的化学物质，它们能够稳定地使小龙虾的神经元活动偃旗息鼓。其实像弗洛里这样跨物种地进行实验是需要一些运气的，我们无法假设神经递质在不同的动物身上会发挥相同的作用。但在他的实验中，对马有抑制作用的物质恰好也对小龙虾有抑制作用。

在专业化学家的帮助下，弗洛里随后又使用了另外一种动物的组织，即45千克的牛脑，从中提取了纯净的 I 因子并弄清了其基本的化学结构。弗洛里继续分析，到最后，他手上仅剩下18毫克的 γ-氨基丁酸。γ-氨基丁酸还有另一个更常见的写法为 GABA，它是第一个被发现的抑制性神经递质。

神经递质是抑制性还是兴奋性，这一点实际上取决于观察者，或者更严格来说，取决于目标神经元的受体。当神经递质从一个神经元中被释放出来，该化学物质会移动一小段距离，穿过该神经元和其目标神经元之间的突触间隙，然后与目标神经元细胞膜上的受体相结合。这些受体就像一把把蛋白质小锁，只有正确的钥匙才能打开，正确的钥匙就是正确的神经递质。一旦打开，它们就能全权决定哪些物质能够进入细胞。例如，同 GABA 结合的一种受体就只允许氯离子进入细胞，氯离子带负电荷，而让更多的氯离子进入细胞会使神经元更难达到激发阈值，而同兴奋性神经递质相结合的受体则会允许带正电荷的离子进入细胞，例如钠离子，从而使神经元更接近激发阈值。

神经元倾向于向所有目标神经元都释放相同的神经递质，这一原理被称为戴尔定律。该定律是以英国神经科学家亨利·哈利特·戴尔（Henry Hallett Dale）的名字命名的，他早在1934年就做出了这一大胆的猜测，尽管当时总共才发现了两种神经递质。释放 GABA 的神经元被称为

"GABA 能神经元"，但由于 GABA 是成年哺乳动物大脑中最普遍的抑制性神经递质，这些神经元通常被直接称为抑制性神经元。相较而言，兴奋性神经递质的种类更多，但释放它们的神经元被统称为兴奋性神经元。在大脑皮质区域内，兴奋性和抑制性这两种神经元自由地交织，彼此既发送也接收信号。

1991 年，很多关于神经抑制的讨论都已尘埃落定，于是弗洛里撰写了一篇论文，回顾了自己在发现第一个可能也是最重要的一个抑制性神经递质的过程中所扮演的角色。在论文的最后他写道："不管大脑是如何产生思维的，我们都可以肯定 GABA 在其中发挥着重要的作用。"而弗洛里可能并不知情，此时此刻，一个关于大脑的不可预测性是如何产生的理论正在逐渐成形，而抑制性神经递质在其中也扮演了不可或缺的角色。

神经元的噪声之战：兴奋与抑制的平衡 vs. 大脑的随机性

让我们回到计时足球游戏的那个类比。假设现在又多了一支队伍，他们的目标是与你对抗，把球踢到球场的另一端，当计时结束后，更接近目标的一方获得胜利。如果另一支队伍里的队员也是你的朋友，而他们同样都是些半吊子运动员，那么平均下来，两支队伍的表现就不相上下。虽然队伍表现中的噪声仍然会影响比赛的最终结果，比如你的队伍有可能在某一局中以区区几米之差击败对方，而在另一局比赛中又以同样微小的劣势输给对方，但总体来说，这是一场平衡且友好的比赛。

现在让我们设想，如果另一支球队里都是些长得很壮、跑得很快的职业球员。在这种情况下，你和你的业余球员朋友们将毫无胜算，通常你们每次都会输得很惨。这也就是为什么没人想看职业球队和高中生队之间的比赛，也没人想看泰格·伍兹对阵你爸爸，或者哥斯拉打飞蛾。因为这些比赛的结果都在意料之中，比赛也就索然无味了。换句话说，一边倒的比赛导致了结果的一致性，而势均力敌的比赛才有来有回更有乐趣。

在大脑皮质中，兴奋性神经元和抑制性神经元中都具有数千个连接，因此，如果任意一股力量很强而另一股力量较弱的话，强大的一方就会一直占据主导地位。例如，假设没有抑制性神经元，神经系统在数百个兴奋性输入的狂轰滥炸之下，就会持续不断地激发放电。而假设只有抑制性神经元，神经系统的活动频率就会降低到完全静息的状态。如果双方力量旗鼓相当，那么神经系统真实的活动就是这两个巨人间不断拉锯的结果。**神经系统中所发生的事情，就是这样一场势均力敌的比赛，只不过不是你在学校里能看到的而是在奥运会上看到的那种。**

可如果计算机科学家知道了这件事，他们可能就会有些担心了。因为他们知道，将两个很大又带噪声的数字相减可能会出大问题。在计算机中，数字只能以一定的精度表示，这就意味着有些数字需要被四舍五入，而在这个计算过程就会产生误差，也就是噪声。例如，如果计算机只有三位数的精度，那么 18 231 这个数就会被表示成 1.82×10^4，而剩下的 31 则被舍掉了。而当我们将两个差不多大小的数相减时，这种取整所产生的误差就可能被放大。例如，18 231 减去 18 115 是 116，计算机却会将这个差值计算为 1.82×10^4 减去 1.81×10^4，也就是 100，这两者间的误差有 16。而且数字越大，这个误差就会越大。例如，如果计算机仍旧只有三位数的精度，那么 "182 310 减去 181 150" 以取整后的数字进行计算就会产生整整 160 的误差。

如果银行或者医院是以这种方式进行计算的，你肯定会提心吊胆。出于这个原因，程序员在编程时，都会尽量避免将两个很大的数直接相减。然而，神经元每时每刻都在兴奋和抑制这两个"很大的数"之间做减法。这样的漏洞难道真的也是大脑操作系统的一部分吗？

　　科学家一直在思考这个问题。直到 1994 年，斯坦福大学的神经科学家迈克尔·沙德伦（Michael Shadlen）和威廉·纽瑟姆（William Newsome）终于决定着手对这个想法进行测试。同索夫特基和科赫的工作类似，沙德伦和纽瑟姆也对单个神经元进行数学建模并为模型提供了输入。但这一次，神经元既获得了有噪的兴奋性输入，同时也获得了有噪的抑制性输入。当这两股力量相互抗衡时，有时兴奋性输入会获胜，而有时抑制性输入会胜出。这场战斗会像有噪计算一样，导致神经元不规律放电，还是会像仅有兴奋性输入的索夫特基－科赫模型一样，神经元也能消除这些输入信号中的噪声呢？结果沙德伦和纽瑟姆发现，当同时考虑两种类型且都有高频率的输入时，神经元的输出中出现了噪声。

　　在业余拳击比赛中，若一方稍有失神，另一方顶多也就能趁机打上一两拳。然而在职业拳击比赛中，犯同样的一个失误，可能就被直接淘汰出局了。一般来说，两股竞争的力量越强，竞争导致的波动就会越大。这就是神经元内部兴奋和抑制之间的战斗是如何压倒其正常的降噪功能的。因为这两股力量平分秋色，神经元的净输入，也就是总兴奋减去总抑制的均值不是很大，但又因为两股力量都很强，围绕着该均值的波动却很大。在某一时刻，神经元可以被刺激得远超其激发阈值并发放一个动作电位，但在下一个时刻，它又在一拨抑制的影响下被迫保持静息。所以这些影响就使神经元在不该放电的时候放电，或者在该放电的时候保持沉默。兴奋和抑制之间的平衡就通过这种方式在神经元中兴风作浪，这帮助我们解释了大脑中的随机性。

　　在理解神经元如何保持噪声这方面，沙德伦和纽瑟姆的模拟实验迈出了一大步，但这还远远不够。真实的神经元是从其他真实的神经元处获得输入的，因此，为了证明噪声是由兴奋和抑制之间的平衡活动产生的，这个理论就必须也适用于由兴奋性和抑制性神经元组成的整个网络。这意味着每个神经元的输入都来自其他神经元，而每个神经元的输出也都返回给其他神经元。

然而，在沙德伦和纽瑟姆的模拟中只有一个神经元，并且建模者还人为地控制了它所接受的输入。这就像是你不能仅凭一个家庭的收支状况就推测整个国家的经济是否健康一样。同样地，仅仅对单个神经元的模拟也不能保证整个神经元网络也会依葫芦画瓢。就像我们在上一章中看到的那样，在一个有很多运转组件的系统中，所有组件都必须恰到好处地运转才可能产生符合我们预期的结果。

为了让整个网络都可靠地产生带噪声的神经元，这就需要协调。每个神经元从相邻神经元处获得的兴奋性和抑制性的输入就需要保持大致相同的比例，并且网络还需要是自洽的，也就是说，每个神经元产生的噪声和它接收到的噪声必须数量相等，既不能多也不能少。所以，相互作用的兴奋性神经元和抑制性神经元真的能维持我们在大脑中所看到的那种有噪声的放电现象吗？还是说，噪声最终会逐渐消失或爆炸性地增长？

平衡网络：大脑中的兴奋与抑制如何共舞

一谈到网络的自洽性，物理学家就明白该怎么办了。正如我们在上一章中看到的那样，物理学中到处是自洽性起关键作用的情况。例如，由大量简单粒子所组成的气体，其中每个粒子都受周围所有粒子的影响并反过来又影响周围所有粒子。因此人们发明了一些手段，来简化用来描述这种相互作用的数学计算[①]。

20 世纪 80 年代，以色列物理学家海姆·桑波林斯基（Haim Sompo-linsky）也使用了这些手段来了解不同温度下材料的行为方式，但他的兴趣最终转向了神经元。1996 年，同样是物理学出身的神经科学家卡尔·范·弗雷斯韦克（Carl van Vreeswijk）和桑波林斯基一道，将物理学中的手段运用于大脑平衡的问题上。人们利用数学来理解物理学中相互作用的粒子，而通过借鉴这种数学手段，弗雷斯韦克和桑波林斯基照猫画虎地写下了一些简单的方程式，用来代表大量相互作用的兴奋性神经元和抑制性神经元。这群神经元还同时接收了外部输入，它们代表了来自其他大脑区域的连接。

通过这些简单的方程式，弗雷斯韦克和桑波林斯基可以在数学上定义他们希望从模型中观察到的行为类型。例如，神经元必须能保持活动，但同时又不能太活跃，也就是说它们不能一直放电。此外，对外界输入的增加，神经元还应该能通过提高平均激发频率的方式来响应。当然，这些响应也必须是有噪声的。

提出对模型的需求后，弗雷斯韦克和桑波林斯基就开始审视这些方程式。他们发现，要创造一整个网络，使其能以合理的频率不规则激发，就必须满足某些特定的条件。例如，抑制性神经元对兴奋性神经元的影响必须比兴奋性神经元之间的相互影响更大。如果我们保证兴奋性神经元接收到的抑制输入比兴奋输入稍多，网络的活动就是可控的。同样重要的是，神经元之间的连接是随机且稀疏的，即每个神经元应该只从其他 5% ～ 10% 的神经元中获得输入。这确保了没有哪两个神经元被锁定在相同的行为模式中。

[①] 在历史上，这些手段有一个更浅显的名字叫作"自洽场论"，但现在人们称之为"平均场论"。平均场论的特征是，你不需要为系统中每个相互作用的粒子都提供一个方程式，而只需要分析一个将其输出当作输入来接受的"代表性"粒子，这极大地简化了关于自洽性的研究。

弗雷斯韦克和桑波林斯基提出的所有需求，对大脑来说都是可以满足的合理要求。当他们在一个满足所有这些要求的网络中进行模拟时，就出现了兴奋与抑制之间必要的平衡，模拟中的神经元看起来就和真实的神经元一样富有噪声。沙德伦和纽瑟姆的直觉告诉我们单个神经元是如何维持有噪放电的，而在相互作用的神经元网络中，这个直觉确实也是成立的。

除了证明网络中的兴奋和抑制可以达到平衡，弗雷斯韦克和桑波林斯基还发现了平衡网络的另一个潜在优势，那就是在一个绝对平衡的网络中，神经元可以对输入做出快速反应。当网络达到平衡时，它就像一个司机，两只脚以相同力度踩在油门和刹车上。当输入发生改变时，这种平衡就会被打破。如果外部输入是兴奋性的，它们更多地作用于网络中的兴奋性细胞而非抑制性细胞，所以兴奋性神经元会增加放电，就像司机踩下了油门，汽车几乎在其踩下踏板的一瞬间就冲了出去。然而，在最初"嗖"的一下响应后，网络又恢复了平衡。因为网络中突然激涨的兴奋导致抑制性神经元也增加放电，这就像司机又踩下了刹车，于是网络又重新找到了一个新的平衡，并为下一次的响应做好了准备。正是由于网络能对不断变化的输入做出迅速的反应，它才能准确地跟上这个世界千变万化的节奏。

知道在数学上行得通固然是给我们喂下了一颗定心丸，但想要真正地检验一个理论还得靠真实的神经元。弗雷斯韦克和桑波林斯基在研究过程中做了大量的预测，后来的神经科学家就可以逐一对其进行验证了。2003 年，冷泉港实验室的迈克·韦尔（Michael Wehr）和安东尼·泽多尔（Anthony Zador）在给大鼠听不同声音的同时，记录了其听觉皮质中负责处理声音的神经元的反应。通常来说，当神经科学家将电极插入动物大脑时，他们都试图记录神经元的输出，也就是它们的动作电位。但韦尔和泽多尔却采用了一

种不同的技术来"监听"神经元的输入，他们主要想知道兴奋性和抑制性的
输入是否相互平衡。

他们发现，在刚播放声音时，神经元中涌进来一系列强烈的兴奋性输
入，但紧随其后涌进来的是一系列同样强烈的抑制性输入，这好比是加一脚
油门后踩的那一脚刹车。因此，对于输入的增强，这个真实的神经网络就展
示出了和数学模型相同的情况。即使使用更响的声音，在兴奋作用增强的同
时，抑制作用也会相应地随之增强，这二者始终旗鼓相当。就像模型中一
样，大脑中似乎也展现出了平衡。

为了验证模型给出的另一个预测，科学家就必须开动脑筋。弗雷斯韦克
和桑波林斯基指出，要建立一个平衡的网络，神经元之间的连接强度应该
取决于连接的数量，连接越多，每个连接就理应越弱。为了验证这一假设，
纽约大学的杰瑞米·巴拉尔（Jérémie Barral）和亚历克斯·雷耶斯（Alex
Reyes）试图找到一种能够改变网络中连接数量的方法。

但在大脑中，人们很难控制神经元的生长方式。因此在 2006 年，巴拉
尔和雷耶斯决定改为在培养皿中培育神经元。从简洁性、可控性和灵活性的
角度上看，这套实验装置几乎就是计算机模拟的现场实物版。为了控制连接
的数量，他们就只是简单地在培养皿中放上不同数量的神经元，拥有更多神
经元的培养皿就能自行建立起更多的连接。接下来，他们监测了神经元的活
动并研究了它们之间的连接强度。所有培养皿中的神经元群体都既包含兴奋
性神经元也包含抑制性神经元，而这些群体的激发都像平衡网络一样带有噪
声，但是每个群体的连接强度则有着天壤之别。如果在一个培养皿中每个神
经元只有大约 50 个连接，而在另一个培养皿中每个神经元有 500 个连接，
那么前者的连接强度会是后者的 3 倍。事实上，纵观所有神经元，连接的平
均强度大致等于连接数量平方根的倒数，而这正是弗雷斯韦克和桑波林斯基

的理论所做出的预测。

随着证据的积累，人们越发相信大脑处于一个平衡状态。但是，并非所有实验结果都如理论预测的那样，人们也并非总能观察到兴奋与抑制之间的这种平衡。我们有充分的理由相信，负责某些任务的某些大脑区域也许更可能出现平衡的行为。例如，为了处理外界信息，听觉皮质需要对声音频率的快速变化做出反应。这一点就和平衡神经元网络的快速响应能力相匹配。其他不需要这种响应速度的大脑区域，也许就会寻找不同的解决方案。

关于平衡网络的理论让人赏心悦目，它利用大脑中无处不在的抑制，解决了同样无处不在的噪声谜题。而这一切都没有暗藏玄机，也就是说不存在任何隐匿的随机性来源。即使在神经元老老实实工作的时候，噪声也会不期而至。

规律的行为会导致混乱，这一点看似违反直觉却至关重要。在此之前，人们在其他地方也观察到了这个现象，而弗雷斯韦克和桑波林斯基的论文标题《具有兴奋性和抑制性平衡活动的神经网络中的混沌》（*Chaos in Neuronal Networks With Balanced Excitatory and Inhibitory Activity*）中的"混沌"一词也反映了这种情况。

混沌理论：为什么相同的输入会引发千变万化的反应

20 世纪 30 年代，混沌理论还不存在。当神经科学家第一次意识到神经元中存在噪声时，用来了解其行为的数学理论尚未被发现。混沌理论的发现似乎纯粹源于一次偶然。

麻省理工学院气象系成立于 1941 年，爱德华·洛伦茨（Edward Lorenz）

正好赶上了它的成立。1917 年，洛伦茨出生在美国康涅狄格州的一个上流社区，他的父亲是一名工程师，母亲是一名教师，而他很早就对数字、地图和行星表现出了兴趣。在获得数学学士学位后，他本打算继续攻读数学，但就像那个时代的许多科学家一样，战争的爆发打乱了他的计划。1942 年，美国陆军航空队委派给洛伦茨一项天气预报的任务。为了学习如何预测天气，他参加了麻省理工学院的气象学速成班。退役后，洛伦茨就留在了麻省理工学院继续进行气象学研究，从博士生到研究员，最终成为教授。

如果你曾计划过野餐，你就会知道天气预报并不准确。学术界的气象学家都只关注宏观的地球物理，而几乎不会考虑把每日天气预报作为目标。但是洛伦茨依然对这个课题兴趣盎然，他同时还好奇计算机这项新技术又能在这方面提供怎样的帮助。

描述天气的方程式很多而且很复杂。想要了解当下的天气是如何演变成为未来的天气的，手动计算这些方程式是一项艰巨且几乎不可能完成的任务。就算勉强完成了计算，想要预测的天气也很可能早就过去了。但是计算机也许可以算得快一些。

自 1958 年起，洛伦茨就开始对计算机在天气领域中的运用进行测试。他将天气动力学归结为 12 个方程式，然后选择一些数据作为其初始值进行数学演算，例如，西风的初始值是 100 千米 / 时。最后，他将演算的结果打印在了一卷纸上，模拟的结果看起来和天气的特征数值很像，它有着我们熟知的气流和温度的波动。有一天洛伦茨心血来潮，想再重新运行某一个特定的模拟，看看模型在更长时间内会如何演变。但与其从头开始运行，他认为自己大可以从中间开始，也就是把打印出来的结果又作为初始值接着向下进行运算。后来的事实证明，有时候，这种操之过急的行为反而是发现之母。

可是，计算机打印出来的数字并不完整，为了在页面上显示更多的内容，打印机将小数点后六位省略到了后三位。因此，洛伦茨在第二轮模拟中输入的数字并非与之前模拟中的完全一致。但是，在全球天气模型中，小数点后几位应该是无关痛痒的吧？可事实上它们却至关重要。在天气模型演化了模型时间中大约两个月的天气变化后，洛伦茨微调了一些模型中的参数，而这一次模拟的结果居然与第一次的有着天壤之别，热的变成冷的，快的变成慢的。这本来只是一次重复实验，却给予我们巨大的启示。

在此之前，科学家都默认微小的改变只会产生微小的变化，一阵微风不会有排山倒海的能量。所以在这种教条思想看来，洛伦茨观察到的现象必定来自一个错误，也许是当时庞大笨重的计算机所犯下的一个技术错误。

然而，洛伦茨打算打破砂锅问到底。正如他在1991年所写的那样："除了那些流行的解释，科学家还必须始终致力于寻找其他解释。"事实证明，洛伦茨观察到的现象是数学上真实存在的情况，尽管它看似违反直觉。在某些情况下，微小的波动有可能会被放大，使情况变得难以预料。这不是错误或误差，这就是复杂系统的工作方式，科学家把这种现象命名为混沌[①]。既然混沌是真实的，科学家就应该努力去理解它。

混沌过程严格遵循着规则，却产生了看似随机的结果。 这种情况的源头隐藏着一个令人不安的事实，与人们之前设想的不同，即便我们了解了规则也并不意味着就能预测结果，尤其是在这些规则很复杂的情况下。美国科普作家詹姆斯·格雷克（James Gleick）在《混沌：开创新科学》（Chaos: Making a New Science）一书中完整地讲述了该领域的渊源。他写道："传统来说，动力学家会认为写下一个系统的方程式就意味着理解了这个系

[①] 在流行文化中，这种现象还有一个更响亮的名字叫作"蝴蝶效应"。其中心思想是，即使是蝴蝶拍一下翅膀这样微不足道的事件也可能改变整个历史进程。

统……但由于方程式中存在着一丝丝的非线性，动力学家在回答关于系统未来最简单的实际问题时也力不从心。"这种现象存在于哪怕是最简单的系统中，例如相互作用的台球或左右摇晃的钟摆，它们都有可能发生意料之外的情况。格雷克还说："混沌动力学的研究人员发现，简单系统的无序行为是一种创造性的过程。它创造了无穷的复杂性，即各式各样的组织模式，它们时而稳定时而不稳，时而有限时而无限。"

如果弗雷斯韦克和桑波林斯基是对的，那么混沌就不仅发生在大气中，还发生在大脑中。因此，我们不需要细胞层面的机制，就能解释大脑为什么会对相同重复的输入产生千变万化的反应。这并不是说大脑中没有任何噪声源，例如，不可靠的离子通道或者有损伤的受体确实也可能存在，但是像大脑这样复杂的物体，仅凭其相互作用的兴奋和抑制，就能产生丰富且不规则的反应，而无需其他噪声源。事实上，在弗雷斯韦克和桑波林斯基的网络模拟中，他们只需改变单个神经元的初始状态，例如从放电变成不放电，或者反过来，就能在整个群体中创造一个完全不同的活动模式[1]。如果一个如此微小的变化就能造成这样大的扰动，那么大脑能维持噪声的能力就显得不那么神秘了。

大脑中的振荡与混沌：认知活动之谜

在世界各地的医疗中心，癫痫患者会在一个小房间中待上好几天甚至一周。这些"监控室"通常配备供患者使用的电视机，以及医生用来监测患者活动的摄像头。患者的头上全天候连着一台用来捕捉其大脑活动的脑电图仪

---

[1] 当然，给定一个输入，不同神经元群体平均后仍然会产生相同数量的动作电位作为响应。只是这些动作电位在时间上和在神经元群体上的分布是变化的。如果你的神经元在对输入做出反应时真的不遵循任何规则，那你现在应该读不懂这段话才对。

（EEG）。医生希望这些收集到的信息能够帮助治疗患者的癫痫。

脑电图电极被贴纸和胶带固定在头皮上，以记录位于其下方的大脑所产生的电活动，每个电极所提供的测量值都是不计其数的神经元同步活动的复杂总和。这个信号就像地震波一样随时间发生变化。当患者清醒的时候，脑电图是一条锯齿状的波浪线，它轻微地随机上下摆动，但并没有任何明显的节律。而当患者睡着的时候，尤其是在无梦的深度睡眠中时，脑电图中出现了波形，它剧烈地上下摆动，整个过程持续大约一秒或者更久。医生感兴趣的是，这种波动在癫痫发作时会更加明显。强烈的信号以每秒三到四次的节奏快速地上下翻飞，就像一个孩子疯狂地在用蜡笔涂鸦。

癫痫发作时，神经元究竟在做什么呢？它们正在齐心协力地工作。就像训练有素的军队那样步调一致地行军，神经元一齐放电，然后在再次激发前又不约而同地保持静息。这样做的结果是一个同步且循环往复的突发活动，它一次次地驱使脑电信号一上一下。通过这种方式，癫痫的发病特点就和随机性恰好相反，它具有按部就班的完美秩序。

同样的神经元既能产生癫痫，也能产生睡眠时的慢波，同时还能产生日常认知所需的正常有噪活动。那么，同一个神经回路是如何表现出这些不同行为的？大脑又是如何在不同行为模式之间来回切换的呢？

在 20 世纪 90 年代后期，法国计算神经科学家尼古拉斯·布鲁内尔（Nicolas Brunel）着手研究神经回路运行的不同方式[1]。具体来说，基于弗雷斯韦克和桑波林斯基的工作，布鲁内尔想要研究由兴奋性神经元和抑制性

---

[1] 布鲁内尔也是学物理出身的，也许读到这里你已经见怪不怪了。20 世纪 90 年代初，他在攻读博士学位期间学习了神经科学，当时的一门课程让他接触到了将物理学工具运用在大脑研究上的这种新趋势。

神经元所构成的模型的行为方式。为此，他探索了这些模型的参数空间。

参数是模型中可以调节的旋钮。这些数值定义了模型的某些特征，例如网络中神经元的数量或者每个神经元获得的输入的数量。就像对常规空间一样，我们也可以从不同角度对参数空间展开探索。而布鲁内尔选择探索的两个参数是，神经网络获得外部输入的数量（来自其他脑区的输入），以及神经网络中抑制性神经元连接强度同兴奋性神经元连接强度的比值。通过微调这些参数并用方程式进行演算，布鲁内尔就可以测试这些数值是如何影响神经网络活动的。

利用一系列不同的参数值运行模拟，我们最终就会得到一幅关于模型行为的图，这个图上的经纬度分别对应布鲁内尔选择的两个变化的参数（见图 4-2）。位于图正中间的神经网络，其兴奋作用和抑制作用大致相等并且有着中等强度的输入。沿着该图向左移动，兴奋作用就变得比抑制作用强；而向右移动，兴奋作用则变得比抑制作用弱；向上移动，神经网络的输入变强；而向下移动，神经网络的输入则变弱。如此一来，弗雷斯韦克和桑波林斯基所研究的抑制性连接略强于兴奋性连接的神经网络就位于中线偏右的位置。

鲁内尔调查了这个模型的"地势图"，并寻找它"地形"上的某些变化，即是否存在某些参数使神经网络的活动发生翻天覆地的改变？而就在弗雷斯韦克和桑波林斯基原始网络所在处的附近，他找到了第一个显著的地标。从抑制作用更强的区域跨越到兴奋作用更强的区域，神经网络发生了急剧的变化。在数学中，这类变化被称为"分岔"。就像一道陡峭的悬崖将草地与大海相隔开，分岔标志着在参数空间中两个独立区域间的陡然变化。在布鲁内尔的图中，兴奋作用和抑制作用相等的这条线，将其右侧不规律放电的有噪网络与其左侧规律放电的可预测的网络隔开。具体来说，当抑制作用变得太弱时，这些网络中的神经元就会停止各自的胡乱扑腾并开始一齐放电。这群神经元同时被激发又同时静默，而它们这种严格同步的活动看起来就像极了癫痫发生时的神经活动。

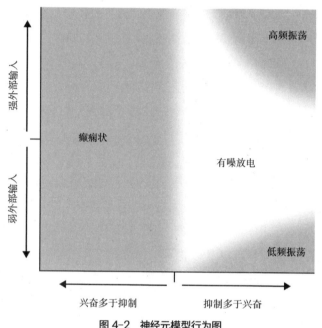

图 4-2　神经元模型行为图

　　几个世纪以来，生理学家一直都知道某些物质会引起惊厥，也就是说会诱发癫痫。20 世纪中叶，随着对神经递质了解的加深，人们发现许多这类物质都会干扰抑制性神经元的作用。例如，北美地区生长的植物中存在一种叫荷包牡丹碱的物质，它可以阻碍 GABA 与其受体结合。苦艾酒中也少量地存在一种名为侧柏酮的物质，它可以破坏 GABA 受体对氯离子的透过性。无论具体的机制如何，最终这些物质都会破坏大脑中的平衡，使抑制作用处于下风。通过这幅图，布鲁内尔看到，大脑是如何通过药物或者其他方式改变模型的参数从而进入不同状态的。

而在布鲁内尔图的另一端，大脑又表现出了另外一种活动模式。在这个区域里，抑制作用占据了上风。如果外部输入保持中等强度，那么神经元就能维持其噪声，然而，顺着该图向上或向下移动，就会出现两种相似但又有所差异的行为。但无论外部输入是强还是弱，神经元都表现出了一定的团队协作性。如果我们统计任意给定时间内正在放电的神经元数量，就会观察到活动的波动：放电现象在短暂高于平均水平后又降到平均值以下。但和神经元放电活动在病人癫痫发作时那种行军状的精确性不同，这里的神经网络更像是一组由 6 岁小孩组成的打击乐团：乐团中可能有一定的组织性，但并非每个人每时每刻都在同时演奏。事实上，这些网络中的神经元可能每 3 次或 4 次才参与一次放电，而且即便是在参与放电时，它们具体的放电时间也都并非完美，所以在这些状态中，既有振荡又有噪声。

将该图右上角和右下角的行为区分开来的特征是这种振荡的频率。用高强度的外部输入驱动神经网络，其平均放电活动将以高达每秒 180 次的速率急速地上下翻飞。高强度的输入激活了兴奋性神经元，而它们又激活了抑制性神经元，并抑制了兴奋性神经元的活动，这之后抑制性神经元又抑制了其自身的活动，整个过程周而复始。如果减少对神经网络的输入，神经网络则会以大约每秒 20 次的速率更慢地振荡。之所以会出现这种缓慢的振荡，是因为神经网络的外部输入太弱而抑制太强，这导致许多神经元都无法获得足够的输入来激发。但是，那些已经在放电的神经元则会利用它们与其他神经元的连接，逐渐使神经网络再次快速运转起来，而如果过多的抑制性神经元被激活，神经网络就会再次归于沉寂。

尽管乍一看，这种杂乱无章的振荡和癫痫时的脑部活动很像，但它其实并不会使脑力衰弱。事实上，在各类不同条件下，科学家在大脑的各个不同部位都观察到了振荡。例如，视觉皮质中的神经元群体能以每秒 60 次的速率快速振荡；我们上一章中讲到的负责处理记忆的海马，其振荡时快时慢；

而处理气味的嗅球所产生的波动可以是和呼吸频率相一致的每秒一次，也可以是每秒 100 次。只要你用心寻找，大脑中处处是振荡。

振荡是数学家喜闻乐见的，因为对他们来说，振荡现象很容易加以分析。方程式很难用来描述混沌和随机性，但要优雅地描述完美的周期性可谓易如反掌。几千年来，数学家发明的方法不仅可以描述振荡，还可以预测它们是如何相互作用的。此外，他们还发明了在信号中识别振荡的手段，即使它们可能在外行眼里并非振荡。

南希·科佩尔（Nancy Kopell）是一位数学家，至少曾经是。同她的妈妈和姐姐一样，科佩尔本科主修的是数学。1967 年，她获得了加州大学伯克利分校的博士学位，并成为波士顿东北大学的数学教授[1]。多年以来，科佩尔经常游走在数学和生物学的交界处，用生物学上的问题来启发数学上的想法。在来回穿梭两个领域多年以后，她开始将眼光聚焦于生物学。正如科佩尔在自传中写的那样："我的观点开始发生了转变，我发现自己对生理学现象本身和它们所引出的数学问题一样感兴趣，甚至对前者的兴趣更浓厚。我从没停止过数学思考，但如果问题本身跟某些生物结构不相关的话，我也就没那么兴致盎然了。"而她感兴趣的很多生物结构都是神经网络，纵观其整个职业生涯，她研究了大脑中各式各样的振荡。

神经科学家将高频振荡称为伽马波，这是因为，第一代脑电图仪的发明者汉斯·伯杰（Hans Berger）将他在粗糙的设备上用肉眼看到的大幅慢波称为阿尔法波，而将其他所有波称为贝塔波。后来的科学家则延续了这一传

---

[1] 科佩尔选择读博的决定有些不同寻常，她说："我读本科的时候没想过要读博。但是当我大四的时候，发现自己既没结婚，也没别的什么特别想做的事情，于是读博就成了一个似乎还不错的选择。"但不出所料，她在深造期间饱受性别歧视的困扰："虽然人们不会公开承认，但当时流行的观点是，研究数学的女人就像是只跳舞的熊。也许她能跳，却跳得不好，而她努力跳舞的样子会让人忍俊不禁。"

统，他们为新发现的高频振荡赋予了新的希腊字母。伽马波虽然频率快，却通常很小，用术语来说是波幅很小。现代脑电图或嵌入大脑的电极都可以检测到伽马波的存在，而它与大脑的警觉性以及注意力息息相关。

模型思维
MODELS OF THE MIND

　　2005 年，科佩尔和她的同事提出了一种理论，解释了伽马波是如何帮助大脑集中注意力的。他们的理论基于这一观点：一个神经元如果表征的是大脑正在注意的信息，那么它应该在振荡中起主导作用。设想一下，你试着在一个嘈杂的房间中接听一通电话，你正在注意的信号是电话那头的语音，而房间中的各种噪声都在与之竞争而分散你的注意力。在科佩尔的模型中，语音由一组兴奋性神经元表示，背景噪声则由另一组表示，而这两组神经元又都和同一组抑制性神经元彼此相互连接。

　　重点在于，因为我们把注意力放在语音上，代表语音的神经元就会比代表背景噪声的神经元获得更多的输入，这就意味着这些神经元会率先激发，并且其放电能力也会更强。如果这些"语音"神经元同时激发，那么通过它们与抑制性神经元的连接，抑制性神经元的活动也会大幅增加，这一情况将会使代表语音和背景噪声的神经元都不再放电。正因如此，"背景"神经元永远都不会有机会激发，自然也就不会干扰语音了。这就像是语音神经元首先行动，夺门而出之后又猛地反手将门关上，将背景神经元拒之门外。只要语音神经元能持续不断地得到一点点额外的输入，这个过程就会一遍又一遍地重复，这样就产生了振荡。而每一次，背景神经元都被迫保持沉默。于是，过滤后"干净"的电话语音就成了唯一剩下的信号。

　　除注意力外，神经科学家还想到了在振荡帮助下完成的大脑功能，这些功能包括导航、记忆以及运动等。振荡还能使脑区之间的交流更有效，也有助于神经元组织形成具有功能的群体。此外，在研究精神分裂症、双相情感障碍和孤独症等疾病的过程中，人们还提出了各种各样的理论来解释振荡是如何出错的。

这样看来，振荡无处不在，其重要性应该是毋庸置疑的，然而事实却远非如此。尽管人们已经发现了好几种不同的振荡作用，但许多科学家仍然对此持怀疑态度。

对其中一部分怀疑追根溯源，我们就会回到如何测量振荡上面。许多对振荡感兴趣的研究人员并没有同时记录多个神经元，而是利用神经元周围的液体间接地进行测量。具体来说，当神经元获得大量输入时，这种液体中的离子流就会发生改变，而这种改变可以代表神经元群体的兴奋程度。但目前，我们并未完全了解液体中的离子流和神经元真实活动之间的复杂关系。因此，我们很难知道观察到的振荡是否就是真实发生的。

同时，科学家也可能受限于手头可用的工具。脑电图自发明之日起，距今已有约一个世纪。如今，它的确能帮助我们在大脑中轻易地发现振荡，即使在人类被试身上也是如此。例如，我们可以在一个午后招募一名志愿者参与实验研究，这名志愿者通常是名本科生。就像前文所提到的那样，对如何使用数学工具来分析振荡，人们也早就轻车熟路。因此，这使研究人员更倾向于故意寻找这些脑电波，即使是在振荡可能无法提供最佳答案的情况下。借用一句古老的格言就是：手里拿着把锤子，就满世界地找钉子。

还有一个问题是振荡的影响力，特别是当我们分析像伽马波这样的快速振荡时。如果在大脑某个状态中的伽马波更强，那么就意味着这个状态下的神经元更多的是在随波逐流地放电，而非零零散散地自行放电。然而这些伽马波来去匆匆，身处其中的神经元只会提前或延后放电短短的几毫秒。可是这种时间精确度真的重要吗？或者说，真正重要的会不会只是神经元所发放的动作电位的总数？关于振荡的作用，人们提出了很多优美的理论，却很难去验证这些理论，因此，这个问题的答案仍旧是个未知数。

就像神经科学家克里斯·摩尔（Chris Moore）在 2019 年接受《每日科学》（*Science Daily*）采访时说的那样："伽马波是个富有争议的热门话题……一些备受尊敬的神经科学家认为，伽马波是一台有魔力的时钟，它将不同大脑区域内的信号串联在一起。而另外一些同样德高望重的科学家则认为，尽管伽马波多姿多彩，却只不过是计算过程中产生的'尾气'罢了。大脑机器的运转产生了伽马波，但它却毫无作用。"

汽车发动的时候会产生尾气，但尾气却并非其动力的直接来源。同样，神经元网络在计算过程中也可能会产生振荡，但振荡是不是在执行运算呢？这一点我们尚不清楚。

在本章中，我们展示了兴奋性神经元和抑制性神经元之间的相互作用可以产生多种多样的放电模式。这两股力量间的冲突既有好处也有风险。这种冲突赋予了神经网络风驰电掣般的响应速度，也使神经网络能够产生睡眠所需的平稳节律。但同时，它也使大脑处于癫痫的危险边缘并制造了名副其实的混沌。要理解这样一个具有多面性的系统无疑是一大挑战。但幸运的是，为了研究物理学、气象学以及理解振荡，人们开发了各式各样的数学方法，这些方法能帮助我们厘清神经放电的混乱本质。

MODELS OF THE MIND

第 5 章

层层堆叠造就的清晰视野

新认知机与卷积神经网络

|20 世纪 20 年代至 20 世纪 80 年代|

视觉系统更像一层层堆叠起来
尖叫着的魔鬼，
而非一个装满了模板卡片的仓库。

在暑期视觉项目中，我们尝试充分利用暑期工，去构建视觉系统中的重要组成部分。选择这个任务，是因为它可以被分割成小的子问题。因此，每个人可以独立研究其中一个部分，但同时也能参与构建一个足够复杂的系统，使之成为模式识别领域一块真正的里程碑。

第 100 号视觉备忘录

麻省理工学院人工智能小组

1966 年

1966 年夏天，麻省理工学院的教授们满心欢喜，觉得解决人工视觉问题指日可待。在这个项目中，他们计划充分利用的"暑期工"仅仅是十几名大学本科生。

在该备忘录中，教授们列举了项目的目标，他们希望学生们开发的计算机系统能够完成一些指定的功能，包括检测图像中不同的纹理和亮度，标记图像中的前景和背景，以及识别图像中的任意物体。据说，一位教授^① 还轻描淡写地将目标描述为"将照相机连接到计算机，并让计算机描述它所看见的内容"。

那年夏天，人们没能完成该项目的目标，次年夏天也没有。之后的很多年都没有。事实上，时至今日，这个暑期项目描述的一些核心问题仍然悬而未决。但在当时，该备忘录所展示出的夜郎自大并不令人惊讶。正如第2章中所讨论的那样，20世纪60年代，计算机的能力出现了几何式的增长，人们天真地相信即使是最复杂的任务也一定有自动化解决的一天。如果计算机可以做到有求必应，那么我们只需要明白该如何提出需求即可。而像视觉处理这样简单而直接的东西，能有多难呢？

答案是非常难。视觉处理，即通过我们的眼睛接收光线并理解它所反映的外部世界，是一个非常复杂的过程。诸如"一望而知"或"一目了然"之类的常用成语，仿佛让人觉得视觉处理是一件不费吹灰之力的事情，但事实上却大错特错。这些成语掩盖了这样的事实：哪怕是最基本的视觉输入也会对大脑提出艰难挑战。认为视觉处理易如反掌是一种错觉，毕竟我们的视觉处理经过了数百万年的进化，它来之不易。

具体来说，视觉处理是一种逆向工程。在眼睛底部的视网膜中，有一层又宽又扁且对光十分敏感的细胞，叫作感光细胞。每个感光细胞都通过电活动的形式告诉大脑，在某一时刻是否有光线击中它，有些细胞还可能会告诉大脑光线的波长。这张由细胞活动所组成的二维图像不断闪烁，而大脑必须仅凭这幅图像上的信息，去重建它面前的三维世界。

---

① 这位教授就是马文·明斯基，而撰写备忘录的教授则是派珀特，他们都是第2章中的关键人物。正如你将看到的，在人工视觉和人工神经网络这两个领域的历史长河中，的确有许多参与者和研究主题是彼此重合的。

　　即使是在房间里找一把椅子这样简单的事情，在技术上也是一项艰巨的任务。椅子可以有许多不同的形状和颜色。它们或近或远，这使其呈现在视网膜上也或大或小。房间里是明是暗？光是从哪个方向过来的？椅子是朝向你还是背对你？所有这些因素都会影响光线撞击视网膜的确切方式。虽然有千万种各式各样的光线图像，但它们最终可能都意味着同一件事，即那儿有一把椅子。而视觉系统居然在不到 10 毫秒内就解决了这种多对一映射问题。

　　就在麻省理工学院的学生们使出浑身解数在计算机上实现视觉功能的同时，生理学家正在使用他们自己的工具来探索视觉的奥秘。他们先是记录了视网膜的神经活动，继而将目光转向整个大脑中的神经元。在灵长类动物中，大脑皮质大约有 30% 的神经元参与了视觉处理，因此记录其活动并非易事[1]。20 世纪中叶，很多热衷于进行视觉神经元相关实验的科学家都集中在波士顿地区，他们中很多人就在麻省理工学院，另一些人则在更北边的哈佛大学。很快，随着数据的大量积累，他们亟需找到某种方法去理解这些数据。

　　也许是由于双方地理位置上的接近，也许是因为对各自设定的挑战难度心照不宣，也许是因为早期的科研圈子太小以至于独木难支，无论出于何种原因，在试图理解视觉基本问题时，神经科学家和计算机科学家在历史上建立了长期的合作关系。所谓视觉，就是在斑驳的光点中识别出图像，而对它的研究充斥着生物学和人工模拟之间的相互影响。当然，这两个领域也并非一直处于蜜月期。当计算机科学家开始采用一种实用却不像大脑活动的方法时，神经科学家就与其分道扬镳，而当神经科学家在对生物视觉中的细胞、化学物质以及蛋白质等细节吹毛求疵时，计算机科学家也对此漫不经心。但不可否认的是，这两个领域仍然相互影响，这在最前沿的模型和技术中是显而易见的。

---

[1] 从这个角度看，灵长类动物无疑是与众不同的。例如，与之不同的是，啮齿类动物的大脑就更倾向于处理气味信息。

模板匹配的变革之路：从机械装置到计算机

早在现代计算机出现之前，人们就试着将视觉处理自动化。尽管该项目是以机械装置的形式实现自动化的，但这些机器背后的一些想法为后来出现的计算机视觉奠定了基础。其中的一个想法就是模板匹配（template matching）。

20世纪20年代，以色列化学家兼工程师伊曼纽尔·戈德伯格（Emanuel Goldberg）正着手解决银行和其他办公系统在搜索文件时所遇到的问题。当时的文件都存储在微缩胶卷上，这是一种35毫米的胶片，通过投影的方式，人们就能将胶片上微小的文件照片放大到屏幕上显示。但是胶片上文件的顺序和其内容几乎毫无关联。

因此，想要找到所需的文件，例如被某个银行客户取消的支票，人们就必须进行大量非结构化的搜索。戈德伯格则采用了一种粗略的"图像处理"技术，从而将这个搜索过程自动化。

根据戈德伯格的计划，当银行柜员将一张崭新的支票录入文件系统时，他需要用特殊的符号对其内容进行标记。例如，三个连续的黑色圆点表示客户姓名以 A 开头，而三个连续的黑色三角形则表示以 B 开头，以此类推。

现在，如果银行柜员想要找到伯克希尔（Berkshire）先生最近提交的一张支票，他们就只需要找到标有三角形的支票。因此，三角形的图像就是一个模板，而戈德伯格机器要做的就是找到与之匹配的东西。

这些模板的实体形式就是一些打了孔的卡片。在搜索伯克希尔先生的文件时，银行柜员会拿出一张打了三个三角形孔的卡片，将其放在微缩胶卷和灯泡之间。之后，胶卷上的每个文件都会自动与卡片对齐，使光线可以先穿过卡片上的打孔，然后再穿过胶片。设置在胶片后面的光电管可以检测到任何穿透过来的光，并将检测结果发送给机器的其余部分。

对大多数文件而言，由于胶片上的符号和卡片上的打孔无法对齐，这使一部分光线可以透过。但如果透过卡片的光线被胶片上的黑色图像完全遮挡住，形成"迷你日食"，光电管就无法接收到任何光线。因此，它就能向机器的其余部分和银行柜员发出信号，表明自己已经找到了匹配模板的文件。

戈德伯格的这个方法要求银行柜员提前知道他所寻找的符号是什么，并且手中有一张与之匹配的卡片。虽然模板匹配的方式很简陋，却成为人工视觉处理历史上最主要的手段。而当计算机问世之后，模板就从物理实体的形式变成了数字化的形式。

计算机将图像表示成一张由像素值组成的网格（见图5-1）。每一个像素值都是一个数字，它代表了图片在这一小块正方形区域内的颜色深浅[1]。

在数字化的世界中，模板也只是一个数字网格，它定义了我们要寻找的图像。因此，三个三角形的模板可能是这样一个网格，它除了三个精确位置的像素值为 1，其余大部分位置都为 0。在计算机中，乘法这种数学运算取代了戈德伯格机器中穿过模板卡片的光线。如果我们将图像中的每个像素值乘以模板中相同位置上的值，得出的计算结果就能告诉我们图像是否匹配模板。

---

[1] 实际上，彩色图像中的像素是由三个数字定义的，它们分别对应红色、绿色和蓝色部分的颜色强度。这里为了简单起见，我们将像素看作一个数字，尽管这只适用于灰度图像。

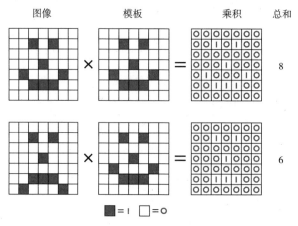

图5-1 数字化的模板匹配

　　假如我们要在黑白图像中寻找一张笑脸，其中黑色的像素值为1，白色的像素值为0，给定一个人脸模板，我们就可以通过乘法将其和图像进行比对。如果图像确实是我们正在搜索的人脸，那么构成模板的值就会和图像中的值非常相似。因此，模板中的0会和图像中的0相乘，而模板中的1会和图像中的1相乘。如果我们将这个乘法的所有结果相加，就得到了模板和图像中相同黑色区域的数量，而在二者匹配的情况下，这个总和会很大。而如果图像是一张撇着嘴的人脸，图像中嘴巴周围一圈区域的值就不会匹配模板。在这些位置，模板中的0会和图像中的1相乘，而模板中的1会和图像中的0相乘。由于在这些位置乘积为0，所以整个图像的总和就不会那么大。通过这种方式，我们只需要简单地将乘积加在一起，就能衡量图像和模板的匹配程度。

　　这种方法在各行各业中都得到了广泛运用：我们能利用模板在图片中搜寻人脸从而统计人群的规模；我们能利用模板在卫星图像中定位已知的地理特征；我们甚至还能利用模板记录通过十字路口的汽车数量以及型号。模板匹配非常简单，我们只需定义好想要的东西，然后让乘法告诉我们二者是否匹配。

群魔殿：从模板匹配到视觉系统的层次结构

想象在一个正举行足球比赛的体育场里，站在看台上的不是呐喊的球迷，而是些尖叫的魔鬼，他们的尖叫声也不是为了给场上的球员们助威，而是为了一幅图像。具体来说，每个魔鬼都有一个自己喜欢的字母，而当他在场上看见类似该字母的东西时就会放声大叫，尖叫声越大，说明场上的图像越像魔鬼喜欢的字母。而在半空中还高悬着另一个魔鬼，他既不会亲自关注场上的图像也不会发出叫声，只是在默默地观察场馆里所有其他的魔鬼，找到叫声最大的那个，并根据其喜好来确定场上的图像。

以上这些，就是奥利弗·塞尔弗里奇（Oliver Selfridge）在 1958 年的一次会议上描述模板匹配过程的方式。塞尔弗里奇是麻省理工学院的数学家、计算机科学家以及林肯实验室的副主任，这个实验室专注于将技术运用于国家安全。塞尔弗里奇发表的论文寥寥无几，他甚至没能完成自己的博士论文，虽然他后来写过几本儿童读物，但是想必这些书里应该不会净是些魔鬼的故事。尽管其学术成果乏善可陈，但他的想法仍然能够应用到研究领域，这主要归功于他所处的圈子。

塞尔弗里奇年仅 19 岁时，就获得了麻省理工学院数学学士学位，之后他又接受了著名数学家维纳的指导，并始终与其保持联系。塞尔弗里奇还是明斯基的导师，我们曾在第 2 章中见过这位著名的人工智能研究员。在读博期间，塞尔弗里奇还是麦卡洛克的朋友，并且还曾跟皮茨合租过一段时间，我们也曾在第 2 章中见过这两位神经科学家。通过这些社交圈子，塞尔弗里奇让他的想法在这群杰出的科学家心中氤氲缭绕并不断发酵。

为了将塞尔弗里奇这个别出心裁的类比同模板匹配的概念相对应，我们只需想象每个魔鬼都拿着一个代表其喜爱字母的数字网格。正如前文所述，它们把手里的网格和图像相乘，并将这些乘积相加，然后根据总和的大小确定自己尖叫的音量。塞尔弗里奇没有向我们透露，他为什么选择把视觉处理描述得如此邪恶。对此，他唯一的反思是："毫不客气地说，我们就是要频繁地使用拟人化或者拟物化的术语。用这些词描述概念似乎还挺有用。"[①]

实际上，在塞尔弗里奇的演讲中，大多数概念都是关于模板匹配方法为什么存在缺陷。要每个魔鬼都单独检测场上是不是他所喜欢的字母，这种做法效率非常低，每个魔鬼执行的计算都是完全独立的，但想要达成我们预期的目标，并不是非这样不可。在搜索字母时，一个魔鬼寻找的形状可能也正是其他魔鬼要找的形状。例如，偏好字母 A 的魔鬼和偏好字母 H 的魔鬼都会寻找中间那条水平横线。所以，我们不妨引入一组单独的魔鬼，它们的模板和尖叫对应的是图像中更基本的特征，例如水平横线、垂直竖线、斜线、点等。因此，偏好字母的魔鬼们不用再亲自查看图像，它们只需要倾听这组魔鬼的叫声就能确定是否存在自己所需字母的基本形状，从而决定自己要叫多大声。

模型思维
MODELS OF THE MIND

塞尔弗里奇自下而上地定义了一种新型的模板匹配方法，它一共包含三种魔鬼类型：计算型魔鬼负责观察图像并喊出基本的形状；认知型魔鬼负责倾听计算型魔鬼并喊出相应的字母；决策型魔鬼负责倾听认知型魔鬼并判断出现的是哪个字母。塞尔弗里奇把这个由尖叫的魔鬼堆叠起来的模型称为群魔殿（Pandemonium）[②]。

抛开其邪门的命名方式不谈，塞尔弗里奇对视觉处理的直觉是有洞察力的。尽管模型匹配在概念上很简单，但在实际操作上却很困难。随着想要识

[①]尽管在回复一位同事的评论时，塞尔弗里奇是这样解释的："我们所有人都继承了亚当的原罪，我们都吃了知善恶树上的果子，而魔鬼的寓言也的确非常古老。"

[②]Pandemonium 一词源自希腊语，意为"所有的魔鬼"。英国作家约翰·弥尔顿在《失乐园》一书中对其有过介绍。

别的物体种类增加，模板的数量也要增加。而且如果一张图需要和每个过滤器都比对一次，其中的计算量十分庞大。并且，模板还必须与图像大致匹配，但由于同一个物体在视网膜或相机镜头上会因反射光的性质、数量不同而呈现像素差异较大的图像，所以我们几乎无法确定当一个给定物体存在时，图像中的每个像素应该是什么样的。这使除了最简单的图像，其他任何模板都难以设计。

模板匹配存在的这些问题无论是对人工视觉系统还是对大脑来说都是一个挑战，群魔殿模型所展示的想法则是一种更加分布式的办法，这是因为计算型魔鬼检测到的特征能够被多个认知型魔鬼所共享。因此，这个方法是有层次的。也就是说，群魔殿模型将视觉问题分成两个阶段：第一个阶段是寻找简单的东西，第二个阶段才是寻找更加复杂的东西。

这些性质加在一起，就使系统在整体上更加灵活。例如，如果训练出的群魔殿模型能够识别字母表前半部分的字母，它就能很好地识别其余字母。这是因为低级的计算型魔鬼已经知道了字母是由哪些基本形状组成的，所以一个代表新字母的认知型魔鬼只需弄清如何正确地倾听比它层次低的魔鬼们。如此一来，基本特征就如同一张词汇表或是一组构建模块，通过它们之间不同方式的组合，我们就能检测出其他的复杂图像。如果没有这种层次结构和对低级特征的共享，基础的模板匹配方法就需要从头开始为每个字母生成一个新的模板。

同时，群魔殿的模型设计也确实提出了新的问题。例如，每个计算型魔鬼是如何知道它们要为哪种基本形状尖叫的？而认知型魔鬼又是如何知道它们应该听谁的？塞尔弗里奇提出，系统是通过不断试错的方式来学习解决这些问题的。例如，偏爱字母 A 的魔鬼有一套倾听低级魔鬼们的方式，如果调整该方式能够使它更好地检测出字母 A，那么就保留这种调整，否则就再试试其他调整。又例如，假使我们有一个能够识别某种新型低级特征并尖叫的计算型魔鬼，如果把这个新魔鬼添加到模型中，整个系统的字母识别能力提高了，那么它就可以留下来，否则就把它剔除出去。显然，这是一个耗时耗力的过程，而且我们也无法保证它一定有效，但当该过程有效时，我们就以自动化的方式如愿得到了一个针对某种类型物体的定制版检测系统。例如，构成日语中平假名的笔画和构成英语中字母的笔画并不相同，而一个具有学习能力的系统可以在这两者中发现不同的基本特征。我们无需任何先验或特殊的知识，只需大胆地放手让模型去尝试完成任务。

塞尔弗里奇和同事们的想法给计算机科学家伦纳德·乌尔（Leonard Uhr）留下了深刻的印象，所以他想将这项工作成果传播得更远。1963年，乌尔在《心理学公报》（*Psychological Bulletin*）上发表了一篇论文，向心理学家介绍了计算机科学家在视觉前沿领域所取得的进展。关于当时的模型，他在论文中指出："'模式识别'计算机作为感知形状的模型……实际上已经可以指导生理学和心理学实验了。"他甚至还警告说："如果心理学家在自身领域的理论发展中毫无建树，这将是一件非常可悲的事。"这篇论文以有力的证据向我们展示了这两个领域间从始至终都存在千丝万缕般的联系。但我们并非一定要这样大张旗鼓地公开呼吁合作，有时候，动用一些个人关系就足够了。

莱特文也是塞尔弗里奇的朋友，年轻时和塞尔弗里奇以及皮茨合租过一所房子。莱特文自称是一个"体重超标的懒汉"。他本想成为一名诗人，奈何母命难违，最终只好选择成为一名医生。对此，他最大的反抗，也就是偶尔从治病救人的工作中脱离出来，去从事一些科学研究。

20世纪50年代后期，莱特文在他的朋友兼前室友的启发下，开始寻找对低级特征响应的神经元，而这些特征也就是计算型魔鬼看见了会尖叫的东西。他选择观察的动物是青蛙。青蛙的视觉主要用来对猎物或捕食者做出快速反应，因此其视觉系统也相对简单。

在视网膜中，每个感光细胞都将它的信息发送给另一组被称为神经节细胞的神经元。一个感光细胞连接到多个神经节细胞，而一个神经节细胞也从多个感光细胞处获得输入。但重要的一点是，所有这些输入都来自空间中某个有限大小的区域。这使神经节细胞只对照射到视网膜上特定位置的光线才有反应，并且每个神经节细胞都有自己关注的特定区域。

在当时，人们认为神经节细胞本身并不执行太多计算，它只是作为一个中继站将来自感光细胞的活动信息传递给大脑，就像邮递员一样。在视觉处理的假说中，这个看法契合了模板匹配的观点。如果大脑的作用是将来自眼睛的视觉信息与一组存储起来的模板相比较，那么大脑就不希望神经节细胞以任何方式篡改这些信息。但如果视觉系统有层次，并且每个层次都发挥一点微小的作用并最终完成对一个复杂物体的识别，而神经节细胞是这个层次结构中的一部分的话，那么它应该会特异化地识别一些有用的基本视觉图像。因此，它们不应该只是逐字逐句地传递信息，更应该积极地处理并重新包装这些信息。

莱特文给青蛙看了各种移动的物体和视觉图像，并记录了这些神经节细胞的活动。他发现，层次结构的假说是正确的。事实上，在 1959 年的一篇论文《青蛙的眼睛对大脑说什么》（*What the Frog's Eye Tells the Frog's Brain*）中，莱特文和其他共同作者描述了 4 种不同类型的神经节细胞，每种细胞都响应一种简单的视觉图像，彼此不同。有些细胞对快速的大幅移动做出反应，有些细胞对光线由明变暗做出反应，还有一些细胞则对弯曲物体的来回晃动做出反应。这些不同类别的反应证明，神经节细胞是专门为识别不同基本图像而生的。这些发现不仅与塞尔弗里奇所主张的低级特征识别器的概念相吻合，还证明了这些特征与系统需要识别的特定物体类型息息相关。例如，对于最后一类细胞来说，当一个很小很黑的物体在固定的背景下时断时续地快速移动时，其反应最为强烈。莱特文在论文中描述了这个结论后，评论说："对于一个用来识别眼前的小飞虫的系统，难道还有人可以给出比这更准确的描述吗？"

事实证明，塞尔弗里奇的直觉是对的。随着莱特文在青蛙中的发现，学界开始将视觉系统看作一层层堆叠起来的尖叫着的魔鬼，而非一个装满了模板卡片的仓库。

探秘初级视觉皮质：大脑如何解读复杂的视觉信号

就在莱特文开展研究的几乎同一时间，约翰斯·霍普金斯大学医学院的两名医生正在探索猫的视觉。相较于青蛙，猫的视觉系统和人的更为接近。猫需要利用视觉处理一系列更具挑战性的问题，例如追踪猎物以及探索环境。因此猫的视觉系统也更加复杂，它延伸到了许多大脑区域。大卫·休伯尔（David Hubel）[1] 和托斯坦·威泽尔（Torsten Wiesel）医生关注的区域是初级视觉皮质。该区域位于哺乳动物大脑后侧，负责初步的视觉处理。初级视觉皮质从另一个叫作丘脑的大脑区域获得输入，而丘脑则直接从视网膜获得输入。

当时，前人已经研究了猫的丘脑和视网膜中神经元的反应。这些神经元通常对简单的圆点反应最为强烈，圆点要么是一小片被暗部包围的亮部，要么是一小片被亮部包围的暗部。并且就像青蛙的一样，每个神经元都有一个

---

[1] 实际上，休伯尔对数学和物理非常感兴趣。在被医学院录取的同时，他也收到了物理学的博士录取通知书，他一直等到截止日期，才忍痛做出了决定。

特定的区域，而这个圆点需要落在该区域内，神经元才会做出反应。

为了探究猫视网膜的反应，人们利用了能在不同位置显示圆点的设备。而为了研究猫视网膜以外的大脑区域，休伯尔和威泽尔也启用了这个设备。他们在猫眼前的屏幕上投影了一小块刻有不同图像的玻璃或者金属的幻灯底片。利用这种方法，休伯尔和威泽尔给猫展示了一个又一个的圆点，并记录了初级视觉皮质中神经元的活动。可是，神经元对这些圆点毫无反应，它在面对这些幻灯片时一声不吭。然后，研究人员注意到了一些奇怪的事情，虽然神经元不会对幻灯片本身做出反应，它却在切换幻灯片时做出了反应。当一张幻灯底片滑进滑出时，幻灯底片边缘的阴影就扫过猫的视网膜，创造出一条移动的线，而这条线就能稳定地激发初级视觉皮质中的神经元。刚才所发生的一切，就是神经科学中最具标志性的发现之一，而这一发现几乎源于一次偶然。

几十年后，在回顾这一发现中的偶然性时，休伯尔说道："在科学的某些早期阶段，一定程度上的粗心大意反而可能是巨大的优势。"但这个早期阶段很快就过去了。到 1960 年，为了帮助哈佛大学建立神经生物系，休伯尔和威泽尔把他们的项目搬到了波士顿，并开始对视觉系统中的神经元反应进行长年累月的仔细钻研。

基于这个令人欢欣鼓舞的偶然性发现，休伯尔和威泽尔深入研究了神经元对移动线条的反应。他们首先发现，每个初级视觉皮质神经元除了有一个最优区域，还有一个最优方位。在最优区域中，并不是任何线条都可以使神经元做出反应。偏好水平方位的神经元对水平直线做出反应，偏好垂直方位的神经元对垂直直线做出反应，而偏好 30° 倾斜角的神经元对 30° 倾斜的直线做出反应，以此类推。要直观地了解这意味着什么，你可以拿着一支笔水平地放在面前，并上下移动它，你刚才的所作所为就激发了初级视觉皮质中的一组神经元，而把笔倾斜一下，你就能激发另一组神经元。现在在家中，你就可以毫不费力地对大脑进行针对性的刺激了！

认识到了方位的存在，休伯尔和威泽尔实际上就发现了猫的大脑用来表征图像的"字母表"，青蛙有小飞虫识别器，而猫和其他哺乳动物有线条识别器。然而，休伯尔和威泽尔并没有止步于观察这些反应，他们还进一步刨根究底地想了解初级视觉皮质中的神经元是如何产生这种反应的。毕竟，这些神经元从丘脑细胞处获得输入，而丘脑神经元只响应点而非线。那么，神经元对线条的偏好从何而来呢？

解决方案是假设皮质中的神经元从丘脑处获得了一组精心挑选的输入，毕竟，一条线无非就是一行精心排列的点。因此，初级视觉皮质神经元的输入一定来自一组丘脑神经元，而其中每个神经元都代表一行中的一个点。这样一来，当一条线覆盖所有这些点时，初级视觉神经元就会最大程度地激发（见图5-2）。就像计算型魔鬼响应字母中的部分特征，认知型魔鬼倾听相应计算型魔鬼的尖叫，丘脑中的神经元响应构成线条的圆点，初级视觉皮质中的神经元"倾听"相应丘脑神经元的活动。

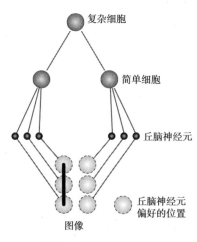

图5-2　初级视觉神经元的活动

休伯尔和威泽尔还注意到了另外一种神经元，它虽然也有对应的最优方位，但对区域没那么挑三拣四。和其他神经元相比，这些神经元的最优区域范围扩大了 4 倍。这意味着，一条线只要出现在比之前区域大 4 倍的范围内任意位置，它都会做出反应。那么这种神经元又是如何产生这种反应的呢？同理，答案仍然是假设它们获得了恰到好处的输入。休伯尔和威泽尔把它们称为"复杂细胞"。具体来说，这些神经元只需要从一组普通的神经元，也就是"简单细胞"那里获得输入，所有这些简单细胞需要拥有相同的最优方位和稍许不同的最优区域。如此一来，一个复杂细胞就能保留输入中的最优方位，但拥有比输入中任意一个简单细胞都要大的最优区域。这种空间上的灵活性非常重要。比如，当我们想知道面前是否有一个字母 A 时，其线条具体位置的轻微变化应该无伤大雅才对，复杂细胞生来就是为了对抗这种轻微变化的。

对于光线是如何形成视觉感知的，复杂细胞的发现为我们带来了一道附加难题。现在，视觉系统要执行的计算更多了，它不仅要通过简单细胞完成特征识别，还要跨区域对输入进行整合。1981 年，为了表彰休伯尔和威泽尔在解析视觉系统中做出的杰出贡献，他们被授予了诺贝尔生理学或医学奖。休伯尔在领奖时的演讲中明确地指出了他们的目标："我们最初想强调两点内容：一是随着视觉通路向中心延伸，其复杂性趋于增加；二是我们可以根据细胞的输入来解释它的行为。"[1] 这一叙述虽然简单，却足以概括视觉处理通路的许多基本性质。

新认知机：师从生物学以拓展计算机视觉

在地球的另一端，位于东京的知名媒体机构日本放送协会（NHK）的研

---

[1] 然而，休伯尔和威泽尔在演讲中并没有提及莱特文以及他通过研究青蛙所做的开创性工作。对这个遗漏，塞尔弗里奇批评道："客气地说，这是很不礼貌的。"

究部门有一位名叫福岛邦彦的工程师，他听闻了视觉系统的这些简单特性。由于日本放送协会是一家致力于将视觉和听觉信号传播到人类眼睛和耳朵中的媒体机构，所以它还拥有一群研究大脑是如何接受感觉信号的神经生理学家和心理学家。心理学家、生理学家和工程师这三个小组会定期开会，分享各自领域中的工作成果。有一天，福岛的一位同事决定展示休伯尔和威泽尔的研究。

　　休伯尔和威泽尔的研究清晰地描述了视觉系统中神经元的作用，而当福岛看到这些，就开始在计算机模型中实现相同的功能。他使用黑色背景下的简单白色图像作为模型的输入。为了模仿丘脑的功能，福岛先创建了一层人工神经元，并使它们响应图像中的白点。这就是图像信息进入网络的方法。接下来，简单细胞就需要对输入进行计算了。

　　为此，福岛采用了常规的方法，他制作了数字网格来代表需要识别的图像。在这里，简单细胞需要识别的图像是一条具有特定角度的线。用工程学的术语讲，这种数字网格被称为过滤器。为了模仿简单细胞所偏好的区域，福岛在图像中的每个位置都使用了这个过滤器。具体来说，在计算某个简单细胞的活动时，我们会根据过滤器中的权重对该细胞对应位置的丘脑活动进行加权求和。将过滤器划过整幅图像，我们就能得到一系列拥有相同最优方位和不同最优区域的简单细胞。这个过程在数学上被称为卷积。

　　通过制作多个代表不同方向的线段过滤器，并将每个过滤器都与图像进行卷积，福岛就创造了一整个简单细胞群，其中的每个细胞就像大脑中的一样，都有自己的最优方位和最优区域。对复杂细胞来说，福岛只是让其接受来自一些简单细胞的强输入，这些细胞都有着相同的最优方位和距离相近的最优区域。这样一来，如果某个角度的线段出现在了任意一个简单细胞的最优区域中，复杂细胞都会被激活。

第一代福岛模型几乎是将休伯尔和威泽尔在生理学方面的发现"直译"成了数学语言和计算机代码。在某种程度上讲，这个模型是奏效的，它可以完成一些简单的视觉任务，比如在黑白图像中找到一条弯曲的线。但即便是福岛自己也很清楚，这远非一个完整的视觉系统。正如他后来在一次采访中所讲的那样，在 20 世纪 60 年代后期休伯尔和威泽尔发表了那篇论文后，他就耐心地等待着，想看看他们下一步又会发现些什么，他想知道视觉处理的后期又做了些什么，好将这些元素也照搬到他的模型中。

可是这对著名的生理学家此后再也没能提供更多的信息了。在对细胞进行初步分类后，休伯尔和威泽尔又探索了其他视觉区域中细胞的反应，可这一次，他们没能像对初级视觉皮质那样再给出清晰的描述了。最终他们转向研究视觉系统在动物幼体中的发育过程。

由于缺少生物学的剧本，福岛只能即兴发挥了。他的设计方案是将已有的结构，也就是简单细胞向复杂细胞的投射，进行不断的重复堆叠。在将更多的简单细胞和复杂细胞一层层地堆叠起来后，他最终得到了一个扩展的层次结构，而视觉信息可以在该层次结构内流动。具体来说，这意味着第二轮所谓的"简单细胞"位于第一层复杂细胞之上，并从中获得输入，第二层中的简单细胞并非在图像中寻找简单特征，而是在复杂细胞活动中寻找"简单特征"。它们仍然会使用过滤器和卷积，只不过是运用在位于它们之下的神经元活动上。然后，这些简单细胞又会将输入传递给它们自身对应的复杂细胞，这些复杂细胞又会对稍大一点区域内的相同特征做出反应。在下一层，这整个过程同样会周而复始。

简单细胞负责寻找特征，复杂细胞则负责增加系统对特征轻微错位的容忍度。简单、复杂，简单、复杂，一层又一层。这种重复会产生对各式各样图像做出反应的细胞。例如，为了让一个第二层中的简单细胞对字母 L 做出反应，它只需要从两个复杂细胞处获得输入，一个复杂细胞偏向于识别水平特征，而另一个复杂细胞偏向于识别垂直特征，它的最优区域位于第一个细胞的左上侧。接下来，一个第三层中的简单细胞就可以响应矩形，因为它只需要从两个合适位置的 L 型细胞处获得输入。越往上走，细胞就越能响应更大且更复杂的图像，包括完整的形状、物体甚至是一整个场景。

以这种方式拓展休伯尔和威泽尔发现的唯一问题在于，福岛实际上并不知道不同层中的细胞之间应该如何相互连接。任意给定一层简单细胞，为了确定它的反应，我们就必须指定一个过滤器，也就是填满一个数字网格。但是该怎么填呢？为此，福岛借鉴了塞尔弗里奇群魔殿中的想法，他选择让模型自主学习。

和塞尔弗里奇提出的那种试错法不同，福岛使用的是一种不需要知道正确答案的学习方式。在这种学习方式中，人们只是单纯地给模型看一系列图像，而不会告诉它图像中有什么。给定一幅图像，就计算出每个人工神经元的反应，并且根据其活动状态决定神经元之间的连接强度，这也许会让你想起第 3 章中的赫布型学习。例如，如果一个神经元对某幅图像的反应强烈，那么同样反应强烈的输入细胞和它之间的连接就会被加强。于是下一次，该神经元就会对这幅图像以及类似图像的反应更加强烈。这使神经元有选择性地响应特定形状，而不同神经元的选择也不同。因此，网络就能够识别出输入图像中五花八门的图像。

最终版的福岛模型包含了三层简单细胞和复杂细胞。福岛用计算机生成了 0～4 的数字图像，并将其作为数据集对模型进行了训练。他将该网络命名为"新认知机"，并在 1980 年将结果发表在了《生物控制论》(*Biological*

Cybernetics）上。

在休伯尔和威泽尔的原始论文中，他们明确强调了人们不该将他们的分类系统和命名方式奉为圭臬。确实，大脑是如此复杂，仅仅将神经元分成两类根本不能完全展现出其功能和反应的多样性，他们这样分类，也只是图方便以及为了更顺畅地进行学术交流。

然而，福岛却对休伯尔和威泽尔的警告置若罔闻，而他的成功却也正源于此：他确确实实地将大脑丰富复杂的视觉系统分解成了两类非常简单的计算。福岛笃信休伯尔和威泽尔对视觉系统的描述，而他把这些描述太当回事，以至于将它们都拓展出了其原本运用的范围。

先分解再拓展，这种方法就好似抖掉树上的树叶再用树来盖房子。而理论学家和工程师都知道，如果想取得一些研究进展，就必须采用这种方法。福岛想在计算机中构建一个功能正常的视觉系统，而休伯尔和威泽尔为他初步近似地描述了大脑视觉系统。有时候，初步的近似就足够了。

卷积神经网络：给人工视觉网络的发展插上翅膀

1987 年，纽约布法罗的人们同往年一样，通过当地的邮局寄出了无数雪花般的账单、生日贺卡以及信件。但小镇居民不知道的是，当他们将收件人五位数的邮政编码写在信封上时，这些手写字迹将永垂不朽，它们被数字化地存储在全美各地的计算机上，以备日后之需。

在未来，它们会成为某个数据库的一部分，利用该数据库，研究人员试图教会计算机如何识别人类的手写笔迹，进而在人工视觉领域掀起了滔天巨浪。

参与该项目的一些研究人员来自贝尔实验室，这是美国国际电话电报公司（AT&T）旗下的研究机构，位于新泽西州郊区。这群人主要是物理学家，时年 28 岁的法国计算机科学家杨立昆（Yann Le Cun）也位列其中 [①]。杨立昆读到过福岛以及他的新认知机，认识到模型的简单重复架构原来可以解决这么多视觉中的难题。

然而，杨立昆也知道，模型学习连接强度的方式有待改进。具体来说，他想重新采用塞尔弗里奇的方法，让模型学习带有正确标签的图像，这些标签就对应了图像中的数字。因此，为了使模型适应这个不同类型的学习，他调整了模型中的一些数学细节。在这种类型的学习中，如果模型把一幅图像分错了类，比如把 2 看成 6，那么模型中所有连接，也就是决定搜索特征的数字网格，都会以某种方式更新，从而使模型下次再看见这幅图像时没那么容易分错类。通过这种方式，模型就学习了识别数字所需的关键特征。这听起来有没有一种很熟悉的感觉？没错，杨立昆采用的正是我们在第 2 章中介绍的反向传播算法。如果我们有足够多的图像用于训练，那么整个模型对手写数字进行分类就会达到炉火纯青的地步，即使是对它之前从未见过的图像。

1989 年，杨立昆和他的同事们公布了该模型基于数千个布法罗手写数字的训练成果，这让当时的人们叹为观止。于是，一种新的神经网络模型横空出世，人们称之为卷积神经网络。

---

① 杨立昆原本的中文译名为扬·勒丘恩，2017 年他来中国演讲时给自己起了正式的中文名字。——译者注

　　如同之前的模板匹配方法，卷积神经网络也在现实世界中找到了用武之地。1997 年，美国国际电话电报公司开发了一个软件系统，旨在自动化地处理美国各地的银行支票，而构成该软件核心部分的正是卷积神经网络。到 2000 年，据估计，全美有 10% ～ 20% 的支票都由该软件处理。在戈德伯格发明微缩胶卷机器之后的 70 年，人们终于实现了他想要为银行配备一个人工视觉系统的梦想。这是一个科学不辱其使命的绝佳案例。

　　这种训练卷积神经网络的方法需要大量数据，而数据的参差决定了模型学习的好坏。因此，与获得正确的模型相比，获得正确的数据同样很重要。这也就是为什么我们要收集由真人手写的真实数字样本。贝尔实验室的研究人员大可以像福岛那样，使用计算机生成的数字图像，但是这些样本都很难捕捉到现实中手写数字的多样性，后者更加潦草且有着毫厘之差。布法罗邮局处理的信件包含了近 10 000 个真实的人类手写笔迹样本，这些数据使模型在真正意义上学会了分类。一旦计算机科学家认识到了真实数据的重要性，他们就兴致勃勃地想去收集更多的数据。就在收集到布法罗数据集之后不久，人们又收集了一个叫作 MNIST 的数字数据集，它的规模是布法罗邮局信件的 6 倍。令人吃惊的是，迄今为止，在人工视觉领域，如果想要快速地测试新模型和新算法，人们最常使用的还是这个数据集。MNIST 中的数字是由马里兰州的高中生和美国人口普查员手写的。尽管他们的确被告知过，这些手写数字将会被用作训练数据集，但他们肯定想不到，过了大约 30 年，计算机科学家居然还在使用他们的字迹。

　　人们对卷积神经网络的测试并没有止步于数字图像，但当人们想要测试更复杂的图像时却碰了壁。在 21 世纪初，人们用大约 6 万幅图像训练了一个类似于杨立昆模型的网络，只不过这一次，图像是关于物体的。这些图像袖珍且模糊，它们仅由 32 × 32 个像素组成。图像中的物体可能是飞机、汽车、鸟、猫、鹿、狗、青蛙、马、轮船以及火车。尽管识别这些图像对人类来说是小菜一碟，但对神经网络来说却突然间变得困难重重。当我们使用真实物体的真实图像时，就能理解从二维图像中解析三维世界是多么困难，而这些困难是与生俱来的。一个能够学习识别数字的网络，却在试图理解这些更真实的图像时苦苦挣扎。采用类脑方法的人工视觉，却没办法像大脑一样完成日常生活中的视觉处理。

到了 2012 年，事情出现了转机。来自多伦多大学的亚历克斯·克里热夫斯基（Alex Krizhevsky）、伊利亚·萨茨克尔（Ilya Sutskever）和辛顿使用卷积神经网络，在一个叫作 "ImageNet 大规模视觉识别挑战赛"（ImageNet Large Scale Visual Recognition Challenge, ILSVRC）的大型图像识别大赛中取得优异成绩。作为一个图像数据集，ImageNet 囊括了大量 224 × 224 像素的大型图像，这些图像有的是人们在世界各地拍摄的真实照片，有的则是从例如 Flickr 等图像网站中下载的图片。比赛的内容就是标记这些图像，在 1 000 种可能性中找出图像属于哪种类别。在这项权威的视觉能力测试中，卷积神经网络的正确率高达 62%，比排名第二的算法高出整整 10%。

多伦多团队为什么表现得如此优异？他们是发明了一种全新的视觉处理算法，还是发现了某种神乎其神的技巧来帮助模型更好地学习神经元之间的连接？这些问题的答案可能比你想象中更加平淡无奇。和之前的网络相比，这个卷积神经网络只在大小上有区别。多伦多团队的网络中总共有超过 65 万个人工神经元，这个数量是杨立昆的数字识别网络的 80 倍。事实上，这个网络是如此庞大，以至于需要一些工程学上的巧妙设计，才能将它塞进计算机芯片的内存中去运行。我们还可以从另一个角度来看模型的增长。更多的神经元就意味着我们需要更多的数据来训练它们之间的连接，而该模型的训练集是 120 万张带分类标签的图片，它们是从由计算机科学家李飞飞创建的 ImageNet 数据库中收集到的。

2012 年是卷积神经网络发展的分水岭。虽然从技术上说，多伦多团队的贡献仅仅是增加了神经元和图像的数量，但数量上的变化却导致了卷积神经网络在性能上惊人的提升，这在该领域产生了质的飞跃。研究人员在看到卷积神经网络的潜力之后蜂拥而至，研究如何进一步提高人工神经网络的能力。他们采取的策略都大同小异，例如扩大网络的规模，但也有人对网络的结构或者学习规则进行了重要的优化。

到 2015 年，虽然由于存在一些混淆视听的图像，卷积神经网络的正确率没有达到 100%，但它在图像分类竞赛中的表现已经可以媲美人类了。现如今，卷积神经网络构成了几乎所有图像处理软件的基础：从社交媒体上的面部识别，到自动驾驶中的行人检测，甚至是 X 线图像中的自动化疾病诊断。有趣的是，神经科学家甚至像衔尾蛇般，反过来使用卷积神经网络在脑组织图像中自动检测神经元的位置。现在，人工神经网络正在被用来研究真实的神经网络。

这样看来，工程师们在大脑中寻找灵感以构建人工视觉处理系统似乎是个明智之举。福岛注意到了神经元的功能并将其概括成简单的计算，而他的这一努力也得到了回报。但他在开发模型这条路上迈出第一步时，还没有足够的计算资源以及数据使其模型发光发热。几十年后，通过下一代工程师前赴后继地添砖加瓦，这个项目才终于大功告成。现如今，卷积神经网络终于可以完成那些最初于 1966 年夏天由麻省理工学院提出来的任务了。

正如塞尔弗里奇的群魔殿启发了研究视觉的神经科学家一样，卷积神经网络也可以帮助我们理解大脑。计算机科学家历经千辛万苦，建立了能解决实际视觉问题的模型，而神经科学家已经从中获得了回报。这是因为，训练好的大型卷积神经网络不仅擅长识别图像中的物体，还擅长预测大脑对这些图像的反应。

跨学科合作，共同探索生物视觉科学的未来

视觉处理是从初级视觉皮质开始的，这也是休伯尔和威泽尔记录神经活动的区域。但这之后，又有更多的区域参与了视觉处理。初级视觉皮质将连接传递给了次级视觉皮质。信号又经过几次传递后，最终到达了位于太阳穴下方的颞叶皮质。

长久以来，人们一直认为颞叶皮质和物体识别相关。早在20世纪30年代，研究人员就注意到，这个大脑区域的损伤会导致一些奇怪的行为。首先，颞叶皮质受损的患者很难判断他们看到的物体中哪些是重要的，所以他们很容易分心。其次，他们也没办法对图像表达出正常的情绪。例如，他们可以目不转睛地盯着在常人看来十分恐怖的图片，眼都不眨。而当他们想要探索某个物体时，他们会选择把东西放进嘴里，而不是用眼睛观察。

数十年来，人们仔细观察了脑损伤的患者和动物，并最终记录了这个区域的神经元活动。我们现在对其有了更完整的理解，并总结了它的功能：颞叶皮质下部的一个被称为"颞下"的区域，是负责理解物体的主要部位。颞下受损的人，其行为和视力大多是正常的，但他们无法正确识别物体或是叫出物体的名字。例如，他们可能无法认出朋友的脸，或者混淆两个看起来很像的物体。

颞下这片脑区的神经元会相应地对物体做出反应。有些神经元有很明显的偏好，例如，有的神经元会响应图像中的时钟，有的会响应房子，还有的会响应香蕉。而有些神经元响应的物体则不那么明确，它们可能对物体的某一部分有偏好，或者会对具有某些相同特征的两个不同物体做出类似的反应。有些神经元对物体的观察角度很挑剔，例如正面相对的物体能使它最大程度地激发。有些神经元则对此较宽容，几乎任何角度的物体都能引起其神

经反应。有些神经元很在意物体的大小和位置，而有些神经元则对此漠不关心。总而言之，颞下区域就像是一个百宝箱，它装满了对各种物体感兴趣的神经元。尽管我们并非总能解释清楚颞下神经元的行为，但由于它能响应图像中的物体，因此它看起来像是位于视觉处理层次结构的最顶端，这里是视觉处理列车的终点站。

几十年来，神经科学家都致力于了解颞下区域具体是如何产生这些神经反应的。他们经常追随福岛的脚步，用一层层堆叠的简单细胞和复杂细胞来构建模型。他们希望，模型中的计算能够模拟出大脑中的计算，这样我们就能知道颞下区域的活动是如何产生的，并且还能对这些活动进行预测。在一定程度上，这个方法是有效的，但就像新认知机一样，这个模型起初很小，训练其连接的图像数据集也很小。要想百尺竿头更进一步，神经科学家就必须像计算机科学家那样扩大模型的规模。

2014 年，两组不同的科学家分别都这么做了。一组由剑桥大学的尼古拉斯·克里格斯科特（Nikolaus Kriegeskorte）领导，另一组由麻省理工学院的詹姆斯·迪卡洛（James DiCarlo）领导。这些研究人员向参与实验的人类和猴子展示了各种物体的真实图像，并记录了他们在观察图像时视觉系统中不同区域的活动。同时，研究人员也将相同的图像展示给大型的卷积神经网络，这个神经网络经过训练可以对真实的图像进行分类。这两组研究人员都发现，计算机模型和生物视觉非常类似。他们特别指出，如果想预测颞下区域中的神经元是如何对某幅图像反应的，最好的方法就是去看看神经网络中的人工神经元是如何对其做出反应的，这个方法比神经学家之前尝试过的任何方法都管用。具体来说，网络最后一层中的神经元最能预测颞下区域神经元的活动，并且倒数第二层的神经元最能预测 V4 神经元的活动，而V4 正是向颞下区域提供输入的大脑区域。卷积神经网络似乎正是在模仿大脑的视觉层次结构。

该项研究展示了模型和大脑是如此惊人地相似，这在生物视觉研究中引发了一场革命。这表明，神经科学家走在了大体正确的道路上。这是莱特文、休伯尔和威泽尔开辟的道路，但在这个基础上，我们还需要更大胆地扩大模型的规模。如果我们想要构建一个能解释动物是如何看见物体的模型，那么首先，模型本身就必须拥有看见物体的能力。

既然选择了这条路，就意味着放弃了一些理论学家所珍视的建模原则，即优雅、简洁和高效。该模型中有65万个人工神经元，而它们之间的连接方式也只是管用就行，这没有任何优雅或高效可言。相较于科学中一些备受尊崇的优美方程式，这些网络就是笨拙丑陋的野兽。但无论如何，模型最终是管用的，并且也没人能保证其他更优雅的模型也能如它这般有用。

塞尔弗里奇的研究促使生物学家将视觉系统视为一个层次结构，而接下来的实验又为卷积神经网络的设计播下了种子。这些种子在计算机科学中孵化，并通过计算机科学家和生物学家之间的合作，最终为双方都结出了果实。一方面，计算机科学家想要在现实世界中构建一个能完成真实视觉任务的人工系统，这个愿望为生物视觉研究开辟了一条道路，而单靠生物学家自身是很难发现这条路的。另一方面，工程师和计算机科学家也一直很喜欢观察大脑的视觉系统，他们这么做不仅仅是为了汲取灵感，更是为了证明构建视觉系统这个富有挑战性的问题是有解的。这种领域间的相互欣赏和相互影响，使视觉研究成为一个以其独特方式交织的缠绵故事。

MODELS
OF
THE MIND

第 6 章

降本增效的信息处理大法
神经编码与信息论
| 20 世纪 40 年代至 20 世纪 60 年代 |

当发现大脑没有以

最优方式传递信息时，

并非意味着其存在设计缺陷，

而是它在设计时还有其他考虑。

　　心脏用来泵血，肺用来交换气体，肝脏用来处理并储存部分化
学物质，肾脏用来清除血液中的代谢产物，而神经系统则用来处理
信息。

神经科学研究计划（NRP）[①]会议工作总结

1968 年

　　在 1968 年举办的神经科学研究计划会议上，人们讨论了单个神经元以
及一组神经元是如何处理信息的。神经科学家西奥多·布洛克（Theodore
Bullock）和唐纳德·珀克尔（Donald Perkel）撰写的这条会议工作总结，虽
然没有仓促地下任何硬性的结论，但确实在一定程度上概括了这个领域，它展
示了大脑是如何以各种可能的形式对信息进行表征、转换、传递以及存储的。

　　正如他们在会议总结中所指出的那样，人们很自然地认为大脑的作用
就是处理信息，就像心脏的作用就是泵血一样。即使是在 20 世纪以前，当
"信息"一词还未成为日常用语的时候，科学家就已经在使用"消息"或"信
号"一类的词语来暗示神经会传递信息了。例如，在 1892 年的一场面向医

---

① 神经科学研究计划是一个跨学科、跨校、跨国的组织，主要致力于建立神经科学和行为科学
之间的联系，总部位于波士顿的美国艺术与科学学院。——编者注

院员工的讲座中，演讲者是这样解释的："有些神经纤维会将消息从身体各个部位传递给大脑……而有些纤维则会携带特殊的消息，例如神经会和被称为'知识之门'的特殊感觉器官相连接。"另外，在1870年的一本书中，作者将运动神经元的放电描述为"将意志的消息传递给肌肉"，他甚至还将神经系统比作当时主流的信息传输技术，也就是电报。

但是直到20世纪初，也就是布洛克和珀克尔发表报告的前40年左右，阿德里安的工作才算是在真正意义上开启了有关信息在神经系统中表征方式的研究。

阿德里安举手投足间都展现着正派而得体的科学家形象。1889年，阿德里安出生于伦敦，他的家族已经在英国生活了300余年，其家族谱系上既有16世纪的外科医生，也有牧师和政府官员。当阿德里安还是学生时，才华横溢的他就深受老师的喜爱。而他在大学潜心学习医学的同时，也在艺术方面，尤其是绘画和素描方面，展现出了一定的造诣。作为剑桥大学的讲师，他的大量时间花在实验室和课堂中，而纵观他作为生理学家的职业生涯，也可谓功成名就。1932年，阿德里安获得了诺贝尔奖，1955年，他又被英国女王伊丽莎白二世授予了勋爵头衔。

但在这些光鲜的奖项和荣誉背后，隐藏着的是一个不羁且自由的灵魂。酷爱冒险的阿德里安喜欢登山和飙车。他痴迷于在自己身上做实验，包括把一根探针扎在自己手臂里整整两小时来测量肌肉的活动。他还喜欢和自己的学生在英格兰湖区的山谷中玩些"烧脑"的捉迷藏游戏。而作为教授，他同样也让人捉摸不透。为了逃避所有计划外的会议，他会躲在实验室里，好学多问的学生们则只好在他骑车回家的必经之路上拦堵他。他喜怒无常，有时还会坐在橱柜架子上，在黑灯瞎火中思考。在家人和实验室同事眼中，阿德里安总是动作迅速且行为跳跃，而他的思维可能也同样十分迅速且跳跃。在其职业生涯中，他利用各种动物研究了各种问题：从青蛙到猫再到猴子，从视觉到痛觉、触觉再到肌肉控制。

阿德里安成功的关键可能正是他这种风风火火的性格和处事方式。通过从多角度对单个神经活动进行研究，他找到了某些一般性的原则，而这构成了我们理解整个神经系统的核心。

1928 年，阿德里安出版了《感觉的基础》（*The Basis of Sensation*）一书，阐述了他所做的实验以及从中得出的结论。书中描述了神经系统在解剖学上的细节以及记录神经活动过程中所遭遇的技术挑战。整本书都掺杂着"信号"、"消息"，甚至"信息"一类的字眼，它将实验上的进展和概念上的认知相结合，影响了该领域接下来几十年的发展。

在《感觉的基础》一书的第 3 章中，阿德里安描述了这样一个实验，他逐渐增加在青蛙的肌肉上施加的重量，观察这个过程中"拉伸"受体的反应。受体追踪着肌肉的位置，而神经将信号从受体传递给脊髓。阿德里安记录了这些神经对不同重量的反应，并将自己的发现总结如下："当肌肉被拉伸时，传递到中枢神经系统的感觉信息……由一系列相似的冲动组成。刺激的强度决定了神经冲动的重复频率，但每个冲动都大小相同。"无论施加在肌肉上的重量是大是小，感觉神经元所发放的动作电位的大小、形状或持续时间都千篇一律，阿德里安将这一发现称为"全或无"定律。

本书中，神经冲动的"全或无"性质算是老生常谈了，不分物种、神经类型以及传递的信息类型，相同的故事总是不断上演。不过，虽然动作电位不会根据传递的信号发生变化，但它的频率可以改变。因此，一组神经元就像一群蚂蚁，每只蚂蚁都尽可能地保持动作一致，而其传递的信息强度主要取决于数量。

无论引起神经反应的感觉刺激是强是弱，单个动作电位的性质都相同，那么我们就能断定动作电位的大小并不携带信息。有了阿德里安的这一发现，生理学家就能心安理得地着手在神经系统中寻找信息的确切位置以及它的传递方式了。

但还有一个关键问题：到底什么才是信息？

心脏泵出的血液和肺交换的气体都是真实的物质，它们可观可感，是实实在在可以触摸得到的。而我们经常使用的"信息"一词，看不见摸不着，是一个相当模糊且难以把握的概念。对大多数人来说，要准确定义这个词非常困难，只能用"一看便知"这类的说辞敷衍。如果我们无法像衡量液体或气体一样去衡量信息，那么科学家又怎么能奢望可以定量化地理解大脑的核心目标呢？

幸运的是，就在阿德里安出书后以及珀克尔和布洛克做报告前的这一期间，已经有人找到了定量化定义信息的方法。它诞生于第二次世界大战中的科学博弈，并以一种意想不到的方式改变了世界。当然，虽然人们很轻易地就联想到将这种方法运用于大脑研究，但真要执行起来其实很困难。

信息论的起源：香农领航的通信革命

1941 年，克劳德·香农（Claude Shannon）受雇于美国军方，在贝尔实验室开展工作。彼时正值第二次世界大战，美国国防研究委员会希望科学家能研究一些战时技术。尽管这项工作很严肃，却一点儿也没能压制香农骨子里的那种顽皮。他喜欢杂耍，在贝尔实验室时他就经常在校园里一边骑着独轮车一边抛球玩。

香农出生于美国中西部的一个小镇，他从小就对科学、数学以及工程学中的所有事物感到好奇，并信马由缰地任由兴趣指引着自己。童年时的他喜欢折腾收音机零件，并沉迷于数字解谜游戏。长大后的他又建立了一个关于杂耍的数学理论，还发明了一个火焰驱动的飞盘。他喜欢下国际象棋，并制造了能够下棋的机器。总在敲敲打打的香农制作了很多小玩意儿，有些有用，有些则不知所云。例如，他在贝尔实验室的办公桌上放着一台所谓的"终极机器"，这是一个带开关的盒子，当打开开关时，盒子中会伸出一只机械手臂将自己关掉[①]。但同时，香农长达72页的硕士学位论文《继电器和开关电路的符号分析》（*A Symbolic Analysis of Relay and Switching Circuits*）则在电气工程学领域掀起了轩然大波。

在攻读博士学位期间，香农又将数学思维引入了生物学，研究起了"理论遗传学中的代数"。可他在贝尔实验室的研究项目却是密码学，这自然是军方所关心的话题，即如何安全地对水陆空传递的消息进行编码。彼时的贝尔实验室正是密码学研究的中心，甚至连声名显赫的密码破译大师艾伦·图灵也曾在香农任职期间到访这里。

所有这些有关消息编码的工作都让香农对通信的概念有了广泛的思考。在战争期间，他提出了一种数学化地理解消息传递的方法，但由于密码学的研究必须保密，香农只好对自己的想法守口如瓶。直到1948年，这项工作才终于得以重见天日，而香农发表的这篇文章《通信的数学理论》（*A Mathematical Theory of Communication*）开创了一个全新的领域：信息论。

---

① 明斯基当时正在香农手下工作，有人认为是明斯基设计了这台终极机器。据说香农还说服贝尔实验室生产了一些终极机器，并将这些机器作为礼物送给 AT&T 的高管。

香农在这篇论文中描述了一个现在人所皆知的通信系统，它由 5 个简单的部分组成。信源负责产生要发送的消息，发送器负责编码消息，信道负责传递被编码的消息。而在信道的另一端，接收器负责将信息解码成原来的形式，并传递给位于终点的信宿（见图 6-1）。

图 6-1　香农的通信系统组成结构

在这个框架中，具体的消息媒介是无关紧要的，消息可以是通过无线电波传播的歌曲，可以是通过电报发送的文字，也可以是通过网络传播的图像。正如香农所指出的那样，该信息发送模型中的组成部分是"恰如其分地将对应的物理实体理想化后（的产物）"。而他能做到这一点，是因为在所有这些情况下，关于通信的基本问题都是一致的，即"如何把某一处所选择的信息精确或近似地在另一处复现"。

在定义好这个简单的通信系统后，接下来香农决定规范化地研究信息传递。但为了利用数学解决信息传递的问题，首先他必须在数学上定义什么是信息。基于前人的研究，香农讨论了信息的度量应该具备哪些基本的性质。其中一些性质是基于实用性的考量，例如，信息不能为负数，以及它的定义在数学上应该很简单。然而真正关键的约束条件在于，该性质还必须反映我们对信息的直觉，即信息依赖于编码方式。

试想一下，在学校里，如果所有学生都必须穿校服，那么，看见一个学生每天穿着同一件衣服就不能告诉你任何有关他的心情、他的性格或是天气状况的信息。如果在学校里不用穿校服，那他的穿着就会传达所有以上这些甚至更多的信息。例如，当你看见一个学生穿着吊带裙而非毛衣时，就对当前的气温有了一个大概的了解。在这种情况下，着装就可以作为一种编码，这是一组代表了某种含义并且可以被传递的符号。

身着统一校服的学生并未携带这些信息，而编码需要有多种选项，也就是说编码的字典中需要包含多种符号，每个符号都要拥有各自的含义。在这样的例子中，学生衣柜中的多套服装就是编码的不同符号。

编码中的符号数量很重要，更重要的是如何使用这些符号。假设学生有两套服装：一套是牛仔裤配 T 恤，另一套是西装。如果学生在 99% 的情况下都穿着牛仔裤和 T 恤，那么他选择这种着装就不会告诉我们太多信息。你甚至都不用看就能对他今天的穿着猜个八九不离十，它本质上也就变成了一套校服。但是在另外 1% 的情况下，当学生身着西装出现时，这就告诉了你一些重要的信息，你就明白今天可能有什么特殊的活动。**这表明符号使用的次数越少包含的信息就越多，经常使用的符号能传递的信息则很有限。**

香农想要捕捉符号的使用频率与其所含信息之间的这层关系，因此，他根据符号发生的概率定义了符号所包含的信息量。具体来说，他把符号的信息量定义为与其出现概率的倒数成正比，这样，符号出现的概率越高，其包含的信息量就越少。因为一个数的倒数就是 1 除以这个数，较高的概率就意味着较低的"倒数概率"，所以符号使用得越频繁，其包含的信息量就越少。最后，为了满足其他数学约束，他又取了这个值的对数。

对数是由底数定义的。例如，如果我们求一个数以 10 为底数的对数，这就是在问："10 的几次方可以得到这个数？"因此以 10 为底数，100 的对数（记作 $\log_{10}100$）就是 2，因为 10 的二次方（也就是 10×10）等于 100。

同理，以 10 为底数，1 000 的对数就是 3，而 100 和 1 000 之间的数，其对数就介于 2 与 3 之间。

香农在定义信息时，选择用 2 作为底数。因此，如果我们要计算一个符号的信息量，就要问自己这样一个问题："2 的几次方等于这个符号出现的概率的倒数呢？"在学生着装的例子中，牛仔裤和 T 恤这个符号出现的概率是 0.99，那它的信息量就是 $\log_2(1/0.99)$，即 0.014。而西装出现的概率仅为 0.01，那它的信息量就是 $\log_2(1/0.01)$，即 6.64。我们不难再次发现，概率越低，信息量越大[①]。

但香农不仅对单个符号的信息量感兴趣，他还想研究一整套编码的信息量。一套编码是由一组符号以及它们的使用频率定义的。因此，香农将一套编码的总信息量定义为编码中所有符号信息量的加权和，而每个符号的权重是它的使用频率。

在这个定义下，学生着装的编码拥有的总信息量是 0.99 × 0.014（这是牛仔裤和 T 恤的信息量）+ 0.01 × 6.64（这是西装的信息量）= 0.081。我们可以把这个值看作我们平均每天看见学生着装时所接收到的信息量。如果现在这个学生选择在 80% 的情况下穿牛仔裤而在 20% 的情况下穿西装，那么这个编码就会有所不同，它的平均信息量就会更高一些：$0.8 \times \log_2(1/0.8) + 0.2 \times \log_2(1/0.2) = 0.72$。

香农给编码的平均信息量取了一个名字，叫作熵。至于为什么要取这个名字，官方给出的解释是，香农对信息的定义和物理学中熵的概念有关，后者是用来衡量混乱度的。然而，据说香农曾戏谑地说过，有人建议他将这个

---

① 在第 9 章中，我们会聊到更多概率论以及它的发展历史。

新度量命名为熵，是因为"没人搞得懂熵"，因此他在和别人辩论自己的理论时，就有可能永远立于不败之地。

香农的信息熵很好地描述了信息量最大化过程中固有的基本权衡。一个东西越罕见，它的信息量就越高，所以你顺理成章地想要让它尽可能地出现在编码中。然而随着你使用它的次数增加，它就变得越来越常见了。在熵的计算方程式中我们也能看到这种此消彼长的关系，当符号的概率降低时，它概率倒数的对数值就会增加，这有利于增加总信息量，但是当该数字乘上这个同样的概率时，概率的降低又不利于总信息量的增加。因此为了最大化信息熵，我们必须让所谓的稀有符号尽可能频繁地出现，但又不能过于频繁。

香农使用的是以 2 为底数的对数，因此这个信息的单位是比特。比特是二进制数位的缩写，尽管香农在论文中破天荒地使用了这个词，它却不是由香农创造的，他把这一殊荣归功于他在贝尔实验室的同事约翰·图基（John Tukey）[①]。作为信息的单位，比特有一个实用且直观的解释，**具体来说，如果你试图通过提出一系列答案为"是或否"的问题来获取信息，那么平均每个符号的比特数就等于所提问题的数量。**

例如，如果我们想要了解某人出生的季节，你可能会先问："是春秋两季吗？"如果他说是，你可能会接着问："那是春天吗？"如果他说是，那么答案就是春天，如果他说不是，那么答案就是秋天。如果第一个问题的答案是否定的，你就会换一种提问思路，例如问他是否生于夏天。在这种情况下，无论答案如何，你都需要提出两道"是非题"才能得出答案。香农的信息熵方程式说的是同一回事。假设人们在各个季节出生的概率相同，

[①] 但信息并不一定非得是以 2 为底数的对数。在香农之前，他的同事拉尔夫·哈特利（Ralph Hartley）曾使用以 10 为底数的对数来对信息进行定义，因此信息的单位就不再是比特（bit），而是十进制数位（decimal digit）的缩写：dit。

那么每个季节"符号"都有 25% 的使用概率，因此每个符号的信息量为 $\log_2(1/0.25)$，平均下来每个符号的比特数为 2，这与所需提出问题的个数相一致。

想要设计好一个通信系统，设计编码很重要。一套好的编码中每个符号都会尽可能地携带更多信息。为了最大化编码中平均每个符号所携带的信息，我们就必须最大化编码的信息熵。但正如我们所看到的那样，熵的定义中存在固有矛盾，要最大化熵，符号既要保持稀有又要更频繁地出现。那要如何才能满足这种看似矛盾的需求呢？这个问题看似棘手，其实答案呼之欲出：我们只需要让每个符号出现的频率完全相同，就能最大化编码的信息熵。例如有 5 个符号，那么每个符号的概率都应为 1/5，有 100 个符号，那么每个符号的概率都应为 1/100。只要我们让每个符号的概率都相同，就能在"保持稀有"和"频繁出现"之间达成一种平衡。

此外，编码的符号越多越好。一套拥有两个符号的编码，若每个符号出现的概率是 50%，它的信息熵就是平均每个符号 1 比特。这也符合我们对比特的直观定义：我们可以把这两个符号分别看成"是"和"否"，每个符号都是一道"是非题"的答案。然而如果一套编码拥有 64 个出现频率相同的符号，那么它的信息熵就是平均每个符号 6 比特。

尽管拥有一个好的编码很重要，但它只是传递信息万里长征的第一步。根据香农的通信理论，信息在经过编码后，还需要通过信道才能被传递给最终的信宿。而在信道处，传递信息这一抽象目标碰了壁，因为物质或材料是有物理极限的。

例如，电报通过电线以短暂电脉冲的形式发送信息，电脉冲的模式，也就是较短的"点"和较长的"划"的各种组合，就定义了不同的字母。例如，在美式摩斯密码中，一点一划代表的字母是 A，两点一划代表的字母是 U。但传递信息的电线，尤其是那些远距离电线或者海底电缆，在物理性质上却有着极限和缺陷，这就限制了信息的传递速度。因此，如果电报操作员打字速度太快，点和划就有可能被"混为一谈"，那么接收端的人们就只能收到毫无意义的乱码。在实际操作中，操作员平均每分钟可以放心地发送大约 100 个字母。

为了实际测量信息率，香农将编码的固有信息率同信道的物理传输率相结合。例如，如果在一个编码中，每个符号提供 5 比特的信息，而信道允许每分钟发送 10 个符号，那么总信息率就是 50 比特每分钟。通过信道能够无损发送信息的最大速率，我们称之为信道容量。

众所周知，信息这个概念原本十分模糊，但香农在文章《通信的数学理论》中却强行使其显露出了清晰的结构，这为信息搭建了一个舞台，使其在接下来的几十年中能够不断具象化。然而香农的工作并没有太直接地影响现实世界中的信息处理。直到 20 多年后，技术上的发展才使信息传输、信息存储和信息处理走进了家家户户，而工程师们也花了好长时间才弄清楚如何让香农的理论在这些设备中发挥实际作用。相较之下，信息论对生物学的影响则是立竿见影的。

信息论的应用：应对神经编码的多样性与复杂性

信息论第一次被运用在生物学上，是战争所致。第二次世界大战期间，奥地利医生亨利·夸斯特勒（Henry Quastler）移居到美国工作和生活。在见识过原子弹的威力后，他感到不寒而栗并打算做些什么。于是他放弃了行医，开始研究原子弹是如何影响医学和遗传学的。他首先需要找到一种方法来量化生物体中编码的信息，这样才能进一步研究它们被暴露在辐射中时是如何发生变化的。据说，夸斯特勒在听说了香农的理论后惊呼道："这些公式太棒了，简直就是上帝的礼物！现在我的研究可以更进一步了。"1949 年，也就是在香农论文发表后一年，夸斯特勒写了一篇题为《生物中的信息量和错误率》（The Information Content and Error Rate of Living Things）的论文，开启了生物学中信息研究的先河。

神经科学紧随其后。1952 年，麦卡洛克和物理学家唐纳德·麦凯（Donald MacKay）发表了《神经元连接的有限信息容量》（The Limiting Information Capacity of a Neuronal Link）一文。在这篇论文中，麦凯和麦卡洛克推导出了神经元可以携带信息量的一个粗略上限，根据激发动作电位所需的平均时间、每两个动作电位间的最小时间间隔，以及其他一些生理因素，他们估算出该上限为每秒 2 900 比特。

但麦凯和麦卡洛克很快就强调，这只是理论上神经元在最优情况下的信息容量，并不意味着它实际上就传递了这么多信息。在他们发表这篇论文之后，又有更多的人发表了论文，研究大脑编码真正的信息容量。1967 年，在经过各种尝试的洗礼后，神经科学家理查德·斯坦（Richard Stein）在一篇论文中承认，运用信息论来量化神经信息传递确实是一个很诱人的想法，但他同时也感慨其运用结果"天差地别"。的确，继麦凯和麦卡洛克的工作之后，人们对神经元信息容量的估计高低不一，从每个神经元每秒 4 000 比特到区区每秒 1/3 比特不等。

存在这么大差异的一部分原因在于，对于该如何将神经组件和活动模式与香农信息论中规范化的组成部分一一对应，人们各持己见。最核心的问题集中在如何定义一个符号。神经活动的哪些方面实际携带了信息，而哪些方面没有携带有意义的信息？神经编码在本质上究竟是什么？

　　阿德里安最初的发现仍然成立，即起关键作用的并非动作电位的幅度①。可即使在这种限制条件下，还是留给我们很大的选择余地，从作为基本单位的动作电位出发，神经科学家还构想出了许多种编码。麦凯和麦卡洛克从最简单的想法出发，他们构想出的神经编码仅由两个符号组成：发放动作电位或者不发放。在任意时间点，一个神经元都会发送这两个符号中的一个。但在计算了该编码的信息率之后，麦凯和麦卡洛克意识到他们可以做得更好。他们设想，如果神经元编码的是动作电位的间隔时间，那么它就能传递更多的信息。在这个编码方式中，如果两个动作电位之间存在 20 毫秒的间隔，那么和 10 毫秒的间隔相比，这也许就代表着不同的信息。这种编码方式创造出了更多可能的符号，正是采用这种方式，他们估计出了每秒 2 900 比特的上限。

　　斯坦试图厘清当时"市面"上存在的各种纷繁复杂的编码，他最终把重心放在阿德里安本人提出的第三个选项上。阿德里安在确定了动作电位不会随刺激发生变化后声称："事实上，要使信息发生变化，唯一的方法就是改变神经冲动的总数以及其重复出现的频率。"这种编码方式将一定时间内发放的动作电位数量作为符号，人们称之为频率编码。斯坦在其 1967 年的论文中证明了频率编码的存在，并强调了它的优势，包括更高的容错率。

　　然而对"神经编码究竟是什么"的争论并没有因为斯坦而止于 1967 年，也没有因为布洛克和珀克尔而止于一年后的大脑信息编码大会。实际上，布洛克和珀克尔在会议报告的附录中列举了数十种可能的神经编码以及实现它们的可能方式。

　　直至今日，神经科学家仍然在为神经编码争论不休。他们会举办以"破

---

① 一些现代神经科学家正在探索这样一种可能性，即动作电位本身确实会根据细胞获得的输入以某种方式变化，而这类变化也可能会是神经编码的一部分。科学从来都不是一成不变的。

译神经编码"为主题的会议，撰写标题为《寻找神经编码》《是时候试试新的神经编码了吗?》，甚至是《真的有神经编码吗?》之类的论文。他们接下来找到了很多证据支持阿德里安最初提出的频率编码学说，但也找到了一些反对它的证据。同麦凯和麦卡洛克精心雕琢出第一个想法时相比，找到神经编码的目标似乎变得更加遥远了。

总的来说，在大脑的大部分区域我们都能找到一些支持频率编码的证据。将信息从眼睛发送给大脑的神经元会根据光的强度改变其激发频率。编码气味的神经元，其放电频率也和其偏好气味的浓度成正比。正如阿德里安所展示的那样，肌肉和皮肤中的受体，其放电频率也会随着施加压力的增加而增加。可是如果某个感官问题需要非常具体的解决方案，人们则在大脑中找到了一些支持其他编码方式的铁证。

例如在定位声源时，精确的时间顺序就很重要。由于两只耳朵之间存在距离，来自左侧或右侧的声音会率先到达一只耳朵，然后再到达另一只耳朵。虽然声音到达双耳的时间差有时可能只有短短的千分之几毫秒，它却为计算声音的来源提供了线索。内侧上橄榄核（medial superior olive, MSO）是一小群位于双耳之间的细胞，它们负责的正是这一计算。

1948 年，心理学家劳埃德·杰弗里斯（Lloyd Jeffress）提出了可以执行上述计算的神经回路模型，他的想法也得到了许多后续实验的支持。在杰弗里斯的模型中，源自左右耳的信息以时序的形式编码，所谓时序编码，就是说动作电位发放的确切时间也很重要。在 MSO 细胞中，从双耳接受输入的细胞会比较两个输入的相对时间。例如，某个细胞的任务可能会被设置成检测同时到达双耳的声音，为此，来自两只耳朵的信号到达该 MSO 细胞所需的时间都必须完全相同。那么当这个神经元激发放电时，就意味着同时接收到了两个输入，也就表明声音是同时到达两只耳朵的（见图 6-2）。

　　然而，这个细胞旁的另一个细胞所接收到的输入则稍微有些不对称，也就是说从一只耳朵出发的神经信号需要比另一只耳朵的神经信号走更长的距离才能到达这个细胞。因此，其中一个输入的时序信号就会有延迟，而延迟的大小取决于信号传播的额外长度。例如，如果来自左耳的信号需要额外的 100 微秒才能到达该 MSO 细胞，那么要想让该细胞同时接受两个输入，唯一的方法就是让声音提前 100 微秒到达左耳。与之前那个神经元一样，该神经元只有在同时接收到两个输入时才会做出反应，因此这个细胞做出反应就意味着左右耳神经信号的传输时间存在 100 微秒的差异。

　　继续这种模式，下一个细胞可能会对 200 微秒的差异做出反应，然后是 300 微秒，以此类推。总的来说，MSO 细胞就组成了一张地图，在地图一端的细胞意味着较短的到达时间差，另一端的细胞则意味着较长的时间差。通过这种方式，时序编码就被转换成了空间编码，活跃神经元在该地图中所处的位置就携带了有关声音来源的信息。

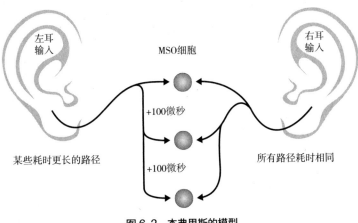

图 6-2　杰弗里斯的模型

至于神经编码为什么看似一团迷雾，这个问题就像关于大脑的其他许多问题一样，最有可能的答案就是大脑真的很复杂。在某些情况下，大脑某些区域的某些神经元可能会使用频率编码，而在其他情况下，其他区域的其他神经元则可能会使用另外的编码，它们也许基于动作电位发放的时间或者动作电位之间的时间间隔进行编码，又或者综合了某些别的编码方式。**因此，也许我们永远都无法破译某个唯一的神经编码，大脑会讲的语言似乎实在是太多了。**

有效编码假说：大脑如何以最优方式传递和利用信息

虽然进化没有赋予神经系统某个唯一的神经编码，也没有让科学家轻易地找到其使用的众多符号，但幸运的是，根据英国神经科学家霍勒斯·巴洛 (Horace Barlow) 的说法，对于如何理解大脑的编码方式，进化仍旧为我们提供了一盏指路明灯。巴洛被认为是有效编码假说的创始人之一，该假说认为，无论大脑具体使用的是什么样的编码，它总是有效地编码信息。

巴洛是阿德里安勋爵的实习生，1947 年，巴洛以学生身份和阿德里安一起在剑桥大学工作（前提是他能够逮住神出鬼没的阿德里安）。巴洛一直都对物理和数学抱有浓厚的兴趣，但为了务实他选择了学医[1]。然而，他在整个学习生涯中逐渐意识到，一些更具定量化特征的学科能够影响生物学并帮助其解决问题。在这一点上，他认为自己和导师形成了鲜明的对比："（阿德里安）根本没有什么理论基础。他的态度就是，既然我们手里有记录神经纤维的方法，那就不妨试试看会发生些什么。"

---

[1] 巴洛将他对科学的兴趣归功于他的母亲诺拉·巴洛（Nora Barlow），她是达尔文的孙女。

当香农的方程式面世后，巴洛一下子就被它深深地吸引住了，很快他就贡献了几项关于大脑信息的早期研究成果。然而，巴洛并没有单纯地计算每秒的比特数，而是更深入地运用了信息论。在某些方面，信息定律和物理定律一样，都很基础且对生物学起着约束作用。在巴洛看来，这些方程式不仅可以描述大脑的本来面目，还可以解释它是如何形成的。巴洛非常确信，信息对神经学至关重要，他认为试图研究大脑却不将重点放在信息处理上，就如同试图理解翅膀却不知道鸟会飞一样。

模型思维
MODELS OF THE MIND

通过将信息论的思考与生物学的观察相结合，巴洛得出了有效编码假说。由于进化找到的解决方案往往不错，而如果大脑是在信息论的约束条件下进化的，那么我们自然就会得出结论：大脑应该非常擅长编码信息。1961 年，巴洛在一篇论文中写道："最保险的做法就是假设神经系统是有效的。"如果事实果真如此，我们就能解开任何神经元的反应之谜，因为我们只需假设神经元在有效地工作。

可是有效的信息编码长什么样子呢？为此，巴洛专注于"冗余"（redundancy）这个概念。在香农的信息论框架中，冗余是指给定一组符号集，其信息熵上限与实际信息熵之间的差距。例如，一个有两个符号的编码，如果其中一个符号出现的概率是 90% 而另一个是 10%，那么其信息熵就没有达到上限，10 次中有 9 次都发送相同的符号，这就造成了冗余。正如我们之前看到的，具有最高信息熵的编码，其符号的使用频率应各为50%，这样一来冗余就为 0。巴洛相信，高效的大脑会尽量减少冗余。

要减少冗余，是因为这是对资源的一种浪费。实际上，英语中就有冗余。一个典型的例子是字母 q 后面几乎总是跟着字母 u，只要我们看到了 q，出现 u 就几乎不会再增加任何信息，因此它是冗余的。英语中的冗余就意味着，在理论上我们可以使用更少的字母去传递相同的信息量。事实上，在香农1948年的论文中，他估计书面英语大概有50%的冗余。这就是为什么即使将单词中的元音都去掉，人们还是可以读懂句子[①]。

在神经系统中，冗余出现的形式可能是多个神经元在讲述相同的内容。想象一下，如果一个神经元代表字母 q 而另一个代表字母 u，那么看见 qu 就会使这两个神经元都被激发。但如果这两个字母经常一起出现，那么大脑只使用一个神经元来做出反应就会更加高效。

为什么大脑如此在意编码是否高效呢？一个原因就是能量成本，每当一个神经元发放一个动作电位，细胞内外带电粒子的平衡就会被打破，而恢复这种平衡是需要耗能的，细胞膜中的蛋白泵必须将钠离子吐出细胞，并将钾离子吞进来。此外，制造神经递质并随着每个动作电位将其从细胞中排出的过程也是有能量成本的。总的来说，据估计，大脑将多达75%的能量都用于发送和接收信号，大脑虽然只占人体重量的2%却消耗了20%的能量，是运行能耗最高的器官。既然大脑的能源费用如此高昂，那么它想要经济实惠地使用动作电位也就合情合理了。

为了知道如何有效地发送信息，大脑还需要知道它通常要发送的信息内容是什么。具体来说，大脑需要以某种方式确定它从周围世界接收的信息在什么时候是冗余的，然后对这些信息置之不理，从而使神经编码保持高效。但神经系统是否真的可以统计它所接收的信息并加以记录，从而调整编码方式使其与周围的世界相匹配呢？适应现象是阿德里安勋爵的一项发现，它表明神经系统确实可以。

---

① 这在短信和社交媒体中也有很好的佐证。你可以试试看从一个单词中能删掉多少字母而不至于造成阅读困难。

　　阿德里安在研究肌肉拉伸受体的实验中，注意到"在持续不断的刺激下，神经元放电频率逐渐下降"。具体来说就是在保持施加在肌肉上的物体重量不变的情况下，神经元的放电频率会在 10 秒钟内降低大约一半。阿德里安将这种现象称为"适应"，并将其定义为"由刺激引起的兴奋性下降"。他在好几个实验中都注意到了这种现象，因而他在 1928 年所写的书中花了整整一章来讨论这个话题。

　　此后，在整个神经系统中人们都发现了适应现象。例如，"瀑布效应"是一种视觉错觉，在长时间地盯着朝某个方向移动的景象后，会导致静止的物体看起来像是在朝相反的方向移动。称之为瀑布效应，是因为如果我们盯着飞流直下的瀑布太久，就会产生这种错觉。人们认为，这种效应的产生机制是：当我们长时间注视一个方向的运动，负责感知这个方向的神经元会逐渐适应这种持续的刺激，这种适应导致这些神经元被抑制，从而不再放电；与此同时，代表相反运动方向的神经元细胞就会变得活跃，从而放电，我们的感知因此产生了偏差。

　　1972 年，巴洛在其论文中提出，适应是提高编码效率的一种手段："如果我们要赋予更显眼的感觉信息更多信息值，那么就一定存在一种机制，令大脑减少对常见模式的表征程度，而这大概就是适应性效应的基本原理。"

　　用信息论的术语来说就是，如果同一个符号一遍又一遍地通过信道，那么它的出现就不会再携带任何信息，因此我们就可以名正言顺地不再发送这个符号。而这也正是神经元所做的事情，当它一遍又一遍地受到相同的刺激时，就不再会发放动作电位。自从巴洛提出神经元会根据接收到的信号调整其反应以来，人们便开发了更多的新技术来记录神经元是如何编码信息的，这使我们可以更直接细致地测试该理论。例如，在 2001 年，计算神经科学家艾德丽安·费尔哈尔（Adrienne Fairhall）和她在新泽西州普林斯顿大学神经科学研究所的同事们一起，研究了果蝇视觉神经元的适应能力。

在该实验中，研究人员给果蝇展示了一条在屏幕上左右移动的线段。起初，线段的移动毫无规律，它忽左忽右忽疾忽徐，速度范围跨度很大。但在几秒钟的混乱之后，线段逐渐稳定下来，它的移动变得更有规律，不会再突然朝着某个方向加速了。而在整个实验过程中，线段的移动方式在混乱期和平静期这两种模式间反复切换。

研究人员在观察了对线段运动做出反应的神经元活动后发现，为了适应当前获得的运动信息，视觉系统会迅速调整其编码方式。具体来说，若想成为一个有效的编码器，对于最快速的运动，神经元始终应该以最高的激发频率放电，而对于最缓慢的运动，则应该以最慢的频率放电[1]。如果将不同激发频率看作神经编码中的不同符号，那么如此分散地分布激发频率就能确保每个符号的使用频率大致相同，也就能最大化编码的信息熵。

可问题在于，与混乱期的最快运动速度相比，线段在平静期的最快速度会慢很多。这就意味着，根据所处时期的不同，完全相同的速度需要用两个不同的激发频率来表示。尽管这听起来很违背常识，却正是费尔哈尔和同事们所观察到的。在平静期，当线段以最高速度运动时，神经元以每秒100多次的频率放电，而当线段在混乱期以相同的速度运动时，神经元每秒只发放大约60个动作电位，而想要让神经元在混乱期的放电频率也达到每秒100次，线段就要以10倍于之前的速度疯狂运动。

此外，研究人员还可以衡量在这两种运动时期切换的瞬间，一个动作

---

[1] 理论上来说，如果神经元对运动方向有偏好，比如它对向右运动的反应最为强烈，那么对于高速向右的运动，其激发频率最高，而对于高速向左的运动，其激发频率最低。但无论如何，原理都是一样的。

电位所携带的信息量的变化。在混乱期，每个动作电位的信息速率大约是 1.5 比特，而在切换至平静期的瞬间，这一数值立马降到 0.8 比特，也就是说，在尚未适应新的运动集合时，神经元只是一个低效的编码器。但只用在平静期待上零点几秒，每个动作电位的比特数又会回升到 1.5 比特。神经元只是需要一点点时间来熟悉它所感受到的速度范围，之后就能相应地调整其激发模式。这个实验表明，正如巴洛的有效编码假说所说的那样，适应现象确保了所有类型的信息都可以被有效地编码。

神经科学家还相信，不只是在几秒钟到几分钟的尺度上，在更长的时间跨度上大脑也可以有效地编码感觉刺激。在发育和进化的尺度上，生物体都有机会对环境进行采样，从而使神经编码适应对它来说最重要的东西。科学家假设，一个大脑区域会尽可能有效地表达与之相关的信息，他们正试图据此对进化过程进行逆向研究。

例如，从人耳投射到大脑的 3 万根神经会对不同类型的声音做出反应。一些神经元喜欢短促的高音噪声，另一些则更喜欢低音噪声。一些神经元在声音变大时反应强烈，另一些在变小时反应强烈，还有一些则无论声音变大变小，只要发生变化其反应就很强烈。总而言之，对于每根神经纤维，都有一个复杂的音调和音量的组合模式，使其最大程度地激发放电。

科学家大致知道这些神经纤维是如何产生反应的。位于内耳的细胞连接着纤毛，它们会随声音的波动不断摇摆，处在蜗形膜上不同位置的毛细胞则会对不同音调做出反应。耳朵投射出的神经纤维从这些毛细胞处获得输入，而每根神经都以其独特的方式对这些音调进行组合，从而形成了独一无二的反应模式。

但他们不知道的是，这些神经纤维为什么要产生这种反应。信息论正好能帮助我们解答这个问题。

如果确实如巴洛所说，大脑降低了冗余，那么在某一时刻应该只有少数几个神经元在放电，神经科学家将这种活动模式称为"稀疏"（sparse）①。2002年，计算神经科学家迈克尔·莱维茨基（Michael Lewicki）提出了这样一个问题：听觉神经的反应特点是否源自大脑对稀疏编码的追求，而这种编码是根据动物需要处理的声音量身定制的？

为了回答这个问题，他首先必须收集自然界中的不同声音。第一组声音是由海牛、蝙蝠以及包括狨猴在内的一些热带雨林动物发出的叫声；第二组声音是背景噪声，例如沙沙作响的树叶声以及树枝折断时的咔嚓声；第三组来自朗读英语句子的人声数据库。

然后，莱维茨基使用了一种算法将这些复杂的声音分解成一些短的音节模式。该算法旨在找到一个最优的分解方式，即使用尽可能少的短音节去重建每个完整的自然声音，如此一来，算法寻找的其实就是稀疏编码。而如果大脑的听觉系统也是进化成对自然界声音的稀疏编码，听觉神经偏好的音节模式就应该和通过算法找到的模式异曲同工。

莱维茨基发现，若只是单单分解动物的叫声，得到的声音模式和生物听觉系统的实际情况并不吻合。具体来说，算法找到的这些模式过于简单，它们仅仅将声音分解成一些纯音调，而人类和动物听觉神经偏好的则是音调和音量的复杂组合。但如果用算法分解混杂着背景噪声的动物叫声，结果就和生物听觉系统的实际情况很相似了。这表明听觉系统的编码方式确实和所处

---

① 神经科学家把"祖母细胞"看作稀疏编码的代表。这是一种虚构的神经元，当你看见你的祖母时，这是唯一一个会做出反应的神经元，并且它不对除祖母以外的其他任何东西做出反应。为了向他的学生生动地展示有效编码假说的概念，莱特文想到了这个极端的例子。

环境的声音相匹配，因此它才能对声音进行有效的编码。莱维茨基还发现，算法通过分解人类语音找到的声音模式也和生物听觉系统的实际情况一致。他认为这证明了一个理论，即人类语音进化成如今这样，就是为了充分利用听觉系统中已有的编码方式 [①]。

大脑就像一套通信系统，但这还不够

对于在生物学中运用信息论的做法，1956 年，一篇题为《从众》(*The Bandwagon*) 的短文就告诫大家，不要过度狂热地将信息论运用于心理学、语言学、经济学和生物学等领域。"大自然很少一次性揭露许多秘密。当我们意识到，兴冲冲地使用信息、熵、冗余等几个词语并不能解决所有问题时，我们这种有些虚假的繁荣将会很轻易地在一夜之间灰飞烟灭。"这篇文章的作者正是香农本人，此时距离他构想出风靡全球的信息论仅仅过去了8 年。

将大脑比作香农的信息论框架，这样的类比到底有多贴切呢？许多人都对此表示了担忧，其中甚至包括那些提出类比的科学家。2000 年，巴洛就在一篇论文中警告说："大脑使用信息的方式和通信工程中常见的方式是不同的。"而珀克尔和布洛克也在他们最初的报告中指出，他们并没有全盘接受香农对信息的定义，而是将大脑中的"编码"概念看作一种或多或少都有些用处的比喻。

[①] 如果你在阅读上一章时心生疑惑，不明白视觉系统中的神经元为什么会检测线段，信息论也可以对这个问题做出解答。1996 年，神经科学家布鲁诺·奥尔斯豪森（Bruno Olshausen）和大卫·菲尔德（David Field）利用和莱维茨基相似的手段证明了，如果神经元能够对图像进行有效的编码，它就会不出所料地对线段做出反应。

　　小心谨慎点，这无可厚非。将香农的系统对应到大脑，最棘手的部分就是解码器。在一个简单的通信系统中，接收器通过信道获取到被编码的信息后，只需简单地反转编码过程就能对其进行解码。例如，接收到电报消息后，接收者只需使用同发送者一样的密码本，就能将点和划破译成字母。然而大脑中的系统不可能也如此对称地进行编码和解码，因为大脑中唯一的"解码器"就是一些神经元，而没人知道它们会如何处理接收到的信号。

　　以视网膜中的编码为例，当检测到一个光子时，视网膜中的一些细胞（"开"细胞）通过提高激发频率对其编码，而另一些细胞（"关"细胞）则通过降低激发频率对其编码。如果这种此消彼长的放电是视网膜用来表示光子的符号，那么我们也许会猜测这也是之后的大脑区域用来"解码"的符号。然而事实并非如此。

　　2019 年，芬兰的一组研究人员对小鼠视网膜中的细胞进行了基因改造。具体而言，他们将"开"细胞改造成对光子不再敏感。现在，当光子击中视网膜时，"关"细胞仍然会降低激发频率，但"开"细胞是否会提高激发频率就难说了，那么问题来了，大脑会听哪组细胞的呢？如果大脑能解码"关"细胞，真实的关于光子的信息就在那儿。然而，动物似乎并没有使用这部分信息，通过评估动物检测微弱光线的能力，人们发现动物大脑似乎只从"开"细胞的活动中读取了信息。如果这些细胞没有发出信号表示检测到了光子，动物就不会做出反应。科学家认为，这意味着至少在这种情况下，大脑并没有解码全部被编码的信息，它没有理睬"关"细胞所发送的信号。因此，论文作者写道："即使视觉达到了它的灵敏极限，大脑的解码方式也并没有像信息论所预测的那样给出最优解。"不是科学家观测到的每一个动作电位都对大脑有意义。

　　产生这种情况的原因可能是多种多样的，其中一个重要原因是，大脑是一台信息处理机器。也就是说，大脑并非只是沿着神经回路复制信息，它还要将信息转化成动物的行为。所以，它不仅传递信息，更要对信息进行计算。因此，若是我们期望仅仅基于香农的通信系统来了解大脑的工作原理，就忽略了计算这一关键目标。**所以当我们发现大脑没有以最优方式传递信息时，这并非意味着其设计存在缺陷，而只能说它在设计时还有其他考虑。**

信息论发明之初，本就是作为工程通信系统的语言，没人指望它能完美地描述神经系统，毕竟大脑不是一根电话线。然而大脑的某些部分确实也参与了类似的、基本的交流任务，神经系统也确实会发送信号。这种信号传递是通过神经系统编码完成的，而编码可能基于动作电位的频率、时序或别的什么东西。因此，从信息论的角度审视大脑是一项明智的壮举，它赋予了我们许多见解和灵感。可凝视得久了，你就会发现这种类比上的裂痕清晰可见。所以我们要保持警惕，将大脑比作通信系统会对我们很有帮助，前提是绝不能过度滥用这个类比。

MODELS OF THE MIND

第 7 章

在乱糟糟中合并同类项
动力学、运动学与降维

| 20 世纪 30 年代至 20 世纪 90 年代 |

运动是大脑与世界交流的唯一方式，

也是解开神经奥秘的关键拼图。

　　20 世纪 90 年代中期，得克萨斯州休斯敦当地报社的一位编辑前往贝勒医学院就诊，他希望医生能帮忙看看自己左手的毛病。在过去几周里，他这只手的手指一直使不上力，并且指尖还有些麻。虽然这名男子不仅酗酒还是个老烟枪，但在医生眼里他大体还是挺健康的。对于他手麻的症状，医生起初在手腕上寻找受压迫的神经，可是一无所获。之后他们又检查了脊髓，怀疑可能是脊神经受损，但同样一无所获。于是医生更进一步对大脑进行了扫描。这一次，他们发现了一个葡萄般大小的肿瘤，就嵌在他右侧大脑皱巴巴的表面上，位于右侧太阳穴和头顶之间一个叫作运动皮质的区域中。

　　运动皮质的形状是两根细细的条带，它们从头顶向下延伸至左右两侧，合在一起就像是一条戴在头顶的发带①。每根带子上的不同位置都控制着对侧身体的某个部位，在这位报社编辑的大脑中，他的肿瘤就位于右侧运动皮质控制手部的区域。肿瘤还稍微挤压到了控制感觉的感觉皮质，它位于运动皮质后方，是一根以相似方式排列的条带。肿瘤位处运动皮质和感觉皮质，这分别解释了患者无力以及麻木的症状，而当手术切除肿瘤后，这两个问题

---

① 具体来讲，这里描述的是初级运动皮质，而另一个被称为前运动皮质的区域则位于初级运动皮质前方。人们经常一并研究这些脑区，在本章中我们不会特别区分这两者。

都迎刃而解了。

大约在 150 年前，人们发现了运动皮质，自此运动皮质就一直站在风口浪尖。大脑控制着身体，这一点毋庸置疑，早在古埃及金字塔时期，人们通过脑损伤的数据就发现了这一点。但大脑具体是如何控制身体的，这就是另外一个问题了。

在某些方面，运动和运动皮质之间的连接是直截了当的，其顺序和贝勒医学院医生的诊断路线恰好相反。大脑一侧运动皮质中的神经元将输出发送给对侧脊髓中的神经元，这些脊髓神经元又直接和特定的肌肉纤维相连。脊髓神经元与肌肉相遇的部位被称为神经肌肉接头，当神经元放电时，它会把作为神经递质的乙酰胆碱释放到连接处，从而引起肌肉的收缩和运动。通过这条路径，大脑皮质中的神经元就可以直接控制肌肉。

但这并非运动皮质和肌肉之间信号传递的唯一路径，其他路径则比较曲折。例如，一些运动皮质神经元会将它们的输出发送到诸如脑干、基底神经节和小脑等中间区域，再从这些区域发送到脊髓。这中间停留的每一站都提供了一个处理信号的机会，从而改变了肌肉最终接收到的信息。此外，即便是最直接的路径也不一定简单，运动皮质神经元可以和多个脊髓神经元相连，而每个脊髓神经元能够激活和抑制不同的肌肉群。这样一来，大脑皮质就可以通过多种渠道与肌肉进行交流并发送多种信息。实际上，运动皮质对身体的影响一点儿也不直接，它是高度分散的。

除了这层复杂的关系，人们还怀疑运动皮质是否必不可少。当我们切断动物的运动皮质和大脑中其他部分的连接时，虽然动物不能自主进行很多复杂的运动，但它们仍然可以做出一些基本的反应行为。例如，如果我们剥去猫的大脑皮质，它仍然会在被控制住时用爪子奋起反抗，而如果我们剥去雄性大鼠的大脑皮质，它仍然会在附近有雌性时设法与之交配。因此，对于一些最重要的关乎生存的行为，运动皮质似乎可有可无。

运动是大脑与世界交流的唯一方式，也是解开神经奥秘的关键拼图。然而，人们对运动皮质的确切用途却争论不休，其解剖结构也对我们的理解没多大帮助。如果不知其用途，我们就很难准确地知道运动皮质到底想要表达什么。但自始至终，科学家都干劲十足，毕竟解开运动之谜不仅有助于治疗运动疾病，也有助于研发类人机器人。在早期研究中，人们先是激烈地讨论了运动皮质会产生哪类运动，之后又运用一系列数学方法去理解神经元的活动。时至今日，尽管一些关于运动皮质的激烈争辩已经盖棺论定，但也许和其他大多数神经科学领域的研究相比，关于运动皮质的研究有着更多未解之谜。

从抽搐到动作：19 世纪的大脑运动控制机制发现之争

19 世纪中叶，古斯塔夫·弗里奇（Gustav Fritsch）和爱德华·希茨格（Eduard Hitzig）都曾在柏林大学学习医学，但彼时他们之间还没有交集。从医学院毕业后，弗里奇参加了普丹战争，据说他在服役期间给人包扎头部伤口时发现，刺激暴露在外的一侧大脑会导致士兵另一侧身体肌肉痉挛。同时，希茨格则经营着一门应用电击疗法的生意，他发现用电刺激头部特定位置会引起眼球的运动。

这两位医生都对观察到的这种奇妙现象以及可能产生的影响感到震惊。19 世纪 60 年代末期，弗里奇在返回柏林后遇到了希茨格，两人一拍即合，决定联手探索这个在当时被认为是天方夜谭的假设，即大脑皮质可以控制运动。

　　在当时，即使认为皮质拥有一丁点儿功能，这样的想法都是激进的。"皮质"一词源于拉丁语中的cortex，意为"外皮"，它被认为是一种惰性外壳，是一层用来包裹位于其下方的重要大脑区域的神经组织。这个观点源自之前的一些实验，人们曾尝试刺激皮质，但都没能观察到任何有意思的反应。现在回过头来看，这主要是因为当时的人们采取了不恰当的刺激方式，比如捏、戳或是用酒精浸泡。满世界旅行的弗里奇见多识广，同时还涉猎了许多领域，希茨格则不苟言笑，有些骄傲自负。正是在这种好奇心和骄傲的驱使下，他俩才力排众议，打破了认知上的桎梏。

　　由于生理学研究所缺少电刺激这项新技术的相关设备，弗里奇和希茨格只好在希茨格家中的一张桌子上对狗的大脑皮质进行实验。他们准备了一个铂电极，将其接上电池，然后轻轻地敲打自己的舌头以测试铂电极的强度，据说"强度足以引起明显的感觉"。然后他们用电极顶端非常短暂地触碰了暴露在外的狗的大脑的不同区域，并观察是否引发任何运动。他们发现，刺激皮质确实可以引发运动，通常表现为身体对侧一小群肌肉短时间的抽搐或痉挛。并且，刺激的位置也很重要，它不仅决定了是否会发生运动，还决定了身体的哪个部位会发生运动。

　　后面这个发现可能比前者更加离经叛道，在当时，即使有少数科学家认为皮质可能会起些作用，但他们都把它看作一个尚未分化的区域，即一个没有精细化功能的组织网络。因此按理来说它不应该存在一种有序的排列，例如所有的运动功能都位于大脑前端的一根条带上。然而弗里奇和希茨格的刺激实验恰恰展示了这种排列。为了进一步验证其理论，他们在绘制出负责特定身体部位的大脑区域后，又将这些区域切除并观察对动物运动造成的不利影响。一般来说，这些脑损伤虽然不会导致受影响的身体部位完全瘫痪，但其功能确实会显著衰退并变得不受控制。支持运动皮质存在的证据越来越多。

两人的工作与另一位医生约翰·休林斯·杰克逊（John Hughlings Jackson）的研究不谋而合。后者的发现也表明，大脑这一区域与人类的运动控制有关。这些发现合起来，让 19 世纪中叶成为皮质功能研究乃至整个神经科学的转折点。科学家不得不接受现实，皮质不仅可能有功能，它的不同亚区甚至还可能具有不同的功能。这是一个激流涌动的时代，受到鼓舞，杰克逊的一名叫大卫·费里尔（David Ferrier）的学生开始更加细致地研究大脑皮质。

1873 年，费里尔得到了一个在西赖丁（West Riding）精神病医院对运动系统进行实验的机会。在这家维多利亚时期著名的精神病院和研究机构中，费里尔在狗身上复现了弗里奇和希茨格的发现，包括刺激实验以及损伤实验的结果。他还证明，同样的原理也适用于其他动物，例如豺、猫、兔子、大鼠、鱼和青蛙等。随后，费里尔详细考察了猴子的运动区域，希望能绘制出一张图来帮助外科医生安全地切除人脑中的肿瘤和血凝块 ①。

为了扩展弗里奇和希茨格的工作，费里尔不仅增加了测试动物的种类，还更新了刺激方式。弗里奇和希茨格使用的电刺激是一种直流电。由于直流电可能会对大脑组织造成损伤，因此人们只能施加短暂的脉冲。费里尔转而使用了法拉第发现的交流电，这使人们可以施加更持久的刺激。现在，费里尔不仅可以将电极固定在大脑上好几秒钟，还能提高刺激强度，他说："把电极放在舌尖上，你会感到火辣辣的，但完全可以忍受。"

---

① 如同那个时代的许多科学家一样，费里尔在动物实验中所采用的技术放在今天是绝无可能通过伦理审查的。然而和那个时代的许多科学家不同，费里尔还真就因此惹上了麻烦。1881 年，为了展示其发现，费里尔将一只损伤实验中的动物带上了演讲台。然而在展示结束后，活体解剖的反对者们报了警，警察随后逮捕了费里尔，罪名是他在没有执照的情况下进行了一项实验。后来发现做手术的其实另有其人，他是费里尔的同事，而这个人确实拥有执照，费里尔才因此逃过一劫。无论怎样，这都是关心动物权利的群体所发出的一个强烈信号。

　　刺激参数的量变引起了结果的质变。当费里尔延长了刺激的持续时间后，得到的不单单是持续时间更长的肌肉抽搐，动物还展现出了完整而复杂的动作，这不禁让人联想起它在平日里的所作所为。例如，根据费里尔的笔记，他发现刺激兔子大脑的某个部位会引起"对侧耳朵迅速地缩回，然后再抬高或竖起来。有时候，这一切都和兔子突然发起的运动相吻合，像是它马上就要向前跳跃一样"。猫大脑中的某个特定区域则负责"前腿的收缩和内收，其速度之快，就像是猫用爪子击球时的动作"。刺激猴子大脑"位于额上回和额中回后半部"的某个位置时，费里尔观察到猴子"睁大眼睛，瞳孔放大，头和眼睛转向不同的方向"。

　　对运动皮质的刺激如此粗糙，产生的运动却如此顺滑且协调，这展示出了另一种不同于弗里奇和希茨格的对大脑皮质的理解。弗里奇和希茨格认为，刺激运动皮质只会激活一小组单独的肌肉群，也就是说运动皮质的任务相对简单。运动皮质的不同位置就像是钢琴上的琴键，每一个都对应一个单独的音符。而费里尔的发现则将运动皮质看作一段段短旋律的曲库，每一个刺激都会导致多个肌肉群协同合作从而产生一个运动片段。运动皮质的核心是音符还是旋律，是抽搐还是动作？这是关于该脑区众多辩题中的第一项。

　　尽管费里尔复现了弗里奇和希茨格的发现，但他们却不怎么合得来，主要原因可能是对成果的分配不均。两人没有在其论文中引用杰克逊的论文，费里尔因此觉得他们这对德国二人组没把自己的导师放在眼里，于是他自己也极力避免引用弗里奇和希茨格的论文。为了不跟他俩有任何联系，费里尔做得更出格，他甚至只讨论了猴子实验的结果，而删除了所有关于狗实验的参考文献 [1]。

_____

① 不过随着时间的推移，费里尔似乎也释怀了。在这场"引用大战"的 3 年后，他在书中写道："第一次通过实验证明大脑功能存在明确的分区，这一功劳理应属于（希茨格）和他的同事弗里奇。我很遗憾，关于这个话题出现了许多尖酸刻薄的讨论，我自己也被别人曲解成曾暗示过什么。"

无论是出于什么样的原因，弗里奇和希茨格都不相信费里尔工作所展示出的内容，即刺激能引发天然的运动片段。他们坚称，短电流刺激更有优势，并声称费里尔使用的刺激时间过长而且没办法重复他的发现。但费里尔坚信交流电才是最好的，弗里奇和希茨格使用的那种快速电流"无法引起带有明确目的的组合式的肌肉收缩，而这才是运动反应的本质以及对其解释的关键"。

这场关于运动皮质刺激方式的争论愈演愈烈，但它也只是冰山的一角，而在更广阔的神经学领域中正进行着另一场讨论。虽然研究运动领域的人都欣然接受皮质的功能是分区的，即不同的区域扮演着不同的角色这一观点，但在更广阔的领域中，这种观点上的剧变还尚未完全深入人心，当时的很多研究人员都致力于探索该观点的边界。

于是，人们开始尝试刺激一小块皮质区域，越小越好，并观察其功能有多精细。这种潮流与弗里奇和希茨格用短小的脉冲造成单块肌肉运动的做法一脉相承。但即便他们这种方式成为主流，也并不意味着这就是研究运动皮质功能最好的方式，而仅仅表明人们的研究焦点发生了变化。脑区功能定位的研究如火如荼，而受此热潮的影响，人们更关心刺激是否会引起肌肉的微小运动，而忽略了在正常情况下大脑是否会以这种方式引发运动。因此，在接下来的一个多世纪中，人们都将"抽搐还是动作"的问题抛到了九霄云外。

埃瓦茨的腕力研究：运动皮质编码与动力学的开端

将大脑功能定位到最精细的程度，也不过是细到单个神经元。20 世纪 20 年代后期，神经科学家可以记录单个神经元的活动了，但这类实验通常需要从动物身上提取神经组织，或者至少需要在记录过程中对动物进行麻醉，而这都使我们无法在记录的同时研究动物的行为。然而在 20 世纪 50 年代后期，情况发生了变化，人们开发出了一种可以插入大脑的电极，它能在猴子清醒地做出反应的同时检测单个神经元的电信号。

大约 50 年后，神经科学先驱弗农·蒙卡斯尔（Vernon Mountcastle）回顾了神经科学历史上的这一转折，他评论说："该领域从此今非昔比，对我们这些花了数年时间研究麻醉动物的人来说，这种激动是难以言表的。我们终于可以在大脑工作时对其进行观察和测试了！"这一实验手段进步的最大受益者，当属运动控制研究，即研究大脑是如何产生运动和行为的。事实上，也正是研究运动的科学家率先使用了这项技术。

这些早期的研究人员中就有来自纽约的精神病学家爱德华·埃瓦茨（Edward Evarts）。埃瓦茨为人慷慨大方，但很严格，他很难将工作和生活分开，并期望别人也同样是工作狂。例如，为了研究睡眠和运动，他会寻求自我反省和个人体验的帮助。

1967 年，在马里兰州贝塞斯达的美国国家卫生研究院工作期间，他独立完成了一项由三部分组成的项目，研究了运动皮质神经元的反应。该研究的最后一部分将重心放在这样一个问题上：运动皮质神经元表征了运动的哪些方面？而这个问题成为此后几十年里运动神经学研究的核心。

为了研究这个问题，埃瓦茨设计了一个仅需少量动作的简单任务。具体来说，他训练猴子握住一根垂直竖杆并左右移动。猴子被限制成只能使用手腕这一个关节产生动作，这意味着该动作仅由前臂的两个肌肉群控制，屈肌将手拉向身体，而伸肌将手推离身体。

一个简单的假设是，运动皮质神经元的激发频率和手腕在任意给定时间所处的位置直接相关。如果这个假设成立，那么你会发现有些神经元在手腕弯曲时会强烈激发，而在手腕伸直时却不会，其他一些神经元则与之相反。

在研究运动时，我们不妨借鉴前人的研究，用数学去量化动作。埃瓦茨的另一个假设正是来自动力学，这是物理学的一个分支，它专门研究运动产生的原因。为了移动手的位置，手臂肌肉就要收缩发力。在作用于腕关节时，这种肌肉产生的力会转化成角动力，也称为力矩，而之后力矩就决定了手的动作以及位置。如果运动皮质神经元编码的是力而非位置，那么当屈肌产生使手腕向某一个方向运动的力时，一些神经元会强烈激发，而当伸肌产生使手腕向另一个方向运动的力时，其他神经元会激发。

在这个最基础的实验设计中，人们是无法区分这两个假设的。如果在手腕处于弯曲位置时神经元激发，那么它是因为手腕所处的位置而激发呢，还是因为保持该位置所用的力而激发呢？我们无从得知。要检验以上假设，埃瓦茨就需要区分位置和力这两个运动要素。为此，他只需要在杆上添加配重，配重不同，运动难度就不同，就像在健身房器材上设置的重量一样，它改变了将杆移动到相同位置所需要施加的力。施加力的大小不同，而手腕却处于相同的位置，这样一来，我们就能比较神经元的激发频率了。

埃瓦茨记录了运动皮质中的 31 个神经元，他发现其中 26 个神经元的激发频率和力明显相关。其中一些神经元在手腕弯曲时反应强烈，而由于增加配重导致弯曲变困难，神经元的激发频率也会随之增加。如果增加反方向的配重导致弯曲变容易，神经元的激发频率则会降低。另外一些神经元则更偏好拉伸，它和前者方向相反但道理相同。虽然剩下的 5 个神经元不好解释，但没有一个神经元的活动是和手腕位置直接相关的。这些结果强有力地证明了运动皮质编码的是力的大小。

埃瓦茨对腕力的研究开创了在运动系统中寻找动力学要素的先河。在之后的几年里，其他几个研究小组也在动物简单运动时找到了和运动皮质神经元激发频率相关的动力学特征。"定位"的指导思想在这种研究方式中至关重要，因为其宗旨就是了解单个神经元在单独某块肌肉运动时的行为。但不同的是，埃瓦茨的研究在已有的更广泛的动力学数学系统下统一了这种理解。这样一来，我们就可以在任何一本物理学教科书中，找到相应的数学方程式来理解运动皮质。

埃瓦茨建立了一个研究运动皮质的现代方法，他设计了一个严格控制变量的实验，探索了单个神经元活动和肌肉运动之间的关联，并指明了能帮助我们理解这些发现的数学原理。可在接下来的数十年中，大部分埃瓦茨对运动科学标志性的贡献都将被颠覆，该领域下一个迅速变化的时代即将开启。

重新定义运动皮质的角色：不仅仅是编码

> 啊，运动系统！系统神经科学家对运动功能看法不一，这焉知祸福……有些人的想法根深蒂固，他们认为从小脑到皮质，参与运动的所有神经活动不言而喻，都应该能被某块肌肉的运动以某种方式诠释，无论是真实的肌肉还是假想的肌肉。当然，这完全说不通……自然的运动很少（甚至从不）只涉及一块肌肉。

以上这些话出自阿波斯托洛斯·杰奥尔戈波洛斯（Apostolos Georgopoulos）

之口，他出生于希腊，是约翰斯·霍普金斯大学的神经科学教授。他的这番言论发表于 1998 年，而在过去的 15 年中，他将运动神经科学领域搅得天翻地覆。杰奥尔戈波洛斯和三个观念上的重要进步都有关系，时至今日，这三项贡献中的两项仍然是研究运动皮质的核心。当然，所有这些进步都并非凭借他的一己之力，它们早就已经以某种形式存在于科研圈中了。

从上述言论中，我们可以推测出杰奥尔戈波洛斯的第一项贡献：关注自然的运动。杰奥尔戈波洛斯曾师从著名的感觉神经科学家蒙卡斯尔，并深受其思维方式的影响。蒙卡斯尔采取整体分析的方法来研究大脑，他关注身体感觉在每一个阶段的表征方式，从皮肤中感知触觉的神经元，到大脑中高级认知功能对这类感觉信息的利用方式。杰奥尔戈波洛斯想要在运动控制研究中延续蒙卡斯尔在感觉系统研究中所建立的这一伟大传统，他明白自己为此必须抛弃不自然的单关节运动研究。为了了解大脑是如何表征并处理运动信息的，他必须研究涉及多肌肉的复杂性自然运动。因此，他将目光转向了灵长类动物的一项最基础也是最重要的动作：伸手。

要伸手去拿面前的物体，你需要依靠手臂关节周围的肌肉群。显然，这包括了上臂的肌肉，例如肱二头肌和肱三头肌。但也涉及了胸大肌前部（它从胸部中心伸展至手臂）、三角肌前束（它是腋窝前的一条肌肉带），以及背阔肌（它是背部最宽的肌肉，从下背部伸展到腋下）。而根据伸手运动中的细节，这个过程可能还需要手腕和手指的参与。这种多肌肉的运动与埃瓦茨研究的手腕弯曲可谓相去甚远。

为了研究这项复杂的任务，杰奥尔戈波洛斯训练猴子在一张带灯的桌子上工作。这些动物手持一根杆子，就像你搅拌大锅时手持一把木勺一样。杆子和测量装置相连，当指示目标位置的灯被点亮后，动物会将杆子移动到相应的位置。灯光呈圆形排列，就像时钟表盘上的数字一样，圆圈半径大约是一张扑克牌的长度。由于灯光均匀地分布在圆圈的 8 个位置上，所以动物会朝 8 个不同的方向运动，而在每次伸手前，猴子总是先返回圆圈的中心。这种研究"中心向外"伸手运动的简单装置已然成为运动神经科学中的一个传统装置（见图 7-1）。

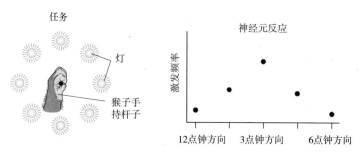

图 7-1　伸手任务中神经元的方向调谐

杰奥尔戈波洛斯的第二项贡献则将矛头指向了埃瓦茨的动力学理论，对运动皮质神经元所表征的内容，他提出了自己的见解。

埃瓦茨曾用手腕的摆动来观察神经活动对力的表征方式，但有些科学家发现这种关系并非始终如一，尤其是在更复杂的运动中，肌肉产生的力量会随着它周围关节和肌肉的变化而变化。例如肩膀在运动时，手肘的物理特性也会改变。这就使我们更加难以解释，神经活动是如何一步步影响肌肉活动然后再影响力的，这也使动力学理论不再适用。此外还有种种迹象表明，很多神经元根本就不关心力的大小。

于是杰奥尔戈波洛斯改变了想法，他不关心神经元向肌肉传递了什么信息，而是关心神经元向运动本身传递了什么信息。他发现，运动皮质中有超过 1/3 的神经元，其神经活动和手臂运动的方向之间存在着非常清晰明了的简单关系。具体来说，这些神经元都有一个偏好的方向，这意味着动物朝这个方向（比如 3 点钟方向）伸手时其激发程度最大，而运动越偏离这个方向，其激发程度就越小。例如，神经元偏好 3 点钟方向，那么动物向 3 点钟方向伸手时神经元激发程度最大，2 点钟和 4 点钟方向较小，1 点钟和 5 点钟方向则更小，以此类推。杰奥尔戈波洛斯发现的这种"方向调谐"意味着运动皮质更关心运动学而非动力学。继"抽搐还是动作"之后，动力学和运动学之争又成了下一场运动神经科学的大辩论。

运动学描述的是运动的特征，而不需要考虑产生运动的力。如此一来，运动学变量表示的只是期望手臂运动的结果，而不提供手臂具体如何完成运动的指令。当运动皮质的模型从编码动力学变成了编码运动学，运动系统的分工方式也随之发生了改变。运动皮质中的动力学变量，例如力，只需进行少量计算即可转化为实际所需的肌肉活动水平，这些转换可能由脊髓中的神经元完成，但由于运动皮质中的运动学变量仅仅定义了手臂在空间中的目标位置，所以这对运动系统的其余部分提出了更大的挑战。因此，运动皮质的下游区域承担了更大的责任，这些区域需要进行坐标系变换，也就是说它们需要从身体外部获取一组目标位置，并将其变换成相应的肌肉活动模式。在接下来的几十年里，杰奥尔戈波洛斯始终在坚定不移地捍卫这种运动皮质的运动学观点。

杰奥尔戈波洛斯做出的最后一项贡献是改变了分析数据的方式。如果神经元根据运动的大致方向放电，就意味着它们不参与一对一的肌肉控制。那么，我们为什么一次性只分析一个神经元呢？若是我们考虑所有神经元，也就是整个神经元群体想要传达的内容，这不是更明智吗？

杰奥尔戈波洛斯正是这么做的。利用所掌握的关于单个细胞的方向调谐信息，他计算出了一个"群体向量"。群体向量可表示为一个箭头，它指向神经群体正在编码的运动方向。而计算的方式则是允许每个神经元对其偏好的运动方向进行"投票"，可这并非"绝对民主"，因为不是所有选票都有相同的权重，每个神经元"投票"的权重取决于它的放电程度。因此，高于平均活动水平的神经元可以将群体向量大幅拉向其偏好的方向，而远低于平均活动水平的神经元则会使该向量偏离其偏好方向。这样，神经元就通过集体活动指明了运动的目标方向，而这种方式比依靠单个神经元的反应更为准确①。杰奥尔戈波洛斯表明，通过这种方式去总结每个神经元的贡献，他就能在任意情形下都准确地解码出动物手臂的运动方向。

事实证明，这种群体层面的数据分析方法十分强大。后续又有几项研究表明，如果考虑整个神经元群体，我们可以从运动皮质中读出其他各种信息：手指运动、手臂速度、肌肉活动、力、位置，甚至用来提示动物要在何时向何处运动的视觉信息。或许方向是最初几个以这种方式被解码的变量之一，但它绝非唯一一个。杰奥尔戈波洛斯的理论认为运动学具有特殊性，然而在神经运动中除了发现运动学变量，人们还发现了动力学变量以及其他许多信息，这对他的理论无疑是一种打击。具有讽刺意味的是，关注群体这一点正是他自己的贡献之一。

我们原本期待从运动皮质中解码出的信息能告诉我们它的功能，但随着人们不断采取更多的计算方法，这种期待却变得更加难以企及。科学家专门设计了编码动力学变量的运动系统模型，但即使在这些模型中他们也能读出运动学变量。埃伯哈德·费茨（Eberhard Fetz）就是这些科学家中的一员，

①要理解这一点，让我们考虑之前描述的那个偏好3点钟运动方向的神经元。在3点钟方向上，该神经元可能具有一个独一无二的激发频率，但在2点钟和4点钟方向上，它可以以相同的频率放电，这就使我们无法区分这两个方向。然而，当我们将该神经元的信息和其他具有不同偏好方向的神经元信息相结合时，就可以解决这种不确定性。

他甚至将在运动皮质中寻找变量表征的做法和算命先生的行为相提并论："就像是阅读茶叶一般，这类方法能被用来制造模糊的印象，这是由于我们将概念构想强加在似是而非的模式之上。"

这些发现揭示了就在我们眼皮底下却被我们忽略了的一种可能性：运动皮质神经元没有"编码"某个单一的变量，它既不仅仅是运动学机制，也不单单是动力学机制，它是这两者的结合，甚至还编码了更多的东西。从很多角度来看，这个事实其实一直都摆在我们眼前，例如有些神经元对力或方向没有表现出明显的反应；或是当实验仅仅发生了细微的改变时，有些神经元的反应却发生了巨大的变化；抑或就是在长达数十年的研究中，支持运动学机制和动力学机制的研究者轮番拿出证据，你方唱罢我登台。

有人认为，该领域的研究会误入歧途，是因为它盲目地追随了其他科学家所铺设的道路。对理解运动来说，让杰奥尔戈波洛斯大受启发的感觉系统研究是一个糟糕的模型。关于"运动皮质编码了什么"的争论之所以悬而未决，不是因为这个问题很难，而是因为从一开始就不该提出这种问题。运动系统根本就不需要记录运动参数，它只需要产生运动即可。

正如我们在上一章中看到的，科学家能够看到神经活动中的神经系统结构，但这并不意味着大脑就在使用它。一个常见的类比是将运动皮质比作汽车的发动机。发动机肯定负责了汽车的运动，而且如果我们测量不同部分的活动，比如活塞或发动机皮带等，其中一些数值很可能在某些情况下就和汽车产生的力或者汽车的转向高度相关。但我们会说发动机是通过"编码"这些变量来工作吗？显然不会，这更像是科学家的一种习惯，即借助力、力学以及物理学中的其他概念来理解运动。正如运动神经科学家约翰·卡拉斯卡（John Kalaska）在 2009 年所写的那样："关节力矩是牛顿力学的参数，它定义了产生特定关节运动所需的扭力……（运动皮质）神经元才不可能知道牛·米是什么或是如何计算产生特定运动需要多少牛·米。"

解码运动皮质：绕过理解直达行动

"运动皮质编码了什么"的问题不能用来理解运动皮质，并不意味着这个问题的答案没有价值。实际上，试着解码来自运动皮质的信息可能大有裨益，但并不是为了帮助我们理解运动系统，而是彻彻底底地绕过它。

在罗得岛普罗维登斯郊外的一个小房间里，一位名叫凯茜·哈钦森（Cathy Hutchinson）的 55 岁妇女端起一杯咖啡啜了一口，这是她整整 15 年来第一次完成这一系列动作，也是第一次有四肢瘫痪的人能完成这一壮举。1996 年春，时年 39 的哈钦森在花园劳作时不幸中风，颈部以下全部瘫痪。根据《连线》杂志的采访，她从一位在医院工作的朋友那里听说，布朗大学有个叫作"脑门"（BrainGate）的研究小组在探索性地运用脑机接口恢复患者的活动能力，于是她就报名参加了他们的临床试验。

作为研究的一部分，"脑门"的科学家在哈钦森大脑中植入了一个装置，这块比普通衬衣纽扣还小的正方形金属片由 96 个电极组成，安装在她大脑左侧控制手臂的运动皮质区域。电极对神经元活动进行记录，并通过一根电线将她脑中的信号传输给计算机系统。在哈钦森右手边的支架上则放着一台同计算机相连的机械臂。机械臂本身模样古怪，它通体泛着蓝光，长相笨拙。但位于机械臂末端的手却很好辨认，它是银灰色哑光的，并拥有带细节的指关节。哈钦森控制机械臂的动作还显得不是很流畅，它走走停停来回摇摆，最终才勉强把咖啡递到她跟前。但无论怎样，机械臂最终仍算是不辱使命，让一个失去了移动自己四肢能力的女人能够移动这条假肢。

但即使是这种有瑕疵的简单控制也并非如探囊取物般容易。机器必须经过训练才能知道如何"聆听"哈钦森的运动皮质。"脑门"的科学家先让哈钦森想象她在命令自己的手臂向不同的方向移动,然后他们再将神经的活动模式同这个命令相关联。通过这种方式,能否控制该脑机接口就取决于运动皮质中是否存在方向调谐。也就是说,如果我们无法从运动皮质细胞群中读出运动的方向以及其他类似于抓握或松手的指令,脑机接口也就束手无策了。

这些设备还依赖于各种繁重的位于后端的数学计算。例如,为了使运动更顺滑,"脑门"的科学家使用了一种算法,它能将当前神经活动的输入与之前运动方向的信息相结合。此外,他们还将机器人手部和腕部的一些精细动作事先编程进了设备中,因此用户只需想象一个简单的命令,就能启动一套完整而详细的运动序列。要从一组神经元的活动中读取出详细的运动命令十分困难,但上述解决办法给出了一个实用的方案。

历经千辛万苦,我们终于建立了这套由大脑控制的运动设备,虽然它给患者带来了一丝曙光,但同时也展现出我们对运动皮质在自然运动中所起的作用知之甚少。

降维:挣脱神经群体思维的困境

如果说解码对于工程学有用,对于理解的作用却不尽如人意,那么我们还能用什么来理解运动皮质呢?

神经群体思维之所以一直备受瞩目自有其道理。在某种程度上,运动皮质的神经元必须协同合作才能产生运动。毕竟,人类大脑分配给运动皮质数亿个神经元来控制人体大约 800 块肌肉。但这就给科学家出了个难题:他们要如何理解在实验过程中通常被记录的数百个神经元的活动呢？在杰奥尔戈波洛斯所采用的群体向量方法中，人们先入为主地规定了神经元在做什么。正是由于我们预设了神经元是在编码方向，因而解码出来的输出也就只可能是方向。而当运动神经学家试着绕开"运动皮质在编码什么"的问题，转向"运动皮质在做什么"的问题时，解码出某类特定信息的方法就显得不合时宜。因此，运动神经学家需要找到一种全新的方式来看待神经群体。

研究运动皮质单个神经元和神经群体之间的根本区别在于维度。虽然我们身处三维空间，但许多科学家研究的系统都具有更高的维度，例如，100 个神经元的活动就是一百维的。

我们可能很难看出这个抽象的高维"神经空间"和具体的物理空间有什么关系。但我们可以首先考虑利用我们对物理空间的直觉来构建一个只有三个神经元的群体。具体来说，正如描述空间中的位置一样，我们只需将空间中衡量长度的米或英尺替换成神经元发放的动作电位的数量，就能描述该神经群体的活动。例如，当运动发生时，神经元群体中的第一个神经元可能会发放 5 个动作电位，第二个 15 个，第三个 9 个。这就提供了神经空间中的坐标，它和藏宝图描述向前走多少步、向右走多少步、向下挖多深是一个道理。不同神经活动模式指向神经空间中的不同位置，而通过观察运动皮质在各类运动中的神经活动，科学家就可以探究该空间中的不同位置是否对应了运动的不同类型或不同组成部分。

然而当群体变得更加庞大，神经活动的可视化就变得棘手了。因为我们人类生活在三维世界中，很难去思考超越三维的东西。如果将第四个神经元添加到群体中，神经空间会如何呢？如果添加成百上千个神经元又会如何呢？到这里，我们的直觉就开始分崩离析了。要回答这个问题，计算机科学家辛顿提供了最好的建议："要处理十四维空间中的超平面，你就想象一个三维空间，然后自欺欺人地大声说'这是 14'。"

模型思维
MODELS OF THE MIND

幸运的是，我们还有另外一种方法可以解决维度过多的问题，那就是降维。降维是一种数学手段，指从高维空间中获取信息并使用较少的维度来表示它。降维的前提在于，原来的一些维度是多余的，这种情况意味着多个神经元在讲同一件事。如果你能区分 100 维群体中哪些神经活动模式是该群体的基础，哪些模式只是这些基本模式的重新组合，你就可以用少于 100 的维度来解释这个神经群体。

以性格举例。一个人的性格有多少维度？用来描述性格的词语多得让人眼花缭乱：和善、多变、自省、善良、宽容、有魅力、冷静、有智慧、自律、进取、细致、严肃等。其中的每一个词都可以被当作一个单独的维度，根据自己在各维度上的得分，每个人就被对应到这个高维性格空间中的一个位置。可是有一些性格特征似乎是相关联的，例如，"聪明"的人通常也可能被认为是"机智"的，那么我们也许就应该将聪明和机智看作同一潜在特征的两个衡量标准，该特征可以被统称为"智力"。如此一来，空间中代表聪明和机智的两个维度就可以被一个代表智力的维度所取代，这就是降维。如果只是偶尔出现一个聪明但不机智或者机智但不聪明的人，那么这种降维就并不会牺牲太多信息。但对绝大多数人来说，仅根据智力这一个特征，就足以描述他这方面的性格了。

实际上，大多数流行的性格测试都基于一个前提，即只需少数几个核心特征就能解释全部的人类多样性。例如，著名的迈尔斯－布里格斯人格类型测验（MBTI）就认为性格只有四个维度：直觉－感觉、情感－思考、内向－外向、感知－判断。另一种叫作大五人格模型的方法则更有科学依据，它将人格维度定为以下几个特征：宜人性、神经质、外向性、公正性和开放性。

这些特征被称为"潜在"因素，因为人们认为它们是产生我们所看到的各种不同人格类型的基本潜在特征。

在神经科学历史上，人们曾将每个神经元视为一片独一无二的雪花，因此每个神经元都值得单独去分析。这种传统的认知基于一个假设，即神经元在某种意义上是大脑的基本单位，也就是说，人们假设大自然妥当地给每一个细胞都安排了一个相关的维度。但正如我们对人格的朴素认知往往高估了其实际维度一样，神经群体的"真实"维度可能小于神经元的数量。其中的原因有很多，例如，在任何生物系统中，冗余都是一项明智的特征。神经元不仅有噪声，而且还可能凋亡，这使具有冗余神经元的系统更加稳定①。此外，神经元之间往往高度连接，在这种互相之间的"喋喋不休"中，它们中的任何一员想要完全独善其身都是不太可能的。相反，其活动逐渐变得互相关联，就像同一社交圈中的人们意见逐渐趋同一样。正是由于这些原因，降维技术很适合被运用在神经群体上，它能帮助我们识别真正驱动神经活动的潜在因素。

主成分分析（Principal Components Analysis，PCA，见图 7-2）是一种流行的神经数据降维技术，它发明于 20 世纪 30 年代，并被心理学家广泛地运用于分析心理特质和官能。由于它能在很大程度上帮助我们理解大数据集，该技术现已被运用于许多领域中的各类数据分析工作。

主成分分析的工作原理在于方差，它是指不同数据点的分布程度。例如，如果一个人在三个晚上的睡眠时间分别是 8 小时、8 小时 5 分和 7 小时 55 分，那么他就是低方差睡眠者。一个高方差睡眠者可能平均也睡 8 小时，但他的睡眠时间会

---

① 实际上，这和上一章中巴洛提出的有效编码和稀疏编码的概念相左。大脑需要在有效的信息传输和稳定性之间找到平衡，而后者则需要一些冗余。

以完全不同的方式分布在三个晚上，比如 6 小时、10 小时和
8 小时。

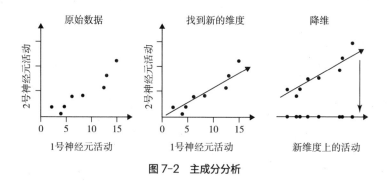

图 7-2　主成分分析

具有高方差的维度很重要，因为它们可以提供大量信息。例如，如果一个人静若处子动若脱兔，那么你就很容易理解他的情绪状态，而对于总是板着一张脸的苦行僧，你就摸不清楚他的真实情绪。同理，相较于每个人都具有的共同特征，利用在人群中差异很大的特征，我们就能比较容易地对人进行分类。主成分分析显示了方差的重要性，它的目标就是找到一个新维度来尽可能多地捕捉数据中的方差，而这个新维度是初始维度的一种组合，就像"智力"是"聪明"和"机智"的组合一样。这就意味着，即便维度减少了，这些数据点在新维度上的坐标仍然会告诉我们很多相关信息。

例如，考虑一个只有两个神经元的群体，而我们想用单个数字来描述其活动。假设在不同的动作期间，我们同时记录了两个神经元的活动，因此对于每个动作，我们都有一对数字去分别表示两个神经元动作电位的数量。如果我们把一个神经元当作 x 轴，把另一个神经元当作 y 轴，再将一对对数字绘制在平面上，我们也许会看到数据或多或少地沿着一条直线分布，那么这条直线就可以被当作新维度。现在，我们就可以不再用一对数字来描述每个动作期间的神经活动，而是用落在这条直线上某处的单个数字来描述。

以这种方式降维确实会损失一些信息。例如，如果我们只描述数据点落在这条直线上的位置，那么我们就不知道神经活动的实际情况距离这条直线有多远。但关键在于，我们要选择那条捕捉到最多差异而损失最少信息的直线。

但如果数据并不沿着某条直线分布，也就是说两个神经元的活动风马牛不相及，那么主成分分析的效果就不会很好。在这种情况下，我们会说这个二维神经群体确确实实在使用完整的两个维度，因此是无法降维的。但正如前文所述，出于很多原因，平均下来某些神经活动必定是多余的，因此降维总是有可能的。

多年以来，降维已被成功地运用于各种神经数据。早在1978年，人们就利用主成分分析证明了我们可以很好地用一维或二维来表示负责编码膝盖位置的8个神经元的活动情况。而在过去10年中，人们才更多地利用主成分分析来研究运动皮质，这是因为降维有助于运动科学家看到原本隐藏起来的东西。将100多个神经元活动的起起伏伏压缩成一条直线，这使其模式清晰可见。将群体活动的演变看作三维中的一条轨迹，这让科学家能够利用对空间的直觉来了解神经元在干什么。因此，若能直观地看见这些轨迹，科学家就可以谱写出关于运动系统工作原理的新篇章。

例如，21世纪10年代初，斯坦福大学的克里希纳·申诺伊（Krishna Shenoy）领导的实验室就研究了运动皮质是如何准备运动的。为此，他们训练猴子完成标准的伸手运动，但在给出运动目标位置和动物实际开始运动之间引入了延迟，这使他们可以在运动皮质准备运动时记录其活动。

长久以来人们都假设，运动皮质神经元在准备运动时的激发模式类似于它们在运动过程中的激发模式，只是总体上激发频率更低罢了。也就是说，神经元在准备运动时会"讲"相同的话，只是"声音"更轻。在神经活动空间中，准备时的活动应该会和运动时的活动方向一致，二者相距不会太远。然而，研究人员在绘制了动物在准备运动和执行运动时神经活动的低维轨迹后，却发现结果和假设截然相反。准备运动时的活动不单纯是运动时活动的缩小版本，相反，它占据了神经活动空间中一块完全不同的区域。

这一发现虽然在意料之外，但与运动皮质的现代观点是一致的。这种新观点强调运动皮质是一个动态系统，系统中的神经元以某种方式相互作用，使整个系统能随时间推移产生复杂的活动模式。由于神经元之间的这种相互作用，运动皮质就可以接收简短的输入，并产生精细且丰富的输出。这一机制的有用之处在于，这意味着准备运动时激发的另一块脑区可以决定手臂的目标位置，并将该信息发送给运动皮质，后者就能产生完整的神经活动轨迹，从而将手臂移动到目标位置。

在这个框架中，准备期间的活动就代表了这个动态系统的初始状态，它定义了神经群体一开始在神经活动空间中的位置，但状态的走向则是由神经元之间的连接所决定的。这样一来，初始状态就像是水上乐园滑梯顶部平台的不同入口，入口的位置与滑梯路线或最终位置都可能没有太大关系。因此，我们无须让准备期间的活动看起来像是运动期间的活动，而只需让运动皮质进入正确的初始状态，神经元之间的连接就能自行完成剩下的工作。

这种动态系统的观点有可能解释了为什么人们对运动皮质的理解莫衷一是。如果我们将这些神经元看作某个更庞大的机器的一部分，这个机器的一部分正在指导肌肉的运动而其他部分正在计划下一步动作，在这种情况下，神经反应的多样性和可塑性就不足为奇。具有讽刺意味的是，这种新观点又让该领域回到了本源。在给定模型中，一个简单输入就能产生复杂输出，这和费里尔的发现如出一辙，即刺激会引发丰富的自然运动。在 21 世纪初，人们证实了费里尔的想法，普林斯顿大学教授迈克尔·格拉齐亚诺（Michael Graziano）使用现代刺激技术的实验表明，对运动皮质刺激0.5秒会引发复杂且协调的自然运动，例如将手放在嘴边或者改变面部表情。

运动皮质的探索之路，道阻且长

科学家们承认自己有所不知，这种情况在科学史上屡见不鲜。毕竟所谓科学，本就只会存在于知识照不见的黑暗角落，所以科研过程中必不可少的一环就是找到这些角落并承认它们的存在。但是运动系统的研究人员似乎更加彻底地承认了自己的无知。他们用了大量篇幅来讨论该领域中的"重大分歧"，以及感慨"即使对于运动皮质的基本反应特征，我们也出乎意料地无法达成一致"。他们也大方地承认，"我们仍然无法深入理解运动皮质的功能"，"运动皮质神经反应和运动之间关联的问题仍然悬而未决"。而在绝望之际，他们甚至喟然长叹："为什么这个问题看起来这么简单，而实际上却这么难以回答？"

尽管这些言论还停留在枯燥的学术论文中，他们却老老实实地承认了一个不幸的事实：尽管运动皮质是科学家们最早探索的皮质区域之一，并且他们也率先记录了单个运动皮质神经元在动物行为过程中的活动，但运动皮质仍然保持着神秘。当然，正如我们所见，这并非因为科学家不够努力，该领域的历史上充满了各种勇敢的尝试和激烈的争辩，而我们也已经取得了很多进展。然而，除了运动皮质的确存在以及它的确有功能，几乎所有的重大争议都还有待解决。

MODELS OF THE MIND

第 8 章

简单线条揭示的庞杂秘密

图论与网络神经科学

|18 世纪 30 年代至 21 世纪 10 年代|

功能就隐藏在结构之中。

1931 年，也就是圣地亚哥·拉蒙 - 卡哈尔去世前三年，他将自己的一批私人财产捐赠给了位于马德里的卡哈尔研究所，其中包括各种和科学有关的物件：天平、载玻片、相机、书信、图书、显微镜、溶液以及试剂等。其中最引人注目的，当属他在整个职业生涯中创作的 1907 幅科学手绘，它们几乎成为卡哈尔这个名字的代名词。

这些手绘大多数画的是神经系统的各个部分，绘制它们需要经过耗时耗力的细胞染色过程。

卡哈尔先是将一只活体生物处死并保存其组织，再取一小块大脑放在某种溶液中浸泡两天，烘干后又将它放在另一种溶液中再浸泡两天，这种溶液含有可以穿透细胞结构的银离子，最后他将脑组织冲洗干净，再次烘干后切成能够放在显微镜载玻片上的薄片。

卡哈尔通过显微镜的目镜观察这些载玻片，并勾勒出他所看到的内容。他先用铅笔在一张纸板上勾勒出每个神经元的边边角角，包括厚实的细胞体和从中发散出来的轻薄的附属结构，然后再用墨汁将细胞描黑，有时候还用水彩添加纹理和层次感。最后的成品看起来就像是一只只黑色蜘蛛的剪影，在米黄色的背景下显得如此鲜明，如此摄人心魄[①]。"剪影"的具体形状取决于动物的种类以及神经纤维的种类，卡哈尔一共在纸板画布上绘制了50多种动物的近20种不同神经系统的组成部分。

从这些手绘中，我们可以看出卡哈尔十分痴迷于神经系统的结构。他在神经元这一大脑基本单元中寻求启发，专注于神经元的形状以及排列方式，把大脑的物理基础视为了解大脑工作原理的途径。他认为，功能就隐藏在结构之中。

卡哈尔是对的。通过长期细致地研究大脑的构建方式，他推断出了一些重要的大脑工作原理。其中一项关键的发现是关于信号是如何在神经元之间传递的。通过对不同感觉器官中不同神经元的不懈观察，卡哈尔注意到细胞总是以某种特定方式排列，细胞中枝枝丫丫的树突总是面向信号来源的方向，同时，单独的那根长轴突却总是指向大脑。例如，在嗅觉系统中，鼻腔黏膜中的神经元拥有能够识别气味分子的化学受体，这些神经元将轴突投射到大脑并与嗅球神经元的树突相连，而嗅球神经元的轴突又进一步投射到大脑的其他部分。

卡哈尔一遍又一遍地观察到了这种模式，这明显表明，信号是从树突流向轴突的。于是他总结说，在一个细胞中，树突充当的是信号接收器角色，轴突则负责将信号发送给下一个细胞。卡哈尔对此深信不疑，以至于他在嗅觉系统回路的手绘中添加了小箭头，用来指示他假定的信息流动的方向。如今我们知道，卡哈尔是完全正确的。

---

① 这些手绘是如此精美绝伦，以至于一场名为《大脑之美》（*The Beautiful Brain*）的艺术巡回展将它们作为核心展品进行展出。这肯定会让卡哈尔感到欣慰，他生前的梦想就是当一名艺术家，奈何他的父亲却逼着他成了一名医生。

卡哈尔是现代神经科学的奠基人之一，他所坚信的这种结构与功能之间的关系，已经深深地刻入了该领域的骨髓，并在其发展历史中贯穿始终。1989 年，科学家彼得·格廷（Peter Getting）在一篇文章中指出，即便是在数据匮乏的 20 世纪 60 年代，研究人员也可以看出来，"网络的功能源自简单元素之间的复杂连接，也就是说，功能是从连接中涌现出来的"。他还说，20 世纪 70 年代的研究"预设了一些期望，而首先的一个预期就是，如果我们知道了神经网络的连接方式，就能解释它的运作方式"。这种预期一直延续至今。

2016 年，汪小京教授和亨利·肯尼迪（Henry Kennedy）教授共同撰写了一篇综述，在结尾处他们声称："要牢牢建立从结构到功能的联系，这对我们理解复杂的神经动态至关重要。"

大脑的不同层面都存在着结构。神经科学家可以像卡哈尔一样观察神经元的形状，也可以观察神经元是如何连接的，例如 A 神经元是否和 B 神经元相连？他们还可以更进一步，探究一小群神经元是如何相互作用的。而通过研究负责脑区之间长距离连接的聚集成束的轴突，他们还可以研究全脑的连接模式。对于大脑功能，所有以上这些更高级的结构都有可能暗藏玄机。

为了参透这些玄机，神经科学家需要一种方法来清楚地观察并研究这些结构。一开始，人们认为卡哈尔所采用的染色方法是有局限性的，毕竟它一次性只能染少量的神经元，但实际上正是这种所谓的局限性才赋予了该方法革命性的优势。相反，如果某个方法能对视野中所有的神经元染色，那么结果将是模糊一片，什么结构也分辨不出来，就像是一片森林中的每一棵树都无法被看清。而且由于神经科学家已经将结构研究的重心从单个神经元转移到了更复杂的连接、网络以及回路上，如果还紧抓着"每一棵树"不放，那么他们就面临着更高的被错误细节误导的风险，从而迷失在海量的数据当中。

万幸的是，我们急切寻找的这种方法，已经存在于一个特定的数学领域中了，这便是图论。图论给我们提供了一门语言，可以抛开细枝末节去讨论神经网络。同时，图论的工具还能发掘出很多原本几乎看不见的神经结构特征。现在的一些科学家认为，这些结构特征可以启发有关神经系统功能的新思考。神经科学家被图论方法的前景所吸引，如今他们正在将图论运用于从大脑发育到疾病研究的方方面面。尽管这种研究大脑的新方法尚未尘埃落定，但它对老问题的新看法还是让许多人兴奋。

图论：解密复杂网络结构的数学之钥

在 18 世纪东普鲁士首都柯尼斯堡，一条河流在穿过城镇时被一分为二，在河中间形成了一座小岛，有 7 座桥将这座岛同镇子北部、南部和东部连接在一起。某天，柯尼斯堡的市民提出了这样一个问题：是否存在一条路径，可以不重复地穿过城市中的每一座桥？当这个妙趣横生的问题遇上著名数学家莱昂哈德·欧拉（Leonhard Euler）时，图论学便应运而生。

模型思维
MODELS OF THE MIND

博学多才的欧拉出生于瑞士，但居住在俄罗斯，1736 年他写了一篇题为《求解位置几何问题》（*Solutio Problematis Ad Geometriam Situs Pertinentis*）的论文，明确地回答了七桥问题：柯尼斯堡市民想要一次性穿过城市中的每一座桥是绝无可能的。为了证明这一点，欧拉必须将小镇地图简化成拥有完整结构的骨架，并用逻辑对它进行分析。他用数学语言描述了如何将数据转化为图，并在图中进行计算（见图 8-1）。

在图论中，"图"这个词不同于日常用语中的图表或绘图，它是一个数学概念，用现代术语来说，图是由节点和边组成的。节点是图的基本单位，边则代表了节点之间的连接。在柯尼斯堡这个例子中，节点是 4 块不同的陆地，而桥梁则充当了连接节点的边。一个节点的"度"是它所拥有的边的数量，所以一块陆地的"度"就是它所连接的桥梁的数量。

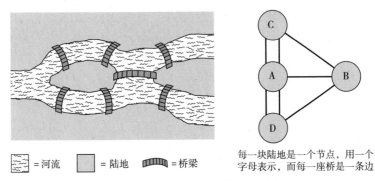

　　　=河流　　　　=陆地　　　　=桥梁

每一块陆地是一个节点，用一个字母表示，而每一座桥是一条边

图 8-1　柯尼斯堡地图及其图形化表示

　　为了处理七桥问题，欧拉首先注意到一条穿过城市的路径可以写成一串节点。如果我们用字母表示每块陆地，那么字母串 ADBCA 表示的就是以下这条路径：它从河中心的岛出发，通过任意相连的桥梁到达下方的陆地，然后到达右侧的陆地，再到达上方的陆地，最后回到河中心的岛。图中的这条路径遍历了每两个相邻节点间的边，因此经过桥梁的数量等于字母串的长度减一，例如，如果你经过了 2 座桥，那么字母串中就会有 3 块陆地。

　　欧拉随后注意到，每块陆地所拥有的桥梁数量也很重要。这个数量决定了陆地在字母串中出现的次数。比如说，陆地 B 有 3 座桥，就意味着 B 必须在任何一笔画的路径中出现 2 次，也就是说，如果不踏足 B 至少 2 次，就无法通过这 3 座桥。而陆地 C 和 D 也一样，因为它们也都连着 3 座桥梁。而陆地 A 则有 5 座桥梁，这意味着它需要在字母串中出现 3 次。

　　综合这些发现，任意一条满足要求的路径的长度应该是 9 个字母（2 +

2 + 2 + 3）。然而，长度为 9 的字母串代表的是一条穿过 8 座桥的路径。因此，不可能存在一条路径，使其有且仅有一次地穿过 7 座桥。

利用这种节点的度和节点在路径中出现次数的关系，欧拉推导出了一组通用的规则，描述了哪些路径是可能存在的。现在给定一组任意的陆地和桥梁，他就可以判断是否存在一条路径，一次性穿过每座桥梁。

不仅如此，这个方法并不局限于陆地和桥梁的问题，它还可以用来制订城市里扫雪机的路线，使其一次性地清扫每条街道，或被用来判断在搜索网络中，是否只点击一次站点之间的每个超链接就能遍历所有网页。而图论之所以强大，很大一部分原因就在于这种普适性。它剥茧抽丝，在舍弃了各种特定情况的细节后，找到了共通的结构。正如欧拉受益于用字母串看待城镇穿行问题，这种看待问题的方式抽象且新颖，为我们开启了一扇创新的大门。

鉴于图论普适性的特性，它在很多领域都备受重用。为了找到表示化学分子结构的方法，19 世纪的化学家曾苦苦挣扎，直到 19 世纪 60 年代，人们才开发了一个沿用至今的系统，将原子表示成字母，将它们之间的键表示成线。继欧拉之后，数学家又接二连三地深耕了图论，1877 年，英国数学家詹姆斯·约瑟夫·西尔维斯特（James Joseph Sylvester）在这种原子的图形化表示中看到了与图论的相似之处。他在一篇论文中提出了这种类比，并首次使用“图”一词来描述这种形式。自此以后，人们在图论的帮助下解决了很多化学问题，而最常见的应用之一就是寻找异构体。异构体是指一类分子，它们由相同类型和数量的原子组成，但原子的排列方式却各不相同。由于图论提供了一种高效的算法用来分析分子中的原子结构，所以给定一组特定的原子，就可以用图论来枚举所有可能的结构，这种算法可以帮助我们设计药物以及其他目标化合物。

　　和化合物一样，大脑结构也很适合用图来表示。在一个最基本的对应关系中，神经元是节点，它们之间的连接是边，或者大脑区域是节点，连接它们的神经纤维束是边。但无论是在微观尺度还是在宏观尺度，将大脑放在图论的框架中去描述，我们都可以运用图论领域开发的许多分析工具。将非正式的探索规范化，这种方式正是贯穿神经科学的不变主题。**要回答结构是如何决定功能的，我们首先要明确地描述结构，而图论为这种描述提供了一门语言。**

　　当然，相较于东普鲁士的小镇或化合物，大脑还有些不同之处。无论是小镇桥梁还是化合物中的键，这些连接都是双向的，大脑的连接却并非如此，一个神经元可以只单向地连接到另一个神经元。神经连接这种单向性对信息在神经回路中的流动非常重要，而最基本的图结构却没有捕捉到这一点。但到了 19 世纪后期，有向图也被加入了数学描述工具箱。在有向图中，人们用单向箭头来表示边。因此，有向图中节点的度分为两类：入度代表一个神经元接收连接的数量，出度则代表它发送给其他神经元连接的数量。一项对猴子皮质神经元的研究发现，这两种度大致相等，这就意味着神经元接收和发送的连接数量大致相同。

　　2018 年，数学家凯瑟琳·莫里森（Katherine Morrison）和卡琳娜·库尔托（Carina Curto）构建了一个具有有向边的神经回路模型，回答了一个和柯尼斯堡七桥大同小异的问题。七桥问题是给定一组桥梁，确定什么样的穿行路线是可行的，莫里森和库尔托探究给定一个神经回路，可以产生什么样的神经放电序列。通过引入图论中的工具，莫里森和库尔托弄懂了该如何分析最多由 5 个模型神经元所组成的结构，并预测了它们的放电顺序。神经元有序的放电模式对于大脑的许多功能都很重要，诸如记忆和导航。这个由 5 个神经元所组成的模型可能只是一个简单的例子，它却完美地展示了将图论引入大脑研究是多么前途无量。

然而，对于真正的大脑网络，我们需要采取一种更加"全局"的视角。

六度分隔：神经系统领域的降本增效

20 世纪 60 年代后期，一位住在马萨诸塞州沙伦的股票经纪人一连几个月，从当地一家服装店老板那里共收到了 16 个棕色文件夹。尽管这看起来很奇怪，但股票经纪人却对这些文件夹习以为常，因为它们是著名社会心理学家斯坦利·米尔格拉姆（Stanley Milgram）进行的一项社会实验的一部分，而通过这个奇思妙想的实验，米尔格拉姆想要测试世界究竟有多大或者有多小。

当两个陌生人相遇并偶然间发现他们有共同的朋友或亲戚时，通常会发出"世界真小啊"的感慨。米尔格拉姆想要知道这种事情发生的频率是多少，即随机选择的两个人有共同好友的概率是多少？两个人的好友有共同好友这个概率又是多少？换句话说，如果我们把整个人际关系网络看作一张图，每个人是一个节点，而每种关系是一条边的话，那么人与人之间的平均距离是多少？我们需要遍历多少条边才能在任意两个节点之间找到一条路径？

为了回答上述问题，米尔格拉姆做出了大胆尝试，他选择了一个目标人物以及一些初始人物。他的目标人物为马萨诸塞州的股票经纪人，初始人物是内布拉斯加州奥马哈的一些无关人员。米尔格拉姆给每个初始人物一个包裹，包括一个文件夹以及目标人物的信息。他给初始人物的指令也很简单：如果你认识目标人物，就请将文件夹寄给他；如果你不认识，就请将它寄给你认为更有可能认识他的人。下一个人也会收到同样的指令，米尔格拉姆希望最终文件夹可以被寄到目标人物的手中，他还要求寄件人在随包裹寄出的名册上留下自己的名字，以便追踪文件夹所走的路径。

米尔格拉姆查看了股票经纪人总共收到的 44 个文件夹，发现最短的路径只有 2 个中间人，最长的有 10 个，而中位数只有 5 个。初始人物和目标人物之间隔了 5 个人，也就是说对文件夹进行了 6 次交接，这巩固了由科学家和社会学家在敏锐观察后所提出的"六度分隔"的概念[1]。

这个概念在群众中深入人心。20 世纪 90 年代后期的某一天，研究生邓肯·瓦茨（Duncan Watts）的父亲询问他是否意识到他和总统之间只有区区 6 个人的距离，而当时的瓦茨正在为数学家斯蒂芬·斯托加茨（Steven Strogatz）[2] 工作，当他和斯托加茨讨论一群蟋蟀是如何交流时，瓦茨提出了这个想法。在这次偶然的对话后，"小世界"这个精巧的表述摇身一变，成为网络中一个拥有数学定义的概念。

1998 年，瓦茨和斯托加茨发表了一篇论文，阐述了一张图要像小世界一样运作的前提条件。其中的一个关键在于平均路径不能太长，这意味着任意两个节点之间只能相隔几步。要获得较短的路径，一种方法就是让图高度互相连接，即图中的每个节点都和其他许多节点直接相连。可是很显然，这种方法有悖于我们对社交网络的了解：根据米尔格拉姆的说法，当时拥有 2 亿人口的美国，平均每个公民大约只有 500 个熟人。

所以，瓦茨和斯托加茨仅在具有稀疏连接的网络上进行模拟，他们却精确地调整了这些连接的方式。他们注意到，

[1] 后来的研究人员批评米尔格拉姆的实验缺乏严谨性。例如，他没考虑到那些目标人物没收到的文件夹。因此，就人与人之间的分离程度而言，6 是否真的是一个神奇的数字，这一点仍然没有定论。幸运的是，社交媒体网站的数据给我们提供了新的方法来回答这个问题。
[2] 斯托加茨是知名数学家、美国康奈尔大学应用数学系教授，其经典作品《微积分的人生哲学》旨在带领读者用数学的方法探寻人生哲学，《同步》则揭示了秩序如何从混沌中涌现这一世界真相，这两本书的中文简体字版已由湛庐引进、分别由中国财政经济出版社和四川人民出版社出版。——编者注

在高度聚类的网络中，路径也可能很短。聚类是指一部分节点高度互相连接，就如同家庭成员一般紧密。在这些网络中，大多数节点仅与同一簇中的其他节点形成边，但时不时也会有节点向远处的簇发送连接。网络中不同簇之间的连接使平均路径较短，就像两个城市之间的火车使市民间的见面更加容易一样。

瓦茨和斯托加茨在其模型中确定了这些特征后，就开始在真实数据中寻找这些特征。他们找到的第一个例子是美国的电网系统，将发电机或变电站看作节点，将输电线路看作边，在以这一网络绘成的图中就具有小世界网络的短路径以及高聚类性的特征。而由演员关系组成的图也是一样，若是共同出演了一部电影的两个演员之间存在一条边，那么这张图也具有小世界网络的特征。最后，他们将寻找的目光对准了大脑，在那里他们也找到了小世界网络。

具体而言，瓦茨和斯托加茨分析的结构是一类体形微小的线虫的神经系统，其学名叫作秀丽隐杆线虫（*Caenorhabditis elegans*）。他们暂时忽略了神经连接的方向性，将线虫282个神经元中的每一个都视为一个节点，并将它们之间的任意连接视为一条边。他们发现，连接任意两个神经元的路径的平均长度只有2.65个神经元，而要假设这282个神经元随机连接，网络中的聚类程度就比实际中的低得多。

为什么线虫的神经系统和人类的社交网络拥有相似的结构呢？最主要的原因可能在于能源成本。神经元是贪婪的，它们不顾一切地攫取大量能量以保证其正常工作，而添加更多或者更长的轴突及树突只会徒增成本。因此，我们绝无可能承担一个全连接大脑的昂贵造价。可如果连接过于稀疏，大脑就不能履行信息处理和传递的功能。因此，大脑必须在连接成本和信息共享的效益之间找到一个平衡。小世界网络正是这种平衡的产物。在小世界网络中，最常见的连接"造价"也相对便宜，因为它们是簇内细胞间的局部连接，而远距离神经元之间的连接相对昂贵，它们虽然数量少却足以维持信息的流动。进化似乎已经找到了出路，小世界网络就是解决之道。

瓦茨和斯托加茨在线虫中的发现成为第一个用图论的语言来描述的神经系统。通过术语的描述我们可以看出，和其他自然发生的网络一样，大脑也具有一些相同的约束条件。维护连接的成本可能很高，无论是人际关系还是神经轴突都是如此，而如果线虫和社交网络之间存在这些相似之处，那么我们也可以合理地推测，其他生物的神经系统结构可能也充斥着小世界网络。

要讨论神经系统的结构，我们至少要对其有所了解。但事实上，搜集这些结构信息不仅枯燥乏味，而且还遭遇了前所未有的技术障碍。

连接组：从图论视角探索神秘的大脑世界

"连接组"是描述大脑连接的图。瓦茨和斯托加茨研究的这个线虫版本并不完整，完整版的线虫连接组由全套 302 个神经元以及它们之间的 7 286 个连接组成。线虫是第一种拥有完整成年个体神经元连接组记录的生物，也是目前为止[①]唯一一种。

缺乏神经元连接组数据的主要原因是搜集数据的过程非常烦琐。要想在神经元水平上绘制完整的连接组，就需要先将大脑固定在防腐剂中，再将

---

① 2024 年 10 月，由 127 个机构的研究人员组成的学术联盟 FlyWire，发布了第一个成年雌性果蝇大脑的完整连接组。这个里程碑式的发现让线虫不再是唯一拥有完整成年个体神经元连接组的生物物种。——译者注

其切成比头发丝还薄的薄片，并用显微镜拍摄，然后再将这些照片输入计算机，并通过 3D 堆叠的方式进行重建。然后科学家需要花上数万个小时盯着这些照片，逐张追踪每个神经元并记录它们相互接触的位置[1]。用这种方式挖掘神经连接的细微结构，就如同挖掘古生物化石一样艰巨。所有这些切片、拼接以及追踪的工作量是如此巨大，以至于我们只可能在最小的物种中去寻求完整的连接组。果蝇大脑只有人类的百万分之一，科学家目前还在组装它的连接组，在这个过程中已经产生数百万 GB 的数据了。并且，虽然任意两只线虫或多或少都彼此相仿，但更复杂的物种往往具有更多的个体差异，因此单单一只果蝇或哺乳动物的连接组相较于全部可能的连接组，只是沧海之一粟罢了。

不过万幸的是，我们还能使用更间接的方法来粗略地绘制很多个体或物种的连接组。其中一种方法是记录一个神经元的活动，并对它周围的其他神经元进行电刺激。如果对其中某个周围神经元的电刺激能够可靠地促使被记录的神经元激发放电，那么它们之间就可能存在连接。另外一种方法是使用示踪剂，这是一种作用类似于神经元染色剂的化学物质。我们只需观察示踪剂出现的位置，就能看到输入的来源或是输出的去向。虽然这些方法都不能构建一个完整的连接组，但这至少可以告诉我们某个特定区域的连接情况。

模型思维
MODELS OF THE MIND

虽然直到 2005 年才出现"连接组"一词，但在此之前早就有人研究过连接性了。在一篇立意高远的论文中，心理学家奥拉夫·斯波恩斯（Olaf Sporns）和同事们呼吁其他科学家要共同构建人类大脑的连接组，他承诺，连接组将"极大地帮助我们理解大脑潜在结构是如何决定大脑功能的"。要获得人类大脑神经元的连接数据是一项艰巨的挑战，因为显而易见，许多

---

[1] 目前也有一些成功的尝试实现了这一艰巨过程的自动化。与此同时，走投无路的科学家还试着将这项工作包装成一款名为 EyeWire 的游戏，让全世界的人们都来玩。

在动物身上使用的方法都因其侵入性而不被允许在人类身上使用。然而大脑在生物学上的一个奇怪特征，却为我们另辟蹊径。

当大脑建立连接时，保护"货物"是关键。就像水从渗水的软管中渗出一样，轴突携带的电信号也面临着消失的风险。对连接周围细胞的短轴突来说，这不成问题，但对那些将信号从一个脑区传递给另一个脑区的长轴突来说，就需要采取保护措施了。因此，长距离的轴突被一层又一层地包裹在蜡质的"毯子"里。这种被称为髓磷脂的蜡状物质含有大量的水分子，而磁共振成像（MRI）可以检测这些水分子的运动，并利用这些信息在显示屏中重建大脑中的轴突纤维束的图像（这个技术还可以用于拍摄肿瘤、动脉瘤以及头部损伤）。通过这种方式，我们就能看到哪些大脑区域相互连接。在斯波恩斯发表其呼吁后，人们启动了人类连接组计划，利用该技术来绘制大脑。

以这种方式识别出的长距离轴突连接组，和单细胞追踪方法得到的连接组不尽相同。它要求科学家将大脑大致分割成几个区域，而科学家的分割方式还可能很随机，因此它得到的对连接的描述就更为粗略。此外，检测水分子的运动也并不是弄清区域间轴突的完美方式，这就导致了分歧或错误。甚至连人类连接组计划的主要科学家之一大卫·范·埃森（David Van Essen）也在 2016 年警告神经科学界，认为我们不应该低估这种方法所存在的重大技术局限。但同时，这又是我们为数不多的可以用来窥探活体人类大脑的方法，自然我们会想要接着推进这项计划。正如埃森所写的那样："保持乐观，但不骄不馁。"

尽管存在这些局限性，但在瓦茨和斯托加茨的启发下，21 世纪初的神经科学家依旧选择从图论的视角来审视该领域，他们将殷切的目光放在了手中已掌握的连接组数据上。他们在分析时，观察到的是各种各样的小世界网络。例如，网状结构是大脑的一个古老结构，它负责控制身体的诸多方面。2006年，人们将该区域在细胞水平上的结构拼接起来并进行分析，这是人们第一次运用图论的思想分析脊椎动物的神经回路，人们发现这块区域的结构就是一个小世界网络。在研究大鼠和猴子大脑区域之间的连接时，人们也总是发现较短的路径以及大量的聚类。在2007年，瑞士研究人员使用磁共振成像将人类大脑分割成了1 000个不同的区域，每个区域大约有一个榛子那么大。他们在测量了这些区域之间的连接后发现，人类大脑也位于小世界之列。

在神经科学中，人们很少会做出普适性的发现，一组神经元的工作原理不一定也适用于另一组神经元，然而小世界却重复地出现在了不同尺度的不同物种中，这一点非同小可。就像是古希腊神话中海妖塞壬的歌声一样，它吸引着科学家对其进行进一步的探索。科学家在这么多地方都观察到了小世界，这不禁发人深省，小世界是如何产生的？它们又有什么样的作用呢？虽然科学家仍在寻找这些问题的答案，但如果没有图论的语言，科学家从一开始甚至都无法提出这些问题。

连接组与精神疾病：图论方法的医学应用

2010年2月10日，大约有23%从美国起飞的航班被取消。这场历史性的大规模航班中断是因为东北部的暴风雪导致一些机场被迫关闭，其中就包括华盛顿特区的罗纳德·里根华盛顿国家机场以及纽约的肯尼迪机场。通常关闭少数几个机场并不会导致如此大规模的航班取消，但这些被关闭的机场并非"等闲之辈"，它们是航空网络中的枢纽。

枢纽是网络图中的高度节点，也就是说，它们具有很多连接。节点的度数分布图显示了网络中有多少节点处于各个度数值,而枢纽就位于分布的尾端(见图 8-2)。对航空网络或构成互联网的服务器结构来说,图中节点的度数分布呈先高后低之势,拥有一条长长的尾巴,这意味着有很多节点只有少量的连接,随着连接数量的增加,节点数越来越少,位于尾巴尖上的少量节点则拥有很高的度,就像肯尼迪机场一样。枢纽的高度数赋予了其强大的功能,但也让它可能变得更加脆弱。就像移除拱门的基石一般,对枢纽针对性的攻击可能会导致整个网络瘫痪。

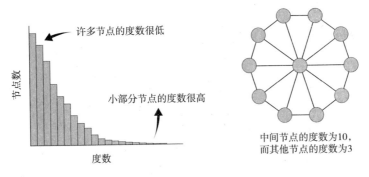

图 8-2 度数分布(左)与枢纽示例(右)

人类大脑中也有枢纽,也被称为中枢,它们散布在整个脑叶上。例如,蜷曲在大脑中心位置的扣带皮质就是这样的枢纽,而扣带皮质后上方的楔前叶同样也是枢纽[1],在对睡眠、麻醉以及昏迷患者的研究中,这些区域的活动与意识相关。第三个枢纽是上额叶皮质,它的大小似乎与冲动和注意力相关。第四个枢纽位于大脑侧面的顶叶皮质,它的损伤会导致患者失去方向感。总的来说,枢纽的位置和功能各不相同,而且如果枢纽之间存在连接,那么这些连接也同其自身一样复杂。诸如视觉皮质、听觉皮质以及嗅球之类

---

① 需要注意的是,大脑区域究竟需要拥有哪些特征才能被看作枢纽,这一点还存在争议。而且,将相同的标准运用于不同的数据集也会得到不同的结论。由于这种分析方式仍然处于早期发展阶段,所以要解决这些麻烦还有待时日。

的大脑区域恰如其名，都具有很明确的功能，也因此不会成为枢纽。枢纽区域很复杂，它们从多个来源获取信息并将其传播到尽可能远的地方，而似乎正是枢纽在网络结构中的定位赋予了其整合信息的能力。

枢纽除了以其独特的方式整合信息，还可能负责设置大脑的节律。在我们出生后的发育早期，脑电波会扫过位于 CA3 区域的神经元群体，这个区域就是第 3 章中提到过的海马的记忆仓库。这些脑电波确保了神经元拥有正确的活动以及它们之间正确的连接强度，而枢纽神经元可能协调了这种重要的同步活动，它们倾向于在电波到来之前放电，刺激它们就会引发电波。其他研究甚至主张枢纽区域协调了整个大脑的同步活动，因为枢纽的度数很高，所以来自枢纽的消息可以传播到大脑的各个角落。

此外，大脑枢纽之间往往也紧密连接，这种网络特征被称为"富人俱乐部"，它确保了枢纽在发送同步信号时，彼此不会发生冲突。

甚至连枢纽神经元的发育模式也表明了它在大脑中的特殊地位。例如在线虫中，最早出现的一些神经元，随着神经系统的发育，就逐渐成为枢纽里的成员。在卵子受精后 8 小时，所有这些枢纽神经元就已经诞生了，而神经系统的其他部分要在一天后才会完成。同样在人类神经系统中，很多基本的枢纽结构在婴儿时期就已经存在了。

如果枢纽对于大脑的功能不可或缺，那么它在大脑功能缺失时又扮演了怎样的角色呢？丹妮尔·巴塞特（Danielle Bassett）探索了这个问题，她对网络和神经学科的交叉领域研究广泛，而这只是她职业生涯中的众多课题之一。

21 世纪初，当图论方法在神经科学领域崭露头角时，巴塞特还只是一名物理系的大学生。当时的她要是知道自己日后会被某位大名鼎鼎的神经科学家称为"网络科学的元老"，一定会惊掉下巴[①]。巴塞特出生于一个传统的宗教家庭，和她的 10 个兄弟姐妹一样，她仅仅在家中接受了教育，而在她的家庭中，女性被认为应该相夫教子。因此，考虑到她的家庭环境，巴塞特能攻读物理学位已经很了不起了。在攻读博士学位期间，她又转向了神经科学，当时她和剑桥大学的神经精神病学家爱德华·布摩（Edward Bullmore）合作，他是第一批渴望将图论运用于大脑的神经科学家之一。巴塞特的第一个项目是观察大脑结构是如何受一种常见且严重的精神疾病，也就是精神分裂症所影响的。

精神分裂症的特征是妄想和思维混乱。巴塞特将患者的大脑和没有罹患该疾病的正常人大脑相比较，发现两者的神经网络属性存在一些差异，其中就涉及枢纽。例如，正常人大脑的某些额叶皮质区域会形成枢纽，精神分裂症患者的则不会。而破坏额叶皮质，也就破坏了它介入并控制其他脑区的能力，这可能和精神分裂症所引发的幻觉和偏执有关。虽然精神分裂症患者的大脑仍然是一个小世界，但其神经元间的平均路径长度和聚类强度都超过正常人，这似乎使神经系统不同区域间更难相互沟通并达成一致。

作为第一个从图论角度切入这种疾病的研究，这项工作有助于将关于断连综合征的陈旧想法带入定量化的时代。早在 19 世纪后期，神经学家就猜想在解剖上断开连接可能会导致思维障碍。德国医生卡尔·韦尼克（Carl Wernicke）认为，高级的认知功能并不存在于任意单一的大脑区域，而来自大脑区域之间的相互作用。正如他在 1885 年所写的那样："任何更高级的心理过程……都建立在……基本心理元素的相互作用之上，这是通过各式各

---

① 这个称号是英国神经科学家卡尔·弗里斯顿（Karl Friston）在 2019 年接受《科学》杂志采访时授予巴塞特的。我们会在第 11 章中看到更多关于弗里斯顿的内容。

样基于联想纤维的连接来完成的。"他认为，损伤这些"联想纤维"就会损害复杂的功能，例如语言、意识以及计划能力。

既然图论的工具已经可以用于断连综合征的研究，那么我们就能用更现代的方法对更多此类疾病进行探索，阿尔茨海默病就是其中一个常见的例子。将老年阿尔茨海默病患者的全脑连接性和正常人对比，我们就会发现阿尔茨海默病患者脑区间的路径更长，而阿尔茨海默病造成记忆混乱和认知障碍的部分原因，可能正是远距离脑区之间的有效交流被中断了。随着正常衰老，人们的大脑网络结构也会出现类似的变化，只是程度较轻罢了。

自 2013 年在宾夕法尼亚大学开设自己的实验室以来，巴塞特的研究重心已经从单纯地观察健康和疾病中的大脑结构，转而弄清楚如何利用这种结构。复杂网络的活动很难预测，对朋友悄悄讲的八卦可能只是过眼云烟，但也有可能在社交网络中传播开，这取决于网络的结构以及你这位朋友在网络中所处的位置，而刺激或抑制神经元的效果同样难以预料。巴塞特实验室将工程学中的工具和有关大脑网络结构的知识相结合，以便更容易地控制神经活动。具体来说，他们利用个人全脑连接组的模型，决定在什么位置对大脑施加刺激，以获得预期的效果。利用这种个体化的治疗方案，我们就能控制帕金森病和癫痫等疾病。

图论在医学研究中的运用盛极一时，人们寄希望于将图论的指标作为疾病的指标，甚至可能是疾病早期的指标，这样就能进行预防性的治疗。迄今为止，人们已经利用网络分析的方法对阿尔茨海默病、精神分裂症、创伤性脑损伤、多发性硬化症、癫痫、孤独症以及双相情感障碍等与大脑相关的疾病进行了细致的观察。然而结果却喜忧参半，正如前文所述，用磁共振成像收集数据本来就有局限性，所以有一些研究发现了疾病指标，而其他研究则竹篮打水一场空。总的来说，有这么多干劲十足的科学家在寻找患者和正常人大脑之间的差异，研究结果里难免会混入一些假阳性或错误数据。但无论结果是否得到证实，我们都可以肯定地说，这套新工具已然走进了临床领域。

从爆发到精雕细琢：如何构建稳定高效的神经网络

大脑的发育速度是井喷式的。神经元在脑室区发育成熟，并从中以惊人的速度冒出来，涌向正蓬勃发展的大脑的各个角落。一旦各就各位，它们就开始疯狂建立连接，一个突触接着一个突触，无论远近。在人类大脑建立突触的高峰期，也就是胎儿出生前的 3 个月，大脑每秒会建立约 4 万个这样的连接。所谓发育，就是新生神经元和突触爆发性地增长。

但这些细胞和连接来也匆匆，去也匆匆。和在子宫中的婴儿相比，成年人的神经元要少得多，发育中所产生的神经元多达一半都会凋亡，而皮质中神经元的连接数量在一岁左右达到峰值，此后则锐减至 1/3。因此，大脑的构建见证了潮起潮落，浮浮沉沉。在发育过程中，对神经元和突触的修剪是不留情面的，正所谓能者生存。例如，突触是用来在神经元之间传递信号的，如果没有信号流动，突触也就没有存在的必要了。这种兜兜转转的混乱促生了正常运转的神经回路，这就如同让灌木丛先疯狂生长，然后再将它修剪成精美的园艺。

以上就是生物学找到的构建大脑的方式。但如果你问一个图论学家要如何建立一个网络，他就会给出完全相反的答案。比如，要设计一个公共交通系统，人们不会先修建出一大堆火车站和公交车站，将它们全部连接起来，只是为了看看哪些站台和路线有用。没有哪一个政府会批准这种浪费资源的做法。相反，大多数图的构建都是自下而上的。例如，图论学家采用的一种策略是，首先使用最少的边来构建一幅每两个节点间都有路径的图。这意味着有些路径会很长，但通过观察哪些路径的使用次数更多，例如最拥挤的火车通勤路线或者信息交流最频繁的网络服务器，网络设计师就可以确定在哪些位置添加捷径会更有用。有了这些更合理的边，网络就会如虎添翼，变得更加高效。

大脑却没有这样的设计师。没有一位高高在上的规划师可以指着大脑说："如果把那边那个神经元和这边这个神经元连在一起，信号流动看起来会好一些。"[1] **这就是大脑需要疯狂生长再修剪的原因，它唯一用来决定哪些连接应该存在的方式，就是计算通过这些连接的活动。**单个神经元和突触具有精密的分子机制来测量自己的使用率，并以此确定是要生长还是萎缩。但如果最初不存在连接，就无法测量所谓连接上的活动。

大脑中连接的修剪一开始会非常猛烈，突触被大刀阔斧地左砍右劈，但这会随着时间的推移而逐渐减缓。2015 年，索尔克生物研究所和卡内基梅隆大学的科学家探索了为什么这种修剪模式可能对大脑有益。为此，他们模拟了一开始疯狂生长的网络，并通过"不用就消失"的原则对它进行了修剪。重要的是他们改变了修剪的速度。他们发现，模仿大脑中的修剪过程，即最初的修剪率很高，而随着时间的推移修剪率不断降低，最终网络中节点的平均路径会很短，并且即使删除一些节点或者边也能有效地传递信息。而修剪率保持不变或者随着时间的推移增加的网络没这么稳定和有效。逐步降低修剪率的好处是可以在快速消除无用连接的同时，仍然允许网络有足够的时间来微调剩下的结构。同理，雕塑家可能很快就能在大理石上雕出一个人的基本形状，但对身体细节的精雕细琢，则需要慢工出细活。虽然人们永远不会基于修剪来构建大多数像道路和电话线路这样的物理网络，但由于构建数字

---

[1] 非常简单的动物可能是例外，例如秀丽隐杆线虫。人们认为很多连接的信息都编码在其基因组中，因此它的"设计师"是世世代代的自然选择。

网络的边并不需要成本，诸如由移动设备之间的无线通信所形成的网络也许就能受益于经大脑启发而研发出的算法。

超越连接组，探索理解大脑复杂性的多维视角

网络神经科学是一个新兴的领域，它使用图论和网络科学技术来探索大脑的结构。2017 年，第一本关于该领域的学术期刊《网络神经科学》（*Network Neuroscience*）出版了。人们在多尺度上开发了绘制连接组的新工具，同时也拥有了计算能力去分析越来越大的数据集。这二者的结合创造了一个欣欣向荣的环境，每天都有更多五花八门的对神经网络结构的研究成果新鲜出炉。

然而在龙虾的胃里，可能藏着一盆泼向我们的冷水。口胃神经节是一个由 25～30 个神经元所组成的回路，它位于龙虾以及其他甲壳类动物的肠道中。这些神经元通过它们之间的连接共同执行了一项重要的基本功能：产生有节奏的肌肉收缩从而完成消化。马萨诸塞州布兰迪斯大学教授伊芙·马德（Eve Marder）花了半个世纪的时间研究这几十个神经元。

马德在纽约出生并长大，先后在马萨诸塞州和加利福尼亚州接受教育[①]。虽然在加州大学圣迭戈分校攻读的是神经科学博士学位，但她很有数学天赋，在读小学时就一直学习比自己高两个年级的数学教材。这种天赋和好学的个性也渗透到了她的研究中。纵观其整个职业生涯，马德和来自不同背景的研

---

① 1969 年，在马德读研究生时，虽然项目中女性的身影越发常见，但性别的壁垒仍旧存在。正如她在自传中所述："我知道自己不大可能被斯坦福大学生物系录取，因为大家都说他们限制女性只能得到 12 个名额中的 2 个。"

究人员都展开过合作，包括我们在前文提到的阿博特，当时他正从粒子物理学家转变为著名的理论神经科学家。马德将精确的实验和数学思维相结合，在实际中和在计算机模拟中，深入彻底地探索了龙虾中的这个小型神经回路。

20世纪80年代，人们就已经知道龙虾的口胃神经节的连接组。这个神经节的30个神经元形成了195个连接，并将其输出发送给胃部肌肉。在读博期间，马德研究了这些神经元交流所用的化学物质。除了基础的神经递质（突触前神经元释放神经递质到突触间隙，并被突触后神经元接收），马德还发现了一系列神经调质。

神经调质是调节神经回路状态的化学物质，它们可以提高或降低神经元之间的连接强度，使其放电更多或更少，或者改变其放电模式。神经调质通过和嵌在细胞膜上的受体相结合，从而产生了这些影响。值得注意的一个问题是，神经调质从何而来？又是怎样到达神经元的？在最极端的情况下，大脑或身体的不同部位可能会释放神经调质，并通过血液运达目的地，而在其他大多数时候，附近的神经元会在局部释放神经调质。但无论远近，神经调质对回路的影响都相同，它以扩散的方式接触所有的神经元和突触。所以普通的神经递质就像是在两个神经元间传递的一封信，神经调质则像是分发给整个小区的传单。

20世纪90年代，马德的实验室同宾夕法尼亚大学教授迈克尔·努斯鲍姆（Michael Nusbaum）的实验室一起，在口胃神经节回路中对神经调质进行了实验。在正常情况下，该回路会产生稳定的节律，神经群体中的某些神经元会大约每秒放电一次。但是当研究人员将各种神经调质分别释放到该回路中时，这种情况发生了变化。有些神经调质加快了节律，它使本就被激发的神经元更加频繁地放电，其他一些神经调质则减缓了节律，更有甚者，还产生了更夸张的效果，既干扰了节律又激活了通常保持安静的神经元。所有引起这些变化的神经调质都是由通常为该回路提供输入的神经元释放的，这意味着在动物整个生命周期中，神经元的这些不同的输出模式很可能也会在自然状态下产生。而在人为创造的环境中，研究人员添加的神经调质则可以引起更剧烈更多样的变化。

这些实验的关键在于底层网络从未发生变化。神经元不多不少，连接也不增不减，而行为的显著变化完全基于稳定结构之上的一丁点儿神经调质。

投入大量精力去获取连接组的前提是，得到它会给我们带来一定的回报，但如果结构和功能之间的关系比看起来更加松散，这个回报也就没有那么丰厚了。如果神经调质可以将回路中的神经元活动从严格的结构限制中解放出来，那么单凭结构就不足以决定功能。如果神经调节改变节律只是口胃神经节特有的现象，我们还不至于这般忧心忡忡，然而事实远非如此。大脑一直沐浴在神经调节分子中，对各个物种来说，神经调质负责了从睡眠到学习、从换羽到进食的一切功能。神经调节不是某个特例，而是普遍规律。

通过对研究的神经回路进行数学模拟，马德不仅探索了同一结构如何产生不同的行为，还探索了不同的结构如何产生相同的行为。具体来说，每只龙虾肠道回路的结构都略有不同，个体中的连接或强或弱。在模拟了多达2 000万种可能的神经节回路后，马德实验室发现绝大多数回路都无法产生在龙虾口胃神经节中观察到的节律，某些特定的结构却可以。在基因和发育组合式的影响下，每只龙虾都长出了这些结构中的某一种，从而获得了功能。**这蕴含了有关个体大脑的真知灼见：多样性并不总是意味着差异化。**有些东西看似偏离规范化的结构，实则殊途同归，它能完全行之有效地实现同样的结果。不同的结构却创造了相同的节律，结构和功能之间的关系现在让人更加云里雾里了。

　　马德的工作不仅展示了要理解神经系统的功能仅靠分析它的结构是不够的，也展示了不靠结构同样不行。她一辈子的工作以及所有的见解都基于连接组，如果因噎废食，缺少了详细的结构信息，我们就无从下手去探究结构与功能的关系。正如马德在 2012 年所写的那样："详细的解剖数据非常宝贵，没有连接图（组），我们就无法完全理解任何一个回路。"但她同样也说，"连接图（组）虽然是必要的，但它仅仅是一个开始，而非最终的答案。"也就是说，要了解大脑，弄清神经系统的结构既是完全必要的，也是远远不够的。

　　所以卡哈尔的愿景可能无法实现了，仅仅通过对神经系统结构的思考，我们并不能了解它的功能。但要进一步了解大脑，寻找这种结构并规范化地表示它仍然是必不可少的。搜集神经系统连接组数据的创新方法正如雨后春笋般不断涌现，而规范化所需的图论工具也已经就位，时刻准备着接收并消化这些数据。

MODELS OF THE MIND

第 9 章

所知所见决定出牌策略
概率论与贝叶斯法则

|16 世纪至 19 世纪 10 年代|

当你听见蹄声时，

多想想马，

而非斑马。

　　19 世纪早期，当赫尔曼·冯·亥姆霍兹（Hermann von Helmholtz）还是个小孩时，有天他和妈妈在家乡城市波茨坦漫步。当路过某个摆着一排小玩偶的架子时，他想让妈妈伸手给他拿一个。可是他妈妈却一动不动，并不是因为她懒得理他或是想严格管教他，只是因为那儿根本就没有什么玩偶。小亥姆霍兹经历的是一种错觉，他所看到的"玩偶"实际上是站在远处小镇教堂塔顶的人。亥姆霍兹后来写道："当时的情景让我印象深刻，因为正是这个错误让我学会了透视法。"

　　亥姆霍兹后来成为一名杰出的医生、生理学家以及物理学家，他最大的贡献之一就是设计了检眼镜，时至今日医生都还在使用这种工具来观察眼睛内部。他还提出了"三原色理论"，该理论认为眼睛中存在三种不同类型的细胞，分别对不同波长的光做出反应。通过这个理论，他推测色盲患者必定缺少这三种细胞中的一种，这加深了我们对色觉的理解。除了视觉，亥姆霍兹还出版了一本著作，讨论了声学、音调体验以及声音是如何通过耳朵传导并激发听觉神经的。亥姆霍兹对感觉器官的研究细致入微，他阐明了来自外部世界的信息进入大脑的物理机制。

　　还有一个更深层次的问题一直萦绕在亥姆霍兹的心头：大脑是如何利用

这些信息的？亥姆霍兹从父亲那里继承了对哲学的浓厚兴趣，而德国哲学家康德影响了他世界观的方方面面。在康德哲学中，"自在之物"（Ding an sich）是指世界上真实存在的物体，我们却不能直接体验它，只能通过它给感觉器官留下的印象来体验。但是，如果世界上两种不同的条件产生的一模一样的光线模式刺激我们的眼睛，就像近处的玩偶和远处的人，那么大脑要如何决定哪一个才是正确的感知呢？亥姆霍兹想知道，要如何才能从模棱两可，或者说不确定的输入中形成感知。

反复思考后，亥姆霍兹得出了一个结论，感觉信息在进入大脑后，大脑必须经过大量的处理才能形成有意识的体验。他写到，这种处理结果"在某种程度上相当于一个结论，是我们从观察到的感官行为中总结出来的产生行为的原因"。这种想法被称为"无意识推理"，因为如果我们要推断外界的物体，就只能借助它对感觉器官的影响。在康德的进一步启发下，亥姆霍兹提出，这种推理是根据我们对世界的先验知识来解释当前的感觉输入。他还强调，过去的经历可以影响当下的看法，正如他对玩偶产生的错觉教会了他透视原理一样[①]。

尽管亥姆霍兹是有史以来最擅长数学的生理学家之一，他却从未利用数学对无意识推理下过定义。虽然他关于这个话题的想法鞭辟入里，却也只停留在定性和猜测的层面上。当时的科学家也并不认可他的想法，他们觉得"无意识推理"的概念从名字上说就是矛盾的。推理，或者说决策，本身就必定是一个有意识的过程，它根本就不可能藏着掖着。

但在亥姆霍兹去世近百年后，心理学家利用一套数学工具为他平了反。

[①] 在这一点上，亥姆霍兹和康德分道扬镳。康德认为这个世界上大部分的知识都是与生俱来的，而非后天习得的。

这套名为概率论的工具最初是在亥姆霍兹出生前 50 多年面世的，而其框架下的无意识推理利用概率方程式扼要地概括了人类感知、决策以及行动的基本机制。

从骰子到大数据：贝叶斯法则如何改变世界

即使是最抽象的数学概念，也可能源于非常实用的领域，这一点司空见惯。例如，几何学工具就源自建筑和土地测量，古代天文学催生出了零的概念，概率论则诞生于赌博。

吉罗拉莫·卡尔达诺（Girolamo Cardano）是一位意大利医生，但和许多 16 世纪的知识分子不同，他如鱼得水地涉猎了各种学科。

据他自己统计，他一生笔耕不辍，著书超过 100 多本，这些书的标题涉猎很广，有《论七大行星》（*On the Seven Planets*）、《论灵魂的不朽》（*On the Immortality of the Soul*）以及《论尿液》（*On the Urine*），可这些书大部分湮没在了时间的洪流中。不过，有一本书却留存至今，关于它，卡尔达诺这样写道："我还写了一本叫作《论概率游戏》（*On Games of Chance*）的书。既然我是赌鬼又是作家，那么写一本关于赌博游戏的书又何乐而不为呢？"

卡尔达诺确确实实就是一个赌鬼，他写的这本书读起来并不像一本教科书，而更像一本汇集创作者自身经验的赌博指南。但在当时，这已经是市面上对概率规则进行最全面分析的书了。

卡尔达诺利用数学重点分析了掷骰子。他很快发现，骰子6个面中的每一面都有可能朝上，但在实际中它们出现的次数却并非总是相同：掷6次骰子，按理说每个面都该出现一次，但有的面会重复出现，而有的面则不会出现。在研究了掷1个、2个或3个骰子时会发生什么后，他总结道："一般性的原则是，我们应当考虑整体，以及能以各种方式产生我们期望中结果的投掷次数，然后再将这个数同整体中剩余的数量相比较。"换句话说，某个事件发生的概率可以被计算为，该事件发生的次数除以可能出现的事件总数。

以掷2个骰子为例，如果掷1个骰子可能有6种结果，那么掷2个骰子就可能有6×6＝36种结果。如果我们期望发生的事件是2个骰子掷出的点数之和为3，那么可能造成该事件的投掷结果就有两种：第一，第一个骰子1点，第二个骰子2点；第二，第一个骰子2点，第二个骰子1点。因此，我们期望事件发生的概率是2/36，也就是1/18。

卡尔达诺说："赌博不过就是要诈、数字和运气。"因此，除了讨论数字，他还用了两章多的篇幅来讨论要诈这个话题，而大部分讨论的重点放在如何发现作弊上："骰子可能具有欺骗性，要么是因为它被磨得太平，要么是因为它肉眼可见地被做得太窄。"这本书还提供了小贴士，教你在看见别人作弊时应该怎么办："当你怀疑有人要诈时，减少赌注并多找些围观群众。"

言归正传，卡尔达诺明确表示，他大部分的概率计算只有在使用标准的骰子时才成立，当存在作弊时则不行。在那种情况下，概率需要"根据偏离真正公平的程度，相应地变大或变小"。考虑到在不同条件下，例如玩家作弊的情况下，概率也会发生变化，这种概率后来被称为条件概率，它可以被认为是一个简单的"如果……那么……"的语句。如果给定X为真这一事实，那么 Y 也为真的可能性有多少呢？例如我们假设骰子是标准的，掷出 2 的概率就是 1/6，而如果骰子被某个玩家动了手脚，使其更容易掷出 2 点，那么掷出 2 的概率就有可能是 1/3。因此一个事件的发生概率取决于它的发生条件。

在卡尔达诺之后的几个世纪，有一个问题一直困扰着数学家，这便是逆概率。基础的概率论可能会告诉我们不同骰子投掷结果是如何拥有不同概率的，但逆概率的目标却反过来，它调转方向从结果去推理背后的原因[1]。例如，假设卡尔达诺不知道骰子是否有问题，那么他可以通过观察骰子的滚动来确定它是不是标准的骰子。如果掷出的 2 点过多，他就有理由怀疑骰子可能存在问题。

法国数学家皮埃尔 - 西蒙・拉普拉斯（Pierre-siman Laplace）在他 40 年的职业生涯中断断续续地研究了逆概率的问题。1812 年，他出版了《概率论分析》（*Théorie Analytique des Probabilités*）一书，标志着其研究水平达到了顶峰。在这本书中，拉普拉斯展示了一个简单的法则，而这一法则后来成为数学中最重要也是最有影响力的发现之一。

模型思维
MODELS OF THE MIND

这个法则说，如果你想知道骰子被动了手脚的概率，就必须结合两个不同的项来分析。第一项是根据一颗不标准的骰子，你所观察到的投掷结果的可能性大小，第二项是骰子从一开始就是不标准的可能性大小。更专业地说，这通常可以表述为：在当前证据（骰子的投掷结果）下假设（骰子不标准）为真的概率，与另外两个概率的乘积成正比，一个是假设下证据

---

[1] 在当时，从"根据结果分析原因"的角度计算概率其实并不少见，但总体来说这并非明智之举。例如你走在大街上，在周围人都打伞的条件下，你打伞的概率可能也很高，但别人打伞却并非你打伞的原因。

的出现概率，即如果骰子不标准那么观察到这种骰子掷出情况的可能性，另一个是假设为真的概率，即骰子从一开始就不标准的可能性（见图9-1）。

图9-1　贝叶斯法则

在当前证据下假设为真的概率与两个概率的乘积成正比，一个是假设为真时当前证据出现的概率，另一个是假设为真的概率。

比如骰子连续3次都掷出了2点，你想知道骰子是否被动过手脚。那么对于标准的骰子来说，连续3次出现的概率是 $1/6 \times 1/6 \times 1/6 = 1/216$，这个就是假设骰子是标准的条件下证据出现的概率。而如果骰子被灌了铅使其能以 1/3 的概率掷出 2 点，那么假设骰子不标准的条件下证据出现的概率就是 $1/3 \times 1/3 \times 1/3 = 1/27$。通过比较这两个数字，很明显使用动过手脚的骰子比使用标准的骰子更有可能连续3次掷出2点，这样看来骰子似乎是有问题的。

但仅仅比较这些数字还不够。根据该法则，我们还需要将它与更多的信息结合起来，才能得出正确的结论。具体来说，我们需要将这些数字乘以一般情况下骰子被动了手脚的概率。

比如在上述场景中，如果和你一起掷骰子的人是你从小到大最亲密的朋友，你认为他使用灌铅骰子的概率只有 1/100。将使用不标准骰子连续3次掷出2点的概率乘以该骰子是不标准的概率，我们会得出 1/27 ×

1/100 =1/2 700，即 0.000 37。而在骰子是标准的假设下，我们会得出
1/216×99/100 = 0.004 5。由于后者比前者大，那么你就能放心地得出结
论，你的好朋友并没有对骰子做手脚。

这个例子向我们展示了先验的力量。我们把假设的概率称为"先验概
率"，在上述例子中就是你的好朋友对骰子做手脚的概率。假如你和一个陌
生人在玩掷骰子，而他作弊的概率是 0.5，利用相同的方程式我们就会得出
不同的结果：0.019 比上 0.002 3，这表明他更有可能使用了不标准的骰子。
如此一来，一个强有力的先验概率就能够左右结果。

而另一个术语，即给定假设下骰子投掷结果的概率，则被称为"似然概
率"，它指代在你对世界的假设是正确的前提下，你观察到所见事物的可能
性大小。似然概率在逆概率中的作用反映了这样一个事实，要确定任何一种
结果出现的原因，首先就必须知道每种原因可能产生的结果。

单独的似然证据和先验知识都是不完整的，它们代表了知识的不同来源：
你当前所拥有的证据，以及长年累月所积累的理解。当二者吻合时一切都好
说，否则它们就会根据自己的确定性施加相应大小的影响。在缺乏明确的先
验知识时，决策取决于似然概率，而当先验概率强有力时，它又会让你几乎
不敢相信自己的眼睛，只有在非比寻常的证据下我们才能相信非常的主张。

"当你听见蹄声时，多想想马，而非斑马"，这是医学生经常听到的一个建
议。这句话是为了提醒他们在做诊断时，如果有两种疾病具有相似的症状，他
们应该首先想到更常见的那种。这也是逆概率法则在现实中一个很好的例子。
无论是跑过去一匹马还是一匹斑马，你都会听到类似的蹄声，用术语讲就是二
者的似然概率是相同的。由于证据上模棱两可，我们就得依靠先验概率来决
定。在这个例子中，先验知识表示马更常见，因此猜测是马就更为合理。

在拉普拉斯发表其作品后的200年间，他所写下的这个逆概率方程式不断地出现在论文中、教材里以及课堂黑板上，却被称为"贝叶斯法则"。托马斯·贝叶斯（Thomas Bayes）是18世纪英国长老会的一名牧师，同时也是一位业余数学家。他研究过逆概率问题，并针对一个特定场景成功解决了逆概率问题，但他全部的计算以及深思熟虑都没能发展成为我们今天所熟知的贝叶斯法则的形式，并且他本人也从未发表过相关论文。

直到1763年，也就是贝叶斯逝世后两年，他的一位名叫理查德·普赖斯（Richard Price）的牧师朋友才将一篇论文寄给了皇家学会，内容是他关于"概率论中一个问题"的思考。普赖斯投入了大量精力将贝叶斯的笔记整理成一篇真正的论文，他添加了前言来解释该研究的重要性，并用附录来解释详细的技术手段。但不幸的是，尽管他做出了所有这些努力，这篇文章还是没能避免被称为"统计学历史上最难读懂的文章之一"[1]。尽管拉普拉斯在贝叶斯的论文发表时还活着，但完全不知道这篇论文的存在，直至他已经独立取得了实质性的进展。

因此可以说，贝叶斯牧师并不完全配得上这个死后赐予他的荣誉，而且人们也不清楚他本人是否愿意拥有这个荣誉。但在科学和哲学领域，贝叶斯法则并非从一开始就崭露头角。就像亥姆霍兹关于无意识推理的研究一样，人们没有充分利用该方程式，并对它产生了各种误解。起初，这是由于人们很难去运用这个方程式。尽管拉普拉斯本人能在天文学观测问题上运用该法则，也能运用它去解释男婴的出生率平均略高于女婴这个长期存在的假设。运用贝叶斯法则处理一些问题时可能会涉及一些复杂的微积分，因此在现代计算机面世之前，该方法应用起来十分烦琐。

---

① 统计学家和历史学家斯蒂芬·斯蒂格勒（Stephen Stigler）评估了这个现象，他声称科学定律永远不会以其真正的创始人命名。该定律被称为"斯蒂格勒命名法则"，可该法则的鼻祖并不是斯蒂格勒，而是社会学家罗伯特·默顿（Robert Merton）。

但接下来，贝叶斯法则才迎来了真正的深层次挑战。虽然拉普拉斯方程式的有效性毋庸置疑，但关于如何解释它，统计学家形成了两个吵得不可开交的阵营。科学哲学家唐纳德·吉利斯（Donald Gillies）就曾说："20 世纪的主要思辨之一就是贝叶斯学派和反贝叶斯学派之争。"反贝叶斯学派把矛头指向了先验知识，他们想知道这些信息是从何而来的。

在理论上，这是世界上本就存在的知识，但在实际中，这是某个人的知识。正如 20 世纪统计学巨擘罗纳德·费舍尔（Ronald Fisher）说的那样，我们在挑选一个先验知识时所作的假设"完全是随心所欲的，而且也没有提出一种方法可以使这些假设具有一致性和唯一性"。所以如果缺少一个公正的可重复的程序来得出结论，贝叶斯法则就根本算不上是法则。正因为如此，这种方法被束之高阁，人们为它打上了"主观"的标签，这让许多严谨的科学家望而却步。

然而，当暴露在实践证明的灯光下时，概念上的担忧烟消云散了。在 20 世纪后半叶，贝叶斯法则逐渐证明了自己的价值。例如，精算师开始意识到使用逆概率的原理可以更好地计算利率；在流行病学方面，贝叶斯法则帮助我们厘清了吸烟和肺癌之间的联系；在同纳粹的战争中，密码破译大师图灵在贝叶斯法则的帮助下，成功破解了"牢不可破"的恩尼格玛密码机所编码的信息。贝叶斯法则所到之处，不确定性都低头向它臣服。在实际中，先验概率被证明只是一个小问题，我们可以根据知识先猜测一个初始值，然后再根据新的证据对其进行调整，或者在没有任何知识的情况下，我们还可以简单地赋予每个假设相同的概率。

尽管反对贝叶斯法则的声音不绝于耳，可它却屡屡获得了成功。关于贝叶斯法则，美国科学史家莎朗·麦格雷恩（Sharon McGrayne）写了一本名为《不会死掉的理论》（*The Theory that Would Not Die*）的著作，这个标题真可谓名副其实。

从概率到认知：贝叶斯法则在心理学中的崛起

当贝叶斯法则进军心理学时，不只是一炮而红，而是大红大紫。不止一家期刊将其相关文章收入囊中，从 20 世纪 60 年代的决策理论领域开始，许多不同的研究领域都探索性地运用了它，到了 20 世纪与 21 世纪的世纪之交，贝叶斯大脑假说又开始腾飞。

关于贝叶斯大脑假说，一些早期工作来自一个看似不太可能的地方：太空。美国国家航空航天局明白，要实现地外太空旅行，靠的不仅仅是设计宇航服和喷气式发动机，还需要考虑飞行中的"人为因素"，例如飞行员是如何读取飞行设备、感知周围环境以及同控制装置进行交互的。1972 年，航空工程师伦威克·库里（Renwick Curry）研究了这个问题并撰写了一篇论文，率先使用贝叶斯法则的相关术语来表示人类的感知。具体来说，他使用贝叶斯法则解释了人类感知运动的模式。但由于不同学术圈之间存在壁垒，很少有心理学家听说过他的研究。

贝叶斯法则也另辟蹊径地渗透进了经济学。经济学家一直渴望用更简洁的数学形式描述人类的行为，早在 20 世纪 80 年代，他们就将目光投向了贝叶斯法则。1985 年，威廉·维斯库西（William Viscusi）撰写了著作《每个人都是贝叶斯决策者吗？》（*Are Individuals Bayesian Decision-Makers?*）。他在书中写到，对于特定工作，工人们要么高估要么低估了其危险性，这是因为他们依据先入为主的观点，对这些工作在一般情况下的危险性进行了估计。

借助之前的一个灵感来源，心理学家也隐隐约约地发现了贝叶斯法则的作用。正如我们在第 2 章中所看到的那样，形式逻辑领域影响了大脑的研究。而到 20 世纪末，概率在很多方面就是新的逻辑，它是一种衡量人类思维方式的改良工具。和布尔逻辑非假即真的严格二分法不同，概率允许灰色地带的存在。这样一来，它就更符合我们对于自己认知的直觉。正如拉普拉斯本人写的那样："概率论无非就是将常识简化成了计算。"

当然，概率还是要比常识更具优势。因为所谓规律，就是在数学上计算出的常识的最优形式，而贝叶斯法则告诉我们要如何最好地进行推理。

正是基于这些理由，约翰·安德森（John Anderson）正式将贝叶斯法则引入了心理学，他称之为"理性分析"。安德森是卡内基梅隆大学心理学和计算机科学教授，1987 年他在澳大利亚学术休假时产生了这个想法。安德森说，理性分析源于一个信念，即"大脑会这样，自有其原因"。具体来说，他断定，要理解大脑如何工作，最好的方法就是先了解大脑从何而来。联系贝叶斯法则，我们首先会想到人类生活在一个充满了不确定性的混乱世界中，然而安德森认为，人类在这个世界上已经进化成尽可能保持理性地为人处事。贝叶斯法则描述的正是如何在不确定的条件下进行理性推理，因此人类也应该使用贝叶斯法则。一言以蔽之，既然进化完成了它的使命，我们在大脑中也应该能观察到贝叶斯法则的存在。

具体在什么问题上怎样运用贝叶斯法则，这还取决于环境中更具体的特征。例如，安德森讲了一个有关回忆的贝叶斯法则。在该法则中，特定记忆在特定情况下有用的概率是综合以下两点判断的：第一，你有多大概率出现在需要用到该记忆的场景里；第二，先验概率，它假设最近的记忆可能更有用。**选择这样的先验概率是为了反映一个事实，那就是在人类所处的世界中，信息是有保质期的，因此越新鲜的记忆可能价值越高。**

　　还有一点很重要，在理性分析的框架下，所谓的"理性"可能远非完美。例如，记忆就有可能让我们大失所望，但按照安德森的观点，如果我们忘记了20年前读小学时发生的事，这并不意味着我们就是非理性的。考虑到记忆的容量有限以及我们生活的世界瞬息万变，忘记很少使用的陈旧信息是非常有意义的。

　　这样一来，贝叶斯法则中的先验知识就如同存储在大脑中的一条捷径，它编码了这个世界的基本统计数据，从而使我们在大多数情况下更快、更容易、更准确地做出决策。而如果我们身处别的世界，这里和我们进化和发育的世界存在偏差，先验知识就有可能会误导我们。只有在马比斑马多的地方，"多想想马"才算得上是合情合理。

贝叶斯法则如何帮我们解读感知到的世界

　　1993年初，一群研究人员聚集在位于马萨诸塞州查塔姆的查塔姆酒馆旅店（Chatham Bars Inn）。这群人中有大卫·尼尔（David Knill），他是宾夕法尼亚大学的心理学教授，也是这场聚会的组织者；有惠特曼·理查兹（Whitman Richards），他是麻省理工学院的教授，同时也是20世纪60年代该校心理学系第一批博士生之一。其他与会者还有受过生理学和神经科学培训的科学家，比如海因里希·布尔托夫（Heinrich Bülthoff），他的工作是研究果蝇的视觉系统；以及工程师和数学家，例如英国著名物理学家斯蒂芬·霍金的学生艾伦·尤尔（Alan Yuille）。

　　这群不拘一格的人才，其目标之一就是寻找一种新的规范化的感知理论，在理想情况下，这一理论既可以捕捉到感官的复杂性，也可以催生新的假设供人检验。他们特别关心的一个复杂的点在于，感官似乎不止受到眼

睛、耳朵或鼻子接收到的信息的影响，也就是说，感官接收的输入信息必须
先与丰富的背景知识相结合，才能形成完整的感知。根据尼尔的说法，当时
没有任何理论能够准确地讲出"在解释感官数据时，应该如何将先验知识整
合进去"[1]。

这次聚会孕育了一本书《感知中的贝叶斯推断》(*Perception as Baye-sian Inference*)，它出版于 1996 年，从书名我们不难看出与会者最终想找
到的解决方法是什么。正如我们所见，该想法的种子播种到不同的领域中已
经有一段时间了，在那里它们以各自不同的方式生根发芽，而这是一个将它
们重新整合的机会。这本书将重心放在视觉上，用贝叶斯法则统一而清晰地
研究了感知。在随后的几年内，它的成功催生出了无数的研究论文。如果说
安德森关于"理性分析"的工作让贝叶斯法则在心理学中初露锋芒，这本书
则让它大放异彩。

要了解贝叶斯法则下感知的基本原理，让我们先考虑这样一个例子。光
线照在一朵花上，反射回来射入我们的眼睛，其波长大约为 670 纳米。大
脑的任务就是根据接收到的波长来弄清"自在之物"是什么，也就是弄清真
实世界中到底发生了什么。而用贝叶斯法则的术语讲，这就是在眼睛接收到
670 纳米波长光线的条件下，求存在特定某种花的概率。

贝叶斯法则告诉我们该怎么做，首先我们需要找到在不同条件下接收
到该波长的可能性有多大。当白光照在一朵蓝色的花上时，我们接收到
670 纳米光线的似然概率就很低，因为蓝光的波长介于 450 纳米～ 480 纳
米。而当白光照在一朵红花上时，我们接收到 670 纳米光线的似然概率就
很高，因为 670 纳米就处于红光光谱的范围内。但如果是红光照在一朵白

---

[1] 当时存在的一些理论都没能做到这一点，包括我们在第 5 章中所讨论的视觉系统模型。

花上，我们接收到 670 纳米光线的似然概率也很高。由于这两种情况都可能使我们接收到 670 纳米的光线，如果我们就此打住，就无法进一步确定哪种解释更好。

但作为贝叶斯法则的忠实信徒，我们还记得先验概率的重要性。在大多数的条件下，物体被红光照亮是极为罕见的，被白光照亮则是寻常景象。因此上述假设中白光场景的发生概率就更高，而将不同场景的先验概率乘以在该场景中接收到 670 纳米光线的概率，我们发现只有在一种场景中两种概率都很高，因此我们就能得出结论，在面前的是一朵被普通白光所照亮的红花。

当然，得出结论的其实并不是台前的"我们"，这个过程是无意识的，正如亥姆霍兹所预料的那样，它是在神不知鬼不觉中发生的。我们对这种幕后的概率权衡一无所知，只知道最终结果。通过这种方式，产生感知是一个永无止境的过程，是头脑中的一条地下流水线。每时每刻，大脑都在计算和比较概率，而每种感知都是大脑根据贝叶斯法则进行了一些计算的结果。

因为形成感知要进行这么多的计算，大脑有时会计算出稀奇古怪的结果也就不足为奇了。2002 年，来自美国和以色列的一组研究人员把人们估计物体运动时常见的错觉分门别类，研究结果包括：物体的形状可以影响我们对移动方向的判断，朝不同方向移动的两个物体可能被看作同一物体，以及更暗的物体看似移动速度更慢。

乍看之下，这好像是一张历数我们失败的清单，但研究人员发现所有这些瑕疵都可以用一个简单的贝叶斯模型来解释。具体来说，如果我们假定一个特定的先验知识，即较慢的运动更有可能发生，那么这些坏习惯就会自然而然地从计算中产生。以最后那个错觉为例，当一个物体影影绰绰很难被看清时，它提供的关于运动的证据就很弱。在缺失证据的情况下，贝叶斯法则就更依赖于先验，而先验则表明物体在慢悠悠地运动。这些数学推论还可以解释为什么在大雾天司机会开得更快，因为缺少有关其自身运动的信息，他们都假定自己的速度太慢了。重要的是，大脑这些自作聪明的行为被贝叶斯法则重新赋予了理性计算的特征，它展示了在这个不确定的世界中，某些所谓的错误实际上是合理的猜测。

到目前为止我们都只是假设，大脑体验到的感知是发生概率最高的那个情况。这当然是一个合理的选择，但是它也不过是众多选项中的一个罢了，我们还可以做出其他选择。

以纳克方块实验为例，这个著名的错觉实验（见图 9-2）表明感知者的解释确实存在不止一种。如果我们将 b 方块中的黑面当成 a 方块的背面，那么 a 方块看起来就向上倾斜；而如果我们将 c 方块中的黑面当成 a 方块的背面，那么 a 方块看起来就向下倾斜。这两种方块都有可能产生这种模式，所以先验知识就极大地影响了我们决定哪一个状态才是真实的。假设总的来说，向下倾斜效果出现的可能性更高，那么在运用贝叶斯法则后，当我们看见这些线条时，出现向下倾斜效果的概率是 0.51，出现向上倾斜效果的概率是 0.49。根据标准方法将其转换成感知，我们就会说看到的是两个概率中的较大者，即向下倾斜效果。

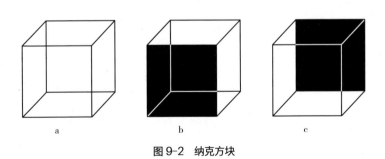

图 9-2　纳克方块

　　此外，大脑也可以选择在这两种解释之间不断交替，而不是在一棵树上吊死。方块看起来可能一会儿向下倾斜，一会儿向上倾斜，反复来回地切换。作为在这种情况下，概率告诉我们在每种解释上停留多少时间，而非选择哪一种作为从始至终的解释。

　　这种切换正是包括尼尔在内的罗切斯特大学的研究人员在 2011 年的一项实验中所观察到的。研究人员将两种视觉图像重叠在一起，由于不确定哪种图像在上，因此该图像可以有两种不同的解释方法。为了确定被试在每种感知上停留的时间，研究人员要求他们汇报是在什么时候切换图像感知的。如果说两种图像有同样大的可能性在上，也就是说，它们的先验概率相同，根据贝叶斯法则，人们应该正好花一半的时间在每种感知上。而这也正是他们所发现的。但要真正测试贝叶斯法则的预测能力，科学家需要摆脱这种五五开的情况。所以他们对图像进行了处理，使其中一种图像看起来更像是在上面一点，这就改变了似然概率，即在某种图像确实在上的条件下看到这张图像的概率。而研究人员越朝着这个方向调整图像，被试看见该图像在上的时间就越长，这完全符合贝叶斯法则。

　　就像这项研究所展示的那样，一组概率能以各种有趣的方式映射到感知上，科学家称这种映射为决策函数。贝叶斯法则本身并没有告诉我们该使用什么样的决策函数，它只为我们提供了概率。感知可以坍缩为拥有最高概率的解释，但它也可以随时间变化，也可以依照概率从不同解释中抽样。总体而言，感知可能是任何复杂的概率组合的结果。因此，针对感觉信息，贝叶斯法则的结果就提供了大量丰富的表征，而大脑能以任何看似最合理的方法去使用这些表征。从这个角度看，概率就意味着无限可能。

　　将头脑的决策过程看作在处理概率还有另外一个好处，它使我们能够量化一个虚无缥缈的概念，即置信度。在我们的直觉中，置信度是和证据以及确定性密不可分的。在黑暗的房间里走动时，由于视觉证据很弱，我们不确定自己会不会撞到墙壁或者桌子，所以走得很慢。然而在明亮的房间里视觉证据很清晰，在其强烈的影响下，我们的疑虑就烟消云散了。贝叶斯置信假设就规范化地表示了这种直觉，它表明一个人对世界的某种诠释方式有多少置信度，和给定证据的解释概率直接相关，而这种概率就是贝叶斯法则的结果。在证据不足的暗室中，无论对房间做何种解释，其为真的概率都很低，因此置信度也就不足。

2015 年，英国的研究人员测试了这种贝叶斯置信假设是否与数据吻合。为此，他们让被试在两张快速交替闪烁的不同图片中寻找特定的图像，然后汇报两张图片中的哪一张具有这种图像，更重要的是，被试还要汇报对自己决策的置信度有多大。他们将被试的决策和置信度与贝叶斯法则以及两个更简易的数学模型的预测结果进行了比较，结果发现贝叶斯法则的运算结果和大多数数据相吻合，这进一步支持了贝叶斯置信假设。

用贝叶斯法则理解大脑的决策过程

2014 年，多拉·安吉拉基（Dora Angelaki）在一次采访中如是说："理解大脑的工作原理是一项艰巨的任务，而我们喜欢在实验室里对其进行简化。传统意义上的神经科学研究一次只研究一个感觉系统，但在现实世界中情况并非如此。"

安吉拉基出生于克里特岛，现在是纽约大学的神经科学教授。她将自己对探索事物工作原理的渴望归功于自己的电气工程学背景，而她的部分研究，就是通过探究感官之间是如何相互作用的，从而去纠正人们在神经科学研究中对简化的痴迷。

具体而言，安吉拉基想要将视觉和前庭两种感觉结合起来。前庭系统藏在耳朵深处，由一组细小的管子和装满耳石的囊组成，它负责的是鲜有人知的第六感：平衡。就像是水平仪中的液体，通过管中液体的晃动和耳石的移动，前庭系统就能测量头部的倾斜程度以及加速度。前庭系统和视觉系统协同合作，告诉我们有关位置、方向和运动的整体感觉信息，当两个系统的合作出现问题时，我们就有可能产生例如晕车一类的不舒服的感觉。

为了理解前庭系统，安吉拉基借鉴了一个不同寻常的方法：飞行员训练。在她的实验中，被试被固定在一个可移动平台的座椅上，这个平台就像飞行模拟器一样能够提供朝各个方向的短暂加速度。同时在他们面前的屏幕上，一连串流动的光点塑造了一种视觉上的运动感，就像科幻电影《星球大战》中超空间光速跳跃的特效一样。在训练飞行员时，身体和视觉运动是协调统一的，安吉拉基想用这种装置来观察，当二者出现矛盾时大脑中会发生些什么。

贝叶斯法则对此做出了预测，将视觉和前庭的输入看作关于同一个外部世界的两股独立的证据流，利用概率论知识我们就能很轻易地将二者结合起来。标准的贝叶斯法则中只有一项似然概率，而在这里我们则需要把来自不同感官的两个似然概率相乘。假设你的任务是判断自己是在向左还是在向右运动，给定一些前庭和视觉输入，要计算你真的在向右移动的似然概率，你就需要将向右移动条件下的两个概率相乘，一个是你看见这种视觉输入的似然概率，另一个是你感受到这种前庭输入的似然概率。接下来再将这个值乘上向右移动的先验概率，如此就大功告成了。向左移动也同理可得，于是我们就能对两者进行比较了。

根据贝叶斯法则，如果大脑从多种感官中获取了相同的信息，那么就会增强对该信息的信任程度。当移动平台和显示屏一致表明是在向右移动时，视觉和前庭输入的似然概率都会很高，因此它们的乘积也会很高，这会使我们更有自信地得出向右移动的结论。如果它们不一致，比如平台向右移动而光点向左移动，那么前庭输入就会表示向右移动的似然概率很高，视觉输入则会表示似然概率很低。将这两者相乘就会导致不高不低的结果，无论得出的结论是向左还是向右，我们都显得没有底气。

但就像新闻一样，信息源是否可靠很关键。在实验中，安吉拉基可以降低被试对其中一种感官输入的信任程度。为了降低视觉输入的可靠性，她只需要让光点的运动更加混乱，也就是说，并非所有的光点都朝着一个方向运动以产生强烈的方向感，而是更随机地运动。随机运动的光点越多，视觉信息就越不可靠。

针对这一点和概率的关系，我们看到贝叶斯法则会自动根据信息源是否可靠来调整对其的信任程度。如果光点的运动完全随机，那么视觉输入将不会提供任何有关移动方向的信息。在这种情况下，在向右移动条件下视觉输入的似然概率就等于向左移动条件下视觉输入的似然概率。在双方似然概率相等的情况下，视觉输入不会以任何方式影响决策，真正起决定作用的只有前庭输入和先验概率。相反，如果 90% 的光点在随机运动，而剩下 10% 的光点表明在向右移动，那么视觉输入的似然概率就会更支持向右移动。现在，视觉输入就可以影响决策了，不过影响较少。而随着视觉输入变得越来越可靠，它在决策中就越来越有发言权。通过这种方式，贝叶斯法则会自动根据信息源的可靠程度，按比例将一定数量的"鸡蛋"分配进相应的"篮子"里。

安吉拉基实验室分析了在这些实验中被试对自己移动方向的判断，其研究结果再次表明，人类的表现大致符合贝叶斯法则，当视觉证据较弱时，人们更多地依靠前庭系统。需要注意的一点是，虽然随着视觉信息变得更加可靠，被试会更多地使用这部分信息，但使用量还是没有像贝叶斯法则所预测的那么大。也就是说，前庭输入更受重视一些。人们在猴子身上也发现了这种现象，这可能是由于视觉输入总有些模棱两可，看见运动中的光点有可能是因为我们自身的移动，但也有可能只是光点本身在移动。所以在一般情况下，前庭输入是更可靠的信息源，也因此值得拥有更多的发言权。

贝叶斯大脑假说：灵活与挑战并存的探索之路

将贝叶斯法则运用于感知的想法一经问世，就迅速蔓延至心理学的方方面面。就如同魔眼错觉一般[1]，研究人员只要盯着任何数据足够久，都能从中发现贝叶斯法则的结构。因此在头脑研究中，先验概率和似然概率十分常见。

正如我们在前文中所看到的，人们可以用贝叶斯法则来解释运动感知、两种纳克方块错觉之间的转换、置信度以及视觉和前庭输入的协同作用。改良后的贝叶斯法则还可以被用来解释腹语表演为何具有欺骗性、我们对时间流逝的感知以及发现异常的能力。扩展延伸后的贝叶斯法则应用范围还可以涵盖多种任务，例如学习运动技能、理解语言以及归纳概括。这么多的心理活动都能在这样一个统一的框架下被描述出来，这看似是一个巨大的成功。诚然，心灵哲学家迈克尔·雷斯科拉（Michael Rescorla）就说，贝叶斯法则是"我们迄今为止最好的感知科学"。

然而，并非所有心理学家都是贝叶斯法则的忠实信徒。

在有些人眼里，一个妄图解释一切的理论到头来可能什么也解释不了。

---

[1] 魔眼（Magic Eye）错觉是一种裸眼立体图，人们只要长时间盯着图片，就能从中看出三维结构。——译者注

人们指责贝叶斯法则灵活性的另一面是，它有太多的自由参数。一个模型的自由参数就是模型中可以变化的部分，研究人员在使用模型时可以自行选择参数的值。这就好比一个最糟糕的高尔夫球手，但只要允许他无限次地击球，最终他也能把球打进洞里，而给定足够多的自由参数，任意一个模型都可以拟合任何数据。例如，当一个新实验的结果和之前的实验结果产生了矛盾，那么一个拥有过多参数的模型就能轻而易举地调整参数值从而得到结果。如果模型拟合数据就像银行随意篡改两个数字这样简单，那么模型的成功也就平平无奇了。一个模型如果什么话都会说，那么它就永远不会说错话。正如心理学家杰弗里·鲍尔斯（Jeffrey Bowers）和科林·戴维斯（Colin Davis）在 2012 年批评贝叶斯法则时所写的那样："（贝叶斯法则）能够准确地描述数据，但代价是它不可证伪。"

确实有很多方法可以将部分感知强行塞进贝叶斯的框架中。以似然概率的计算为例，计算"在存在一朵红花的条件下，接收到 670 纳米波长光线的似然概率"时我们需要一些相关的知识和假设，例如不同材料是如何反射光线的以及眼睛是如何接收光线的。由于对物理世界的理解并不完美，建模时我们就必须提出自己的一些前提假设，因此，人们就可以通过微调这些假设来拟合数据。灵活性的另一个来源是决策函数。正如我们之前所看到的，从贝叶斯法则的输出到动物的感知和决策之间可能存在多种映射方式。理论上，选择不同的决策函数，我们就能把动物的任何行为都看作贝叶斯法则的体现。当然还不止这些，其中的麻烦还少不了先验概率带来的问题。

在 20 世纪，先验概率带来的问题挡住了统计学家前进的脚步，而在 21 世纪，它又对心理学家提出了挑战。如果我们借助某种先验假设，例如较慢的运动更可能发生，能够解释一些心理学现象，而我们认为这证明了大脑确实在使用这种先验假设，那么如果一个不同的先验假设，例如较快的运动更可能发生，能更好地解释另一个不同的现象时，我们又该怎么办呢？我们是应该假设，脑海中的先验知识不随时间和任务改变，还是说先验知识其实灵活多变？对此我们一无所知。

出于这样的担忧，一些研究人员开始探索先验知识的性质。法国认知科学家帕斯卡·玛玛希安（Pascal Mamassian）致力于研究一个很常见的假设：光来自上方。两个多世纪以来，人们在实验和错觉中都发现，人类在理解场景中的阴影时都倾向于猜测光是从头顶位置而来的。考虑到我们的主要光源是太阳，这种假设合情合理。最近的实验又对此稍微进行了修正，发现实际上人类假设光来自上方稍微偏左的位置。玛玛希安在实验室中测试并证明了这种向左的偏差，但他同时也找到了一种更具创意的证明方式。他在分析了巴黎卢浮宫里的 659 幅画后发现，在其中 84% 的肖像画和 67% 的非肖像画中，光源都确实偏向左侧。艺术家更偏好这类布景，可能是因为它更符合我们的直觉，因此创作出的画也就更好理解、更赏心悦目。

另一个关于先验知识的未解之谜就是它的起源。先验知识可以行之有效地将有关世界的事实烙印在我们的脑海中，但这些事实是通过基因代代相传的还是后天习得的呢？为了测试这一点，在 1970 年的一项研究中，研究人员在一个所有光线都来自下方的环境中饲养了一群鸡。如果光来自头顶的假设是后天习得的，这些鸡就不应该拥有这种先验知识。然而，这些动物在受视觉刺激时的表现证明，它们仍然会假设光应该是来自上方的，这就支持了先验知识是与生俱来的观点。

当然，人类又不是鸡，我们的神经系统的发育可能更加灵活。2010 年，心理学家詹姆斯·斯通（James Stone）研究了不同年龄段儿童的先验知识，他发现年仅 4 岁的儿童确实也倾向于假设光来自头顶，但倾向性不如成年人强。随着年龄的增长，这种倾向性也稳步增加直至成年，这表明一部分先天的先验知识可能会根据后天的经验进行微调，具有灵活性。2004 年，来自英国和德国的一个团队又进一步支持了这种灵活性，他们的研究表明，我们习惯性假设的光的来源方向并非一成不变，经过训练，实验参与者能够放宽其先验知识，将假设的光源位置偏转好几度。

选择一个先验知识，并通过大量的实验从不同角度对其进行测试，这有助于我们验证它的适应性和可靠性。经受了这种考验的先验知识就不再是模型中的一个自由参数，而变得更加恒定。

但还有一个问题等着贝叶斯大脑假说的支持者去解决，那便是：怎么做到的？

虽然我们有理由相信大脑是在使用贝叶斯法则，并且有证据表明它确实如此，但关于"神经元具体是如何实现贝叶斯法则"的讨论至今仍然热火朝天。

对于先验知识，科学家正在寻找这些背景知识被存放在大脑中的哪些"柜子"中，并研究它们是如何融入神经决策过程的。其中一个假说是，这一切都不过是场数字游戏。如果一组神经元负责代表外界的某种东西，比如环境中的声源，那么每个神经元都有一个它偏好的位置，这意味着当声音来源于这个位置时，该神经元的反应最强烈。而如果大脑确定声音位置的方式，是将偏好同一位置的所有神经元活动相加，那么拥有更多神经元的位置就更具优势。所以，如果先验要求声音更有可能来自中心位置而非边缘位置，通过增加偏好中心位置的神经元数量，我们就能不费吹灰之力地实现这一点。实际上在 2011 年，神经科学家布莱恩·费舍尔（Brian Fischer）和何塞·路易斯·佩纳（Jose Luis Peña）正是在猫头鹰的大脑中发现了这样的解决方案。如此一来，我们就找到了先验的神经特征，也就能更深入地了解先验的来源以及它的作用方式。

　　关于贝叶斯法则是如何在大脑中发挥作用的，理论家正在建立更多的假说，而实验家则负责测试它们。要将似然概率和先验概率结合起来，神经元可以采取的方法数不胜数。我们不应该将这些不同的假说看作互相竞争的关系，也不应该指望某个单一的假说能击败其他所有假说加冕为王。恰恰相反，虽然用来解释感知输出的贝叶斯法则具有普适性，但该法则的物理基础有可能多种多样。

MODELS OF THE MIND

第 10 章

用当下的惊喜修正对未来的预期

时间差分学习与强化学习

| 20 世纪 50 年代至 20 世纪 70 年代 |

如果我们十分确信某件事一定会发生，
当它实际发生时就对我们几乎毫无影响。

　　科学家伊万·彼得罗维奇·巴甫洛夫（Ivan Petrovich Pavlov）一生中大部分时间都在满怀热情地研究消化系统相关课题。1870 年，他写了一篇有关胰腺神经的论文，从此开启了自己的学术生涯。在圣彼得堡担任药理学教授的 10 年中，他设计了一种测量动物在自然状态下胃液分泌情况的方法，揭示了不同器官的分泌物在进食或饥饿的情况下是如何发生变化的。1904 年，他被授予诺贝尔生理学或医学奖，以表彰他在消化生理学方面的工作。通过巴甫洛夫的工作，消化生理学方面的知识得到了拓展和传播。

　　出人意料的是，尽管巴甫洛夫的全部成功都来自其对肠道的研究，后来他却作为心理学界最具影响力的人物之一被载入史册。

　　从某种角度看，巴甫洛夫转向研究心理学完全是出于一次偶然。在某个实验中，他本打算测试狗对不同食物的流涎反应，却意外地发现，在助手把食物盛在碗里端上来之前，狗一听见他的脚步声就开始流口水了。这种联系并非完全不可理解。巴甫洛夫之前的大部分研究都着眼于神经系统是如何影响消化系统的，但通常这类联系更为浅显并且可以合理地被看作动物与生俱来的，比如一闻见食物的香气就分泌胃酸。然而一听见脚步声就淌口水，这可不是刻在基因里的东西，它需要后天的学习。

作为科学家，巴甫洛夫过于严苛且不近人情。当俄国革命爆发时，他的一位同事因为遭遇了一场枪击事件而在开会时姗姗来迟，巴甫洛夫是这样回应的："你在实验室有工作要做，这和革命又有什么关系呢？"但严格的态度恰恰有助于细致的研究，所以当他决定进一步研究流涎现象时，他观察得十分透彻详尽。

巴甫洛夫会反复给狗听一个中性的提示音，比如节拍的滴答声或是蜂鸣器的声音，但并非人们通常认为的铃铛声，因为巴甫洛夫只会使用可以被精确控制的刺激，然后给狗喂食。经过这样的配对之后，他会观察狗在只有提示音时产生流涎反应的程度。带着他标志性的细致入微，巴甫洛夫这样写道："狗从听见节拍器发出声音的那一刻起，9秒钟后会开始分泌唾液，并在45秒钟内总共分泌11滴唾液。"

通过改变这个学习过程中的细节，巴甫洛夫记录了许多特征。他提出了以下这些问题：想要稳定地学会流涎反应，至少需要将提示音和食物配对多少次？答案是大约20次。提示音和食物之间的时间间隔是否重要？

答案是肯定的，提示音必须先于食物，但也不能过于提前。提示必须是中性的吗？答案是不一定，如果提示是稍微负向的，比如对皮肤的刺激等，动物也可以学会流口水。

将通常与奖励无关的事物和随之而来的奖励反复配对直到二者建立联系，这个过程被称为经典条件反射，也被称为"巴甫洛夫条件反射"，它成为早期心理学研究的主要内容。1927年，巴甫洛夫出版了一本概述其研究方法和结果的书，审稿人是这样形容的："所有研究心灵和头脑的人都对此兴致勃勃"；"他采用的方法十分严谨，并且结论广泛，极具科学洞察力，这一点非常了不起"。

最终，巴甫洛夫的研究催生出了 20 世纪声势浩大的一场运动，即行为主义运动。行为主义者认为，心理学这个学科不应该研究心灵，而应该研究行为。因此，行为主义者更喜欢描述可以观察到的外部行为，而不是与内部心理活动，如思想、信念以及情绪等有关的任何理论。在行为主义者眼中，人类和动物的行为可以被理解成一组精心设计的反射，它将来自外界的输入映射到动物产生的输出上。像巴甫洛夫这样的条件反射实验提供了一种能清楚地量化这些输入和输出的方法，这对行为主义的发展起到了推波助澜的作用。

因此在巴甫洛夫的书出版以后，许多科学家都争相复现并完善他的工作。比如美国心理学家 B. F. 斯金纳（B. F. Skinner）就通过著名科幻作家 H. G. 威尔斯（H. G. Wells）撰写的书评了解了巴甫洛夫。读罢这篇书评，斯金纳对心理学的兴趣油然而生，他在大鼠、鸽子以及人类身上都做了无数精确的行为实验，从此走上了成为行为主义运动领军人的道路 [1]。

当任何科学领域积累到足够多的数据后，为了理解这些数据，人们最终都会寻求数学建模来助自己一臂之力。 模型能够在一堆数字中识别结构，它可以将不同的发现拼接在一起，从而展示它们是如何从某个统一的过程中产生的。在巴甫洛夫成名之后的几十年里，人们积累了大量关于学习的行为学实验数据，这为接下来的建模打下了良好的基础。威廉·埃斯蒂斯（William Estes）是美国著名的心理学家，他主要通过数学模型研究学习过程中的心理机制。正如 1950 年他所写的那样，条件反射实验的数据"已经足够工整并且可以重复，这使我们能够定量化地对行为进行精确的预测"。

而 1951 年发表的另一篇论文对此表示了赞同："学习领域拥有建模所需

---

[1] 斯金纳最负盛名的实验被称为"操作性条件反射"，它涉及在获得奖励前执行某个动作。操作性条件反射和巴甫洛夫条件反射之间的界限时而清晰时而模糊，而本章所讲的条件反射有时同时指代了这两者。

的大量不同类型的可用数据，而心理学的其他各个分支很少有能与之媲美的。"这篇文章题为《简单学习的数学模型》（*A Mathematical Model for Simple Learning*），它的作者是哈佛大学社会关系实验室的罗伯特·布什（Robert Bush）和弗雷德里克·莫斯特勒（Frederick Mosteller）。布什是一位学物理出身的心理学家，莫斯特勒则是一位统计学家。在埃斯蒂斯工作的影响下，他们共同提出了一个关于学习提示和奖励之间关联的公式，该公式成为日后一系列更加复杂的模型的起点。在今后的几十年中，这些模型所描述的学习被称为"强化学习"，它解释了当唯一的学习信号是简单的奖惩时，复杂行为是如何涌现的。**在很多方面，强化学习更像是一门艺术，一门在无人悉心指导的情况下通过学习产生行为的艺术。**

如何规划最佳路线：从巴甫洛夫的狗到贝尔曼方程式

　　布什和莫斯特勒的模型将重点放在反应概率上，它衡量了动物对提示和奖励之间关联的学习程度。对巴甫洛夫的狗来说，反应概率就是在听见蜂鸣声时流口水的概率。布什和莫斯特勒用一个简单的方程式解释了，每次在提示之后给予或不给予奖励时，这个概率是如何发生变化的。

模型思维
MODELS OF THE MIND

　　假设你从一条狗开始实验，起初它听见蜂鸣声时流口水的概率为零，因为它没有任何理由认为蜂鸣声意味着食物。现在你按下蜂鸣器然后喂给狗一块肉，根据布什－莫斯特勒模型，在这次经历之后，狗因为蜂鸣声而流口水的概率有所增加（见图 10-1），而增加的具体数值取决于方程式中一个叫学习率的参数。学习率控制着整个学习过程的速度，如果学习率很高，只需一次配对就足以巩固狗大脑中蜂鸣声和事物之间的关联。对于更合理的学习率，第一次配对之后狗流口水的可能性

仍旧很低，可能会达到 10%，之后再随着蜂鸣声后给予食物
的次数增加而递增。

但无论学习率是大是小，第二次蜂鸣声后给予食物，狗流
口水概率的增幅相比第一次的增幅要少。因此，如果概率在第
一次配对后从 0% 增加到 10%，那么在第二次配对后也许就
只会再增加 9%，也就是增加到 19%，而在第三次配对之后仅
增加 8%。这反映出，在布什 - 莫斯特勒模型中，每次配对后
概率的增幅取决于概率本身的值，换句话说，学习的成效取决
于已经学会的东西。

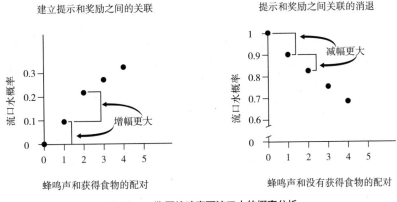

图 10-1　狗因蜂鸣声而流口水的概率分析

从某种角度来说这很直观，我们每天看见太阳东升西落，但并没有从中
学会任何新鲜的知识。**如果我们十分确信某件事一定会发生，那么当它实际
发生时就对我们几乎毫无影响。**预期奖励也是同样的道理，比如当我们在过
去 5 年间每年都获得了相同的年假作为奖励，那么当今年再次获得奖励时我
们并不会改变对老板的看法。而狗也仅在随后给予的食物不符合其预期的情
况下，才会改变它对蜂鸣声的反应。只有当现实违背预期时，我们才会改变
预期。

这种违背或好或坏。对狗来说，听见蜂鸣声后第一次获得一块肉是一个意外之喜，这极大地改变了它的预期，而在反复配对之后，预期发生了变化，听到蜂鸣声就流口水成为它的第二天性。在这种情景下，可能发生的最具影响力的事件就是听到蜂鸣声却没有获得食物。这种情况变化就会导致将来听到蜂鸣声流口水的可能性大幅降低，其幅度和首次配对的增幅相同。这种基于奖励的反向学习被称为消退，它是指动物学习将提示和奖励去关联化。随着每次提示后都没有出现预期的奖励，消退过程就会逐渐削弱关联，直至最后完全消除学习到的反应行为。布什和莫斯特勒表明，他们的模型也能完完全全地解释消退过程。

就在布什和莫斯特勒将提示与奖励之间的关联情况转化为方程式的同时，在北美大陆的另一端，有人正孜孜不倦地将数学运用在商业和工业中一些棘手的问题上。在接下来的几十年中，人们都尚未意识到这些工作之间具有深刻且重要的联系。

从兰德公司到动态规划：贝尔曼如何改变决策科学

兰德公司是成立于 1948 年的一家美国智库，是道格拉斯飞机公司的一个非营利性的分支机构，出于人们在第二次世界大战期间的需求，其核心目标是扩大科学与军事之间的合作。该公司从事的研究项目范围广泛，这一点从其名字上也可见一斑，兰德（RAND）在字面上就是研发（Reasearch ANd Development）的意思。多年以来，兰德的员工在太空探索、经济、计算甚至外交关系等领域都做出了突出的贡献。

1952—1965 年，理查德·贝尔曼（Richard Bellman）在兰德公司担任数学研究员。贝尔曼从小就很崇拜数学家，但他的求学之路却屡次被第二次世界大战中断。因为战争的缘故，他先是中断了在约翰斯·霍普金斯大学的硕士学业，转去威斯康星大学教授军事电子学，而后又去普林斯顿大学担任陆军专业训练计划中的教员并同时从事自己的研究，之后他又作为理论物理学家被抽调到洛斯阿拉莫斯去参与曼哈顿计划。但辗转各地似乎并没有给贝尔曼的职业发展带来太大的负面影响，普林斯顿大学最终为他颁发了博士学位，而战后短短三年，年仅 28 岁的他又成为斯坦福大学的终身教授。

　　用贝尔曼自己的话来说，在 32 岁的年纪离开学术界去兰德是"从一个传统的知识分子，转变为一个运用自己的研究成果去解决当代社会问题的现代知识分子"。在兰德公司，他将自己的数学技能运用在解决现实世界的问题上，诸如安排患者就医、组织生产线、制订长期投资策略或者为百货公司确定采购计划等。然而，贝尔曼并不需要亲自出马深入医院、工厂和车间来解决这些问题，所有这些乃至更多的问题，都被荫蔽在抽象数学之中。在数学家眼里，能够解决其中任何一个问题就意味着能解决所有问题。这些问题的共通之处就在于它们都是"序贯决策过程"，在这个过程中我们需要最大化某种东西，例如接诊患者的数量、生产的产品数量、赚到的钱以及发货的订单数量。在这个过程中的每一步我们都可以采取不同的策略，而我们的目标就是确定采取哪一组步骤才能达到最大值，这就好比在攀登高山时，我们需要找到最优路径抵达顶峰。

模型思维
MODELS OF THE MIND

　　由于该领域没有太多前人的成果可以借鉴，贝尔曼只好采取数学中"先尝试后验证"的策略，他首先规范化地用方程式表述了一个直觉[①]。如今这个方程式被称为贝尔曼方程式，它数学化地总结了以下这个直觉：最好的行动计划是指计划中的每一步都是最优选择。这看起来似乎不言而喻，可即便是最平平无奇的想法，一旦被数学化地表述出来也具有巨大的能量。

————————————

① 有意思的是，虽然贝尔曼知道布什和莫斯特勒的论文，他却独立自主地研究了这些问题。

要了解贝尔曼是如何利用这种直觉的，我们就必须先了解他是如何定义这个问题的。首先，贝尔曼根据计划可能产生的奖励大小，无论是钱、工件数还是出货量等，着手定义了什么样的计划才算是一个好的计划。假设你有一个五步计划，总奖励是你在这五个步骤中所获得的奖励总和，而当你迈出第一步后，你就有了一个四步计划。所以我们也可以说，原来五步计划的总奖励等于你迈出第一步所获得的奖励加上四步计划的总奖励，而四步计划的总奖励又等于迈出四步中第一步的奖励加上三步计划的总奖励，以此类推。

一个计划的奖励是根据另一个计划的奖励来定义的，因此贝尔曼的这个定义是递归的。所谓递归，就是指函数或某一处理程度的自身调用。例如，如果你想要按字母顺序排列一张名单，首先你需要根据第一个字母对所有名字进行排序，然后你需要对首字母一样的所有名字根据第二个字母再次使用相同的过程进行排序，以此类推。以这种方式对字母的排序就是递归的。

递归是数学和计算机科学中的一个常见技巧，其中一个原因是递归的定义根据需要可长可短、十分灵活。例如，一个计算计划总奖励的方程式，既可以运用在五步计划上，也可以同样轻而易举地运用在 500 步计划上。同时，要完成某些可能很困难的事情，递归也是一种在概念上十分简单的方法。就像螺旋楼梯一般，递归定义中的每一步都似曾相识却又不尽相同，而我们只需一步一步地沿着楼梯走到底即可。

在贝尔曼的框架中，还有两个更深的见解有助于将他的策略行之有效地运用在解决现实世界的问题上。第一个见解是框架中包含了一个相关事实，即立即获得的奖励应该比延后获得的奖励更有价值。要做到这一点，贝尔曼在递归的定义中引入了折扣因子的概念。就是在原始方程式中，五步计划的总奖励等于第一步的奖励加上四步计划的总奖励，而在带有折扣概念的方程式中，五步计划的总奖励等于第一步的奖励加上四步计划总奖励的一部分，比如 80%。**折扣是衡量即时满足与延迟满足的一种方式，它数学化地表达了"两鸟在林，不如一鸟在手"。**

第二个见解则更具概念性也更加激进。它不再关注奖励，转而关注价值。为了理解这种转变，让我们想象一位经营着一门小生意的老板娘安吉拉，她是一名纽约地铁站的街头艺人。她知道自己可以在某些地铁站表演 20 分钟的电子小提琴，之后城管就会过来驱赶她，而她也无法再返回这一站了。然而不同地铁站的收入不同，在旅游景点表演可能会赚得盆满钵满，在纽约本地人通勤的地铁站表演则可能颗粒无收。假设安吉拉从位于布鲁克林绿点大道的家出发，并打算从朋友家附近的布莱克街出站，那么在去往目的地的路上，她应该采取哪条路线才能赚到最多的钱呢？

到目前为止我们已经注意到，当我们从某一位置开始并迈出计划中的第一步后，会发现除了出发位置以及计划不同，身处的情况和一开始时的情况大致相似。在序贯决策过程中，我们可以将身处的不同位置称为状态，而计划中的不同步骤通常被称为动作。就安吉拉而言，状态是她可以身处的不同地铁站，而安吉拉每采取一个动作（例如从 A 站去 B 站），她都会发现自己处于一个新状态（到达 B 站），这既会产生一些奖励，也就是她表演所赚的钱，也会为她提供一组在新状态下可以采取的动作，即其他可以去的地铁站。通过这种方式，状态就决定了哪些动作是可能的，例如不能从绿点大道直达时代广场，而动作又决定了下一个状态是什么。

作为计划的一部分，动作又影响了将来可能采取的动作，这种相互作用在某种程度上就导致了序贯决策过程十分困难。贝尔曼所做的就是将这些状态、动作和奖励结合起来，创造性地改变了我们的想法。他没有关注一系列动作的预期奖励，而是关注任意状态所具有的价值。

在日常用语中，价值是一个模糊的概念，它既引发了有关金钱和价钱的思考，也启发了有关意义和用处这类概念的深思，这些都使其更加难以掌握。然而贝尔曼方程式精确地定义了价值。使用和前文所述相同的递归结构，贝尔曼将一个状态的价值定义为在该状态下获得的奖励与下一个状态折扣价值的总和。你会注意到，在这个定义中不存在关于某个确切计划的概念，某一状态的价值是由其他状态的价值定义的。

但是这个方程式确实依赖于对下一个状态的了解，如果没有计划来说明采取了什么动作，我们又怎么会知道下一个状态是什么呢？这时候就轮到我们最初的直觉发挥作用了，即最好的计划中的每一步都是最好的动作。

要计算下一个状态的价值，你只需要假设我们采取了所有可能的动作中最好的那一个，而可能的动作中最好的那一个，就是能够指引我们到达最高价值状态的动作！当我们用价值的语言来描述计划，计划本身反而隐身了。

那这要怎样才能帮到安吉拉呢？给定一张包含所有可能地铁站的地图（见图 10-2）以及她预计在每个地铁站演出可以赚到的钱，我们就能计算出一个"价值函数"。

价值函数很简单，它就是和每个状态相关联的价值。我们可以通过从终点站倒推着进行计算。一旦安吉拉到达布莱克街，她将不做任何表演直奔朋友家，所以她在最终目的地获得的奖励为 0 美元，又因为这一站是终点站，所以布莱克街的价值也为 0。从这里倒推，联合广场和 34 街的价值就可以根据在那一站的预期奖励以及布莱克街的价值来计算。不断重复这个过程，直到我们计算出每一站的价值。

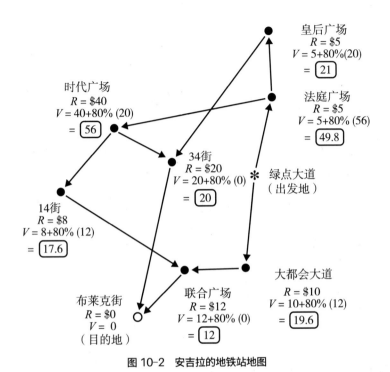

图 10-2　安吉拉的地铁站地图

R 是每站表演所获得的收入；*V* 是每站的价值；在 80% 的折扣下：*V* = *R* + 80%*V*

（下一站的价值）。

有了这些价值函数，现在安吉拉就可以规划她的路线了。从绿点大道出发，她可以乘车前往法庭广场或是大都会大道，那么她应该选择哪一站呢？单从每一站可能获得的奖励来看，大都会大道似乎是更好的选择，因为在那里表演能赚 10 美元，而在法庭广场只能赚 5 美元。但是从价值函数来看，法庭广场才是明智之举，这是因为价值函数还关注她将来有可能进入哪些状态，而安吉拉从法庭广场出发可以直奔时代广场，那里可是能够大赚一笔的地方。当然，安吉拉也可以选择从法庭广场去皇后广场，但这无关紧要，因为价值函数假设了安吉拉很聪明，由于时代广场是更好的选择，所以她一定会从法庭广场去时代广场。总而言之，在价值函数的指引下，安吉拉会从法庭广场到时代广场，再到 34 街，最后到达目的地布莱克街。她一共将赚得 65 美元，这是这张地图上所有路线中所能提供的最高收入。

贝尔曼着眼于价值函数这一点很重要，因为它纠正了最初问题表述中的一个缺陷。从一开始我们就试着计算，给定一个计划，获得的总奖励有多少。但在解决序贯决策过程问题时，并没有人提前告诉我们计划是什么，事实上，我们寻找的不正是这个计划吗？可一旦我们知道了价值函数，制订计划就水到渠成了，你需要做的不过就是遵循它的指引。就像留在林中小路上的面包屑一样，价值函数告诉你应该随它去哪儿。寻找最大奖励只需要贪心地寻找价值最高的后续状态即可。根据这一简易规则，我们就可以轻松地选择所有动作。

将折扣看作价值的一部分，我们还可以观察到一些有趣的现象。例如，当安吉拉在时代广场时，她面临着两个选择。第一，她可以去 34 街，获得 20 美元，然后在布莱克街结束旅程；第二，她可以先去 14 街，获得 8 美元，然后再去联合广场，再获得 12 美元，最后在布莱克街结束旅程。虽然她在两条线路上一共都能获得 20 美元，但 34 街的价值是 20 美元，而 14 街的价值却只有 17.6 美元（8 + 80% × 12），这表明 34 街才是更好的选择。这告诉我们，如果给未来的奖励打个折扣，计划的步骤就会更少，因为如果总共就只能获得这么多奖励，那么越早将奖励攥在手里就越好。折扣也意味着如果距离太远，即便奖励很丰厚也可以忽略不计，即使安吉拉可以在新泽西的某个火车站赚到 75 美元，这也不大可能会影响她离家时的路线选择。奖励对价值函数的影响就像一块石头落入水中激起的涟漪，距离越近的状态感受到的影响越强，而状态越远影响则越微弱[1]。

———————————

[1] 因为折扣控制着关心当下和关心未来两者之间的平衡，所以其强度会对价值函数产生相当大的影响，从而决定人们要选择的动作。科学家猜想，诸如成瘾或是多动症之类的疾病可以被理解成是由不当的奖励导致的。我们之后还会再讨论到成瘾的问题。

价值，这种基于状态、递归以及折扣因子的技术化定义，似乎与我们在日常语言中所使用的词语相去甚远。但在这个方程式中，我们也不难发现那些口语化表述的内涵。为什么我们认为钱有价值？不是因为搜集这些纸币或硬币本身有什么乐趣，而是因为一旦我们拥有了纸币或硬币，我们就能购买商品或服务。金钱的价值就在于它能赋予我们的东西，而"我们之后能获得的东西"这个概念已经融入贝尔曼对价值的定义中了。

贝尔曼以这种方式表述了序贯决策过程，这项工作确实让他如愿以偿地成为在跳槽到兰德公司时想要成为的"现代知识分子"。在他首次发表论文描述了该解决方案后的几年里，无数的公司和政府机关都开始将它运用在现实世界中。

20 世纪 70 年代，贝尔曼的想法已经被广泛运用于解决各种问题，例如下水道系统的设计、航空公司的调度，甚至像美国跨国农业公司孟山都这样的大公司都在利用它来管理其研究部门。这项技术被命名为"动态规划"，贝尔曼故意挑选了这样一个相当寡淡的名字，目的就是让军队高层中一些患有数学恐惧症的人别来烦他。贝尔曼在他的自传中这样写道："20 世纪 50 年代不是个研究数学的好年头。兰德公司受雇于空军，而空军基本上就是由（查尔斯）威尔逊一手遮天。因此，我必须做些什么才能不让威尔逊和空军知道，我实际上是在兰德公司内部研究数学……因此，我觉得'动态规划'是个连国会议员都无法吹毛求疵的好名字，我把它当作一把掩盖我活动的保护伞。"

要在这些场景中运用动态规划技术，工程师必须找到一种计算价值函数的方法。在某些情况下，比如前文中地铁站这个例子，问题的全貌比较简单而计算也很直接。但是简单的问题通常并不现实。现实世界中充斥着大量的潜在状态，这些状态还可能以复杂甚至是不确定的方式互相关联，而关联还可能通过各种各样的动作来建立。在这些更为棘手的情况下，我们就要付出更多的汗水来寻找价值函数。然而，即使采用了巧妙的计算办法，运用动态规划也已经触碰到了当时计算机的算力极限。价值函数的计算一直都是动态规划的瓶颈，如果我们找不到一个计算价值函数的好方法，就无法百分之百地发挥贝尔曼这项贡献的全部潜能。

从条件反射到价值函数：强化学习的数学之旅

关于巴甫洛夫遗留下来的东西，有一点极具讽刺意味。巴甫洛夫的工作直接催生了行为主义，这场运动如宗教般虔诚而坚决地忽视了心智的存在，只关注能够直接衡量的行为。然而在另一个方向上，它催生出的数学模型却越来越深入地分析了心智，并不断向前发展，最终取得了成功，而要想用方程式描述强化学习，我们就必须使用术语来表述潜在的心理概念。

1972 年，在布什－莫斯特勒模型面世的 20 年后，另一对二人组对其进行了最著名的扩展之一，他们是来自耶鲁大学的心理学家罗伯特·瑞斯科拉（Robert Rescorla）和艾伦·瓦格纳（Allan Wagner）。瑞斯科拉和瓦格纳泛化了布什－莫斯特勒模型，使其适用于更广泛的实验情境，并能解释更多的发现。他们所做的第一件事就是更改了模型试图诠释的度量。

布什－莫斯特勒模型的"反应概率"太具体也太局限了，而瑞斯科拉和瓦格纳的目标是捕捉更为抽象的价值，他们称之为"联结强度"。提示和奖励之间的联结强度无法直接测量，它仅仅存在于被试的脑海中，但不同的实验可以尝试通过不同的方式去间接衡量它。这些方式既包括了测量反应概率，如流口水的概率，也包括了其他度量，如流口水的量，以及其他行为如犬吠和运动等。通过这种方式，瑞斯科拉和瓦格纳就将布什－莫斯特勒模型纳入了一个更为宽泛的框架之中。

扩展后的瑞斯科拉－瓦格纳模型还涵盖了一个条件反射实验中广为人知的特征，人们称之为"阻碍效应"。在将第一个提示与奖励配对后，给出第一个提示的同时再给出第二个提示，并将两者都与奖励配对，此时就发生了阻碍效应。例如，在一只狗学会了将蜂鸣声和食物联系起来后，研究人员会在给出蜂鸣声的同时闪光，之后再给狗食物。在布什－莫斯特勒模型中，这两个提示被看作相互独立的。因此，如果将闪光和蜂鸣声与食物配对的次数足够多，狗也许会将闪光与食物联系起来，正如它学会了将蜂鸣声与食物联系起来一样。如此一来，我们就会预测单独的闪光也会导致狗流口水。但实际上事与愿违，狗并不会对单独的闪光做出反应，蜂鸣声的存在阻碍了它将闪光与食物关联起来。

这进一步证明，是误差驱动了学习，具体来说是有关奖励的预测误差。当动物听到蜂鸣声时，它知道食物马上就要来了，因此，当食物真的到来时，它对奖励的预测没有产生任何误差。正如我们前面看到的，这意味着它既不会更新有关蜂鸣声的看法，也不会更新有关其他任何东西的看法，蜂鸣声响起的同时是否有闪光，这一点无关紧要。在这种情况下，闪光与预测的奖励、实际收到的奖励以及这两种奖励之差都无关，而预测奖励和实际奖励之差就定义了预测误差，如果没有误差，一切都会被卡在原地。要让学习装置运转起来，预测误差是必不可少的润滑剂。

因此，瑞斯科拉和瓦格纳修正了提示和奖励之间的联结强度，现在它不仅取决于当前提示的联结强度，还取决于之前所有提示的联结强度之和。如果其中一个提示的联结强度很高，例如存在蜂鸣声，那么奖励的出现就不会改变其中任意一个提示的联结强度，也就是说动物永远学不会奖励和闪光之间的关联。而动物大脑也必须完成这种将多个线索总结起来的任务，这进一步反映了我们不应该再执着于行为主义研究，而应该转向对心智的研究。

在 20 世纪 80 年代中期，出现了强化学习研究的分水岭。做出这一工作的是扎着马尾辫的加拿大计算机科学家理查德·萨顿（Richard Sutton）以及他的博士生导师安德鲁·巴托（Andrew Barto）。萨顿学过心理学和计算机科学，巴托也花了大量时间阅读心理学文献。后来发生的事证明，这两人可谓珠联璧合，他们共同完成的工作不仅从两个领域中都汲取了养分，也同时反哺了这两个领域。

萨顿的工作抹除了模型中最后一个具体的因素，即奖励本身。在此之前，模型都假设学习集中发生在给予奖励或奖励缺失的时候。如果你闻到一股蜡烛熄灭之后的烟味，之后又收到一块生日蛋糕，那么这两者之间的联系就会得到加强，而在宗教仪式结束时，蜡烛熄灭之后大概率不会出现蛋糕，因此就会削弱这两者之间的联系。然而无论如何，蛋糕本身都是重要的变量，它出现与否至关重要。提示可以是任何东西，但奖励必须是满足原始需求的东西，例如食物、水以及交配。而一旦将烟味和生日蛋糕联系在一起，我们可能就会注意到其他一些规律，例如人们通常会在吹蜡烛之前先唱歌，在唱歌之前人们可能还会戴上傻里傻气的帽子。这些东西本身都算不上是奖励，但它们环环相扣形成了一个链条，在某种程度上，每一个环节都与主要的奖励相联系。了解这些信息可能会很有用，因为如果我们想吃蛋糕了，在四周找找傻里傻气的帽子也许会有所帮助。

瑞斯科拉和瓦格纳没办法捕捉到这种关联的传递或延伸，他们无法将一种情况下与奖励相关联的提示看作另一种情况下的奖励。但是萨顿做到了，在被称为"时间差分学习"的算法中，当预期被违背时，想法就会进行相应的更新。例如，当你穿过办公室走廊走到办公桌之前，你对奖励的预期都可能很低，但当你在会议室听见同事们唱响第一句"祝你生日快乐"时，预期就被违背了。因此想法必须得到更新，在当前情况下奖励已经近在咫尺了，而时间差分学习就发生在这一刻。你可以选择走进会议室，听他们唱完歌，吹完蜡烛再吃完蛋糕。但你在完成这些动作时，并不会再进一步地违背预期了，因此也就不会再进一步地学习了。所以，收到奖励本身并不会导致任何变化，唯一发生学习的时候是当你还在走廊时，它离奖励还隔着好几步呢。

但我们学到的究竟是什么呢？在走廊时我们更新的究竟是哪一个心理概念呢？总之不是提示和奖励之间的联结，至少不是直接的联结。相反，它更像是一个信号，告诉你想要获得奖励，应该采取哪些正确的步骤以及路线。

这听起来很耳熟，因为时间差分方法学习的正是价值函数。根据这个框架，每时每刻我们都心怀预期，它定义了我们所处状态的价值，而在本质上它就是一种感觉，告诉我们距离奖励还有多远。随着时间的推移或者随着我们在这个世界上采取了某些动作，我们可能会发现自己处于新的状态，而这些新状态也有其相应的价值。如果我们正确地预测了这些新状态的价值，那么一切就都如常。而一旦当前状态的价值和我们之前预期的价值有出入，我们就会收到一个误差，误差就促成了学习。具体来说，如果当前状态的价值和我们在前一个状态时所做的预期有出入，我们就要更改前一个状态的价值。**也就是说，我们要接收当下发生的惊喜或失望，并用它来改变我们对于过去的想法。如此一来，当我们下一次再身处前一种状态时，我们就能更好地预测未来。**

试想你正开车去游乐园，在这个场景中，你所处的位置的价值是根据你和拥有奖励的目的地之间的距离来衡量的。当你离家时，你预计将在 40 分钟后到达。你直行了 5 分钟，然后上了高速，现在你预计将在 35 分钟后到达。在高速上行驶了 15 分钟后，你驶出主道，现在你预计在 20 分钟后到达。但当你从高速出口转入匝道时遇到了堵车，你在几乎一动不动的车里如坐针毡时就知道可能还要超过 30 分钟才能到达公园了。现在，你预计的到达时间增加了 10 分钟，这就是一个显著的误差。

从这个误差中，我们究竟该学到些什么呢？如果你对世界有一个准确的看法，那么在驶出高速时，你就会预计还有 30 分钟的车程。因此，时间差分学习表明你应该更改和这个出口相关的状态价值。也就是说，你使用某个状态（匝道上的交通拥堵）的信息来更改你对前一个状态（高速出口）价值的看法。这可能意味着下次你再开车去这个游乐园时，就会避开这个出口而选择另一个出口。但我们并非要真的等到迟到 10 分钟到达游乐园才能从错误中吸取教训，当你看见堵车的那一瞬间就足够了。

萨顿的算法表明，仅仅通过探索，也就是简单的试错，人类、动物甚至是人工智能最终都可以学会他们正在探索的状态的正确价值函数。他们所要做的不过是在状态发生变化时更改期望罢了，也就是萨顿所说的"从猜测中学习猜测"。

作为贝尔曼动态规划工作的延伸，时间差分学习有望解决现实世界中的问题。从计算的角度来看，它简单的一步一步学习规则十分诱人，因为这意味着它不需要像其他程序那样，在学习之前就储存奖励前的所有动作，因此省下了很多内存。而时间差分学习也是卓有成效的，TD-Gammon 就是其能力的一个绝妙展示，这是一个用时间差分学习方法训练的西洋双陆棋计算机程序。棋类游戏能够特别有效地测试强化学习，因为通常来说，一局游戏的奖励仅在游戏结束时才会以输赢的形式出现，因此要用粗略且遥远的信号来指导第一步策略是一项艰难的挑战，然而时间差分学习却可以应对这项挑战。

1982 年，国际商业机器公司（IBM）的科学家杰拉尔德·特索罗（Gerald Tesauro）发明了 TD-Gammon。在数十万局自我对弈后，它在没有接受人为指导的情况下最终达到了中级玩家的水平。人类玩家通常会受到彼此游戏风格的影响而拘泥于某些特定的走法，可由于 TD-Gammon 是独立学习的，所以它还开发出了一些人类闻所未闻的新策略。最终，TD-Gammon 这些不同寻常的走法还影响了西洋双陆棋自身的理论以及人们对该游戏的理解。

2013 年，时间差分学习的另一个运用登上了头条，这一次是电子游戏。人工智能研究公司 DeepMind 的科学家构建了一个计算机程序，它可以自学一系列 20 世纪 70 年代的雅达利街机游戏。作为一位虚拟玩家，该算法体验了一整套雅达利游戏，而它唯一接收的输入就是屏幕上的像素点，没人专门告诉它哪些像素点代表了宇宙飞船、乒乓球拍或潜艇。算法能执行的操作就是标准的按键，例如上、下、左、右、A、B，而模型获得的奖励则是它所玩游戏的得分。和西洋双陆棋相比，这个任务肩负了更加艰巨的挑战，因为前者模型的输入中至少包含了棋子以及位置的概念。因此，研究人员将时间差分学习和深度神经网络（我们在第 2 章中见过这种方法）相结合[1]，在其中某个版本的算法中，深度神经网络拥有大约 2 万个人工神经元。经过数周的学习后，人们在 49 款游戏上测试了它的表现，它在其中 29 款游戏中都达到了人类的水平。由于这个雅达利算法也是独立学习的，最终它也学会了一些有意思的妙招，包括在打砖块游戏（Breakout）中发现的一个穿墙的小窍门。

虽然用游戏的方式展示这种学习方法的强大功能妙趣横生且让人大开眼

---

[1] 具体来说，他们使用的是深度卷积神经网络。正如我们在第 5 章中所看到的，人们利用它对视觉系统进行建模。

界，但这种学习方法的运用却不止于此。2014 年谷歌收购了 DeepMind，并试图利用强化学习的算法优化其庞大的数据中心的能耗，结果是用于冷却数据中心的能耗减少了 40%，也因此节省了未来几年里数亿美元的开支。强化学习算法只用一心一意地专注于实现手头的目标，就能为难题找到创造性的高效解决方案。因此，这些特立独行的妙招就能帮助我们设计出人类从未设想过的计划。

序贯决策过程和巴甫洛夫条件反射展示了科学上殊途同归的胜利。贝尔曼和巴甫洛夫的出发点并不相同，它们始于具体的不同问题，而每个问题都各自有着纷繁的细节。医院应该如何安排护士和医生来服务尽可能多的患者？当狗听见蜂鸣声时，是什么导致了它流口水？这些问题看似有着天壤之别，但通过对问题剥茧抽丝后，人们舍弃了细节只留下核心，而问题之间相互关联的性质也就水落石出。**这正是数学的作用之一，它将物理世界中不相关的两个问题放在同一个概念空间中，在这个空间里它们之间潜在的相似性得以清晰地显现出来。**

因此，强化学习的故事是跨学科互动的成功典范，它表明在困难的问题上，心理学、工程学以及计算机科学可以协同合作从而取得进展，它展示了如何使用数学来理解并复制动物和人类从周围环境中学习的能力。即使这个故事就此打住，那它也已经很了不起了，更何况故事到这里还并未结束。

从蜜蜂到猴子：神经递质在学习与成瘾中的角色

章鱼胺是一种广泛存在于昆虫、软体动物以及蠕虫神经系统中的小分子化学物质，1948 年人们首次在章鱼的唾液腺中发现它，因此它被命名为章鱼胺。当蜜蜂接触到花蜜时，其大脑也会释放章鱼胺。20 世纪 90 年代初

期，索尔克生物研究所的特里·谢诺夫斯基（Terry Sejnowski）教授以及
他的两个实验室成员里德·蒙塔古（Read Montague）和彼得·达扬正在
思考章鱼胺的问题。具体来说，他们建立了一个计算机模型来模拟蜜蜂的行
为，该模型的核心是蜜蜂大脑中释放章鱼胺的神经元。他们提出，蜜蜂选择
落在花上还是避开花朵的行为可以用瑞斯科拉－瓦格纳模型来解释，而实现
模型的硬件基础可能是一个包括章鱼胺神经元的神经回路。就在他们解决这
个章鱼胺难题的同时，该团队听说了远在 9 600 多千米之外的另一项研究。
研究人员是一位名叫沃尔夫勒姆·舒尔茨（Wolfram Schultz）的德国教授，
而他的研究对象是章鱼胺在化学上的"表亲"，即多巴胺。

提起多巴胺，你可能会感到耳熟，毕竟它在流行文化中小有名气。无数
的新闻文章都将其称为"我们大脑中与快乐和奖励有关的化学物质"，或者
高谈阔论例如吃纸杯蛋糕这样的日常活动是如何导致"奖励化学物质多巴
胺激增，从而冲击大脑决策区域的"。多巴胺被称作快乐分子，而各类产品
应用它大名的情况也屡见不鲜。流行歌手用它命名专辑和歌曲；"多巴胺饮
食"在没有证据的情况下声称可以提供一种食物，在提高多巴胺分泌水平的
同时让人保持苗条的身材；科技初创公司多巴胺实验室（Dopamine Labs）
还承诺，可以通过促进用户释放神经递质来提高用户对手机应用程序的参
与度。而这个可怜的明星化学物质也被严重污名化，人们将所有成瘾和适
应不良行为都归咎于它，网络上还出现了一些社群，如多巴胺计划（The
Dopamine Project）社群，他们倡导过一种"提高多巴胺健康意识的美好
生活"，而某些硅谷人士甚至尝试通过"多巴胺禁食"来缓解持续的过度
刺激。

虽然得到奖励确实可以促使多巴胺释放，但这远非故事的全貌。舒尔茨
的研究就特别展示了这样一个案例：当给予奖励时，猴子释放多巴胺的神经
元却保持沉默。

具体而言，舒尔茨训练猴子伸出手臂从而获得一些果汁①。在这个训练过程中，他记录了埋在猴子大脑底部的一组释放多巴胺的神经元活动。舒尔茨观察到，在训练结束时，也就是当动物已经知道它可以通过伸手来获得一些果汁时，这些神经元对获得果汁奖励就完全无动于衷了。

舒尔茨首次发表这些结果时，他并没有明确解释多巴胺神经元为什么会有这种行为，谢诺夫斯基实验室的成员却做到了。他们联系上了舒尔茨，双方通过开展合作来验证一个猜想，即多巴胺神经元编码了时间差分学习所需的预测误差。这开启了谢诺夫斯基所说的"我科研生涯中最激动人心的一个时期"。

从学习算法的角度，达扬和蒙塔古重新分析了舒尔茨的数据，他们把重点放在舒尔茨最简单的实验上。在这个实验中，目标位置会亮起一盏灯，如果动物向这个方向伸手，在半秒后它就会得到一滴果汁。他们想要了解的是，当动物开始学习这种关联时，多巴胺神经元的反应会发生怎样的变化。他们对一种特定情况同样感兴趣，即亮灯之后若是没有给予果汁会发生什么？如果动物学会了亮灯和果汁之间的关联，它们就会对果汁产生期望，而如果没有出现果汁，这将是一个重大的预测误差，那么多巴胺神经元是否反映了这一点呢？

当无事发生时，释放多巴胺的神经元每秒通常会发放大约 5 个动作电位。在学习过程初期，当动物在伸手后意外获得果汁时，其神经元的放电速率短暂地陡增至每秒 20 个动作电位，而伸手之前出现的亮灯并不会引起任何反应。但在经过足够多的配对后，一旦动物开始明白亮灯、伸手以及果汁之间的关联，这种模式就发生了变化，多巴胺神经元不再对得到果汁做出反应。

---

① 这实际上是前文提到的操作性条件反射实验的一个例子，因为动物需要伸手才能获得奖励。

这一变化完全符合多巴胺神经元编码预测误差的假说，因为一旦动物能够正确地预测出得到果汁，误差也就不复存在了。而现在这些神经元会对亮灯做出反应，为什么呢？这是因为亮灯已经和奖励关联在了一起，但更重要的是，动物却并不知道灯具体什么时候会亮，因此当灯被点亮时，它就是一个误差，具体而言这是关于动物状态的预期价值的误差。实验室的猴子这一辈子都坐在实验椅上，它所预测的下一个时刻和当前时刻相差无几。而当灯亮起时，这种预期就被打破了。就像是在办公室走廊里听见前两句"祝你生日快乐"一样，这是一个意外之喜没错，但无论如何它仍旧是一个意外。

为了观察当令人不悦的意外发生时，神经元又是如何编码的，达扬和蒙塔古最后分析了在猴子伸手后偶尔不被给予果汁的情况。如果多巴胺神经元编码的是预测误差，那么它也应该反映现实比预期更差的情况。在本应获得果汁而未获得果汁的时刻，神经元的放电频率有所下降。具体来说，亮灯时神经元发放的动作电位会从每秒 5 个增加到每秒 20 个，当猴子伸手时，其发放的动作电位降到每秒 5 个，大约半秒后，当猴子明显意识到自己再也等不到果汁了，这些神经元就完全不再放电了。预期的落空也被多巴胺神经元清晰地传达了出来。

这项研究表明，多巴胺神经元的放电情况可以表示学习所需的预测误差，无论误差是正向的还是负向的。**因此，这使我们不再将多巴胺理解成一种快乐分子，而是一种教学分子。**

可是如果编码误差的目的是从中学习，那么这种学习又发生在大脑中的哪些位置呢？事实证明，要准确定位有些困难，因为这些神经元的投射就如同管道般蜿蜒曲折，由于它和或近或远的脑区都建立了联系，多巴胺会被释放到大脑的各个角落。尽管如此，有一个位置似乎格外重要，那就是纹状体，这是一组向指导运动和动作的脑区提供主要输入的神经元。通过将感觉输入和动作相关联，或是将某些动作同其他动作相关联，纹状体中的神经元就促进了行为的发生。

我们在第 3 章中看到，要想将想法之间的关联编码在神经元之间的连接中，赫布型学习是一种简单的方法。在赫布型学习的规则中，如果一个神经元总是规律地先于另一个神经元放电，那么从前者到后者的连接权重会得到增强。然而在强化学习中，我们不仅要知道两个事件的发生时间是否很接近，还要知道这些事件与奖励之间的关系。具体来说，针对一组提示和动作，例如看见亮光和伸手，当且仅当两者之间的配对与奖励相关联时，我们才会去更新它们之间的权重。

因此，纹状体中的神经元不遵循基本的赫布型学习规则，而遵循一种改进版的学习规则，只有当多巴胺存在时，一个神经元在另一个神经元之前放电，它们之间的连接才会增强。所以多巴胺不仅编码了更新价值所需要的误差信号，对突触更新时所发生的物理变化，它也同样必不可少。因此，多巴胺可谓货真价实的"学习润滑剂"。

使用时间差分学习的语言来描述大脑功能，这改变了有关成瘾等临床话题的讨论。2004 年，神经科学家大卫·雷迪什（David Redish）提出了一种理论，试图根据冰毒以及可卡因等毒品对多巴胺释放的影响来解释它们的成瘾特性，该理论假定无论真正的预测误差是多少，这些毒品都会导致多巴胺的释放。具体来说，通过让多巴胺神经元过度兴奋，这些毒品会向大脑的其他部分发送错误的信号，告诉它们吸毒的体验总是高于预期的。这种错误的误差信号仍然可以导致学习的发生，这使与吸毒相关的状态的预期价值不断攀升。通过这种方式，价值函数产生的畸变就注定会对行为产生不利的影响，正如我们在成瘾行为中所看到的那样 ①。

大脑中的奖励与学习：马尔思考给我们的启示

大卫·马尔是一位具有数学背景的英国神经科学家。他的著作《视觉：对人类如何表示和处理视觉信息的计算研究》（*Vision: A Computational Investigation Into the Human Representation and Processing of Visual Information*）于 1982 年出版，也就是在他去世后两年。在该书第 1 章中，马尔列举了成功分析一个神经系统所需的三要素。根据他的说法，无论我们想要理解大脑的哪个部分，都应该能在三个层面对其进行解释：计算层面、算法层面以及机制层面。计算层面探究的是这个系统的总体目标是什么，也就是说，它试图做些什么？算法层面探究的是要如何实现这个目标，即实现目标需要哪些步骤？机制层面探究的是系统的哪些部分，对大脑来说就是哪些神经元、神经递质等，具体执行了这些步骤？

很多神经科学家想要努力实现的一个愿景就是获得一个可以涵盖所有"马尔层面"的解释。这个标准非常高，但执行强化学习的是少数几个能够接近该标准的系统。在计算层面，强化学习给出的答案很简单：最大化奖励。这就是在贝尔曼眼中序贯决策过程的目标，也是遵循价值函数所能达成的目标。可是我们要如何学习价值函数呢？这就轮到时间差分学习大显身手了。布什、莫斯特勒、瑞斯科拉、瓦格纳以及萨顿的工作都将硕果累累的条件反射实验数据转化成了一连串的数学符号，这些符号就描述了要执行强化

———————————

① 这个理论可以解释成瘾的很多方面，但它的一个重要预测却落了空。既然这些毒品能源源不断地导致预测误差，那么当我们用毒品作为奖励时，理应不会观察到前文所述的阻碍效应。然而对大鼠进行的一项实验表明，阻碍效应仍旧会发生。

学习中的学习所需要的算法。在机制层面，多巴胺神经元承担着计算预测误差的任务，它们将信号发送到其他脑区，从而控制着在那些区域可以学会的关联。如此一来，我们就如愿以偿地通过从不同角度对同一主题进行挖掘，理解了从奖励中学习这一基本能力。

MODELS OF THE MIND

结 语

有没有一个简明的大统一理论能解释大脑?

在研究人类这种自然选择的产物时，
科学家就不能希望它是简单的。

19 世纪中叶，一场科学史上最为浩大的冲击波席卷了物理学。1865 年，苏格兰物理学家、数学家詹姆斯·克拉克·麦克斯韦（James Clerk Maxwell）发表了一篇由 7 个部分组成的论文《电磁场的动力学理论》（*A Dynamical Theory of the Electromagnetic Field*）。

这篇论文就好似一场充斥着类比和方程式的马拉松，麦克斯韦通过其洞察力证明了电和磁这两种本身就已经很重要的物理概念之间还存在着一层更为深刻而重要的关系。具体来说，麦克斯韦电磁场理论所打下的数学基础有助于我们将电和磁的方程式看作同一枚硬币的两个面。他又在这个过程中得出结论，还有第三种东西也是该电磁场中的一个重要部分，这便是光波。

当然，早在麦克斯韦之前的几个世纪，科学家就已经对电、磁和光进行了研究。他们已经了解了一些相关的知识，知道它们是如何相互作用的以及人类如何利用它们。但麦克斯韦提出的这种统一理论与先前的观点截然不同，它是一种解释物理世界的全新方式，是一连串里程碑式的基础物理学发现中的第一张多米诺骨牌，它为当今的许多技术铺平了道路。例如，爱因斯坦的工作就建立在电磁场理论之上，据说他将自己的成功归结为"站在了麦克斯韦的肩膀上"。

　　麦克斯韦的理论不仅对具体的研究产生了直接影响，而且还在日后物理学家的脑海中植入了这样一种想法，即物理上的各种作用力之间可能还存在更多潜在的关系，而挖掘这些关系就成为理论物理学最主要的目标。到20世纪，人们开始寻找所谓的大统一理论，首先的目标就是进一步将电磁相互作用与其他两种相互作用力相统一：控制放射性衰变的弱相互作用力和维持原子核的强相互作用力。1970年，人们朝着这个方向迈进了一大步，他们发现在很高的温度下，弱相互作用力和电磁相互作用力会合二为一。即便如此，若是将强弱相互作用力都纳入理论，就意味着会遗漏另一个重要的物理量，也就是引力。因此，在追寻一个完整的大统一理论的道路上，物理学仍未停歇其脚步。

　　大统一理论符合物理学家的审美口味，它简单、优雅且完备，展示了整体是如何超越部分之和的。在找到大统一理论之前，科学家就像是古老寓言中摸象的盲人一般，他们中每个人都只能依赖于从象鼻、象腿或象尾中获取少量信息，通过这些信息，他们只能得出有关各个单独部分的不完整的故事。然而一旦看见了整只大象，我们就能锁定这些部位，并结合周围部分对其进行理解。大统一理论所带来的深刻智慧，是单独研究部分所无法比拟的。因此，尽管寻找大统一理论的道路荆棘密布，物理学界大体还是认为值得为之付出努力。物理学家迪米特里·纳诺普洛斯（Dimitri Nanopoulos）参与创造了"大统一理论"一词，在1979年他是这样说的："大统一理论对一大堆各不相同且乍看之下毫不相关的现象给出了非常好的合理解释，它绝对有资格也有权利值得我们认真对待"。

　　但大脑的大统一理论值得我们认真对待吗？诚然，用少数简单原理或方程式就能解释大脑的一切结构和功能，这个想法听起来很诱人，也是大统一理论在物理学中令人垂涎的原因。然而大多数科学家都怀疑它是否真的存在。正如心理学家迈克尔·安德森（Michael Anderson）和托尼·切梅罗

（Tony Chemero）所写的那样:"我们完全有理由认为,不存在一个有关大脑功能的大统一理论,因为我们完全有理由认为,像大脑这样复杂的器官,其运作原理五花八门。"尽管大脑大统一理论听起来很棒,但许多人都认为这只不过是一种幻想。

但同时,神经科学从物理学中借鉴的许多东西,如模型、方程式以及思维方式,都已经以其各自的方式助力了神经科学领域的发展,而大统一理论作为现代物理学的核心不容忽视。对于研究大脑的人来说,尽管大统一理论看似不太可能,但它确实诱人,而对于一些科学家来说,大统一理论实在是太诱人了,以至于他们绝无可能轻言放弃。

在大脑中寻找大统一理论是一项高风险高回报的工作,因此,它通常需要一个大人物来领导。对于大多数候选的大脑大统一理论来说,其核心代表人物都具有某种特征,他通常是第一位提出该理论的科学家,同时也代表了该理论的公众形象。

一个成功的大统一理论还讲求奉献精神,为了完善理论,理论的支持者需要为此付出数年甚至数十年的光阴。他们绞尽脑汁地搜索新方法,以便将其理论运用到能找到的大脑的方方面面。同样重要的还有宣传,如果保持默默无闻,那么哪怕是最伟大的大统一理论也难以为人所知。因此,人们编写了各种论文、文章以及图书,为的就是将大统一理论不仅传达给科学界,也传达给整个世界。

此外,大统一理论爱好者的脸皮最好也要厚,因为推广这类理论可能会遭受大批科学家的白眼,由于这些人一次只研究大脑的某一部分,其研究成果可能更加可靠。

1971 年，社会学家穆雷·S. 戴维斯（Murray S. Davis）在题为《这很有趣》（*That's Interesting*）的文章中对理论进行了反思："长久以来人们一直认为，一个理论家伟大是因为他的理论是正确的，可这大错特错。一个理论家伟大，不是因为他的理论是正确的，而是因为他的理论很有趣……事实上，理论的影响力和它是否正确关系不大，即使一个理论的正确性有争议，甚至已被证伪，这都不妨碍它继续被看作一个有趣的理论！"而无论大脑大统一理论是否正确，它无疑都是有趣的。

从预测到行为：自由能理论的广泛应用与争议

英国神经科学家弗里斯顿生性开朗，讲话轻声细语，让人很难联想到他是一项雄心勃勃且富有争议的科学运动的领导者。可他确实不乏忠实的追随者，从学生到教授，甚至是神经科学传统边界之外的科学家，这些人每周一都会雷打不动地聚在一起，听取弗里斯顿的一些见解。他们在弗里斯顿身上寻求的，主要是他针对以下课题的独特智慧：15 年来，弗里斯顿将自己对大脑、行为以及其他方面的理解都建立在一个包罗万象的框架上，这便是自由能理论。

模型思维
MODELS OF THE MIND

"自由能"这个术语在数学中描述的是概率分布之间的差异。但在弗里斯顿的框架中，自由能的含义可以被简单地概括为：大脑对世界的预测与它实际接收到的信息之间的差异。自由能理论主张，大脑的一切所作所为都可以被理解成在尽可能地减少自由能，换句话说，就是尽可能地让大脑的预测与现实保持一致。

在这种理解方式的启发下，许多研究人员一直在寻找大脑中生成预测的部位以及这些预测是如何与现实进行比对的。在其中一个研究领域中，围绕

"预测编码"的想法，人们探索了这类情况是如何在感觉处理中发生的[①]。在大多数预测编码的模型中，信息在正常情况下通过感觉处理系统进行传递。例如，听觉信息从耳朵传入大脑后，首先通过脑干和中脑的区域进行传递，然后再依次通过皮质的各个区域。人们普遍认为，这条前馈通路是感觉信息转化为感知的关键方式，即便是不怎么相信预测编码理论的研究人员也对这一点没有异议。

但预测编码的独特之处在于它对反馈通路的见解，这类通路是指从下游脑区到上游脑区的连接，例如从次级听觉皮质到初级听觉皮质。总的来说，关于这些连接的功能，科学家做出了许多不同的假说。根据预测编码假说，这些连接携带了预测信息。例如，当你在听最喜欢的歌曲时，你的听觉系统可能对接下来的音符和歌词都烂熟于心。在预测编码的模型中，这些预测会被反向传递，并与正向传递的现实世界中真实发生的信息相结合，通过比较这两股信息流，大脑就能计算预测和现实之间的误差。事实上，在大多数预测编码的模型中，某些表征预测误差的神经元的唯一任务就是进行这种计算。因此，这些神经元的活动强度就指明大脑犯了多少错：如果它们大量放电，这就表明预测误差很大，如果它们保持安静，则表明预测误差很小。如此一来，这些神经元的活动就是物理实体化的自由能，并且根据自由能原理，大脑的目标就应该是让这些神经元尽量少放电。

在感觉通路中存在这种神经元吗？大脑是否学会了做出更准确的预测从而让这些神经元保持安静？多年以来，科学家一直在寻找这些问题的答案。例如，法兰克福大学的研究人员进行的一项研究就发现，当听见预期中的声音时，听觉系统中的一些神经元确实会减少放电量。具体来说，研究人员训

---

① 实际上，预测编码的想法是在没有受到弗里斯顿或自由能理论影响的情况下独立发展的，它首次亮相是在拉杰什·拉奥（Rajesh Rao）和达娜·巴拉德（Dana Ballard）于1999年发表的一篇论文中，而自由能理论的拥趸们随后热切地探索了这个想法。

练小鼠按下一个会发出噪声的杠杆，当小鼠按下杠杆并听见预期中的声音时，相较于随机播放相同的声音或是杠杆发出意料之外的声音，其神经元反应都较弱。这表明小鼠大脑中存在着一个预测，当预测情况没有发生时，其听觉系统中的神经元会发出更多的信号。然而总的来说，寻找预测编码的证据是一件喜忧参半的事，并非所有寻找误差神经元的研究都能满载而归，而且即便我们找到了这些神经元，其行为也并非总和预测编码假设的完全一致。

　　为了最小化自由能，最显而易见的方法似乎是让大脑成为一台更准确的预测机器，然而这并非唯一的方法。由于自由能是大脑预测内容和现实之间的差异，所以我们也可以通过调整行为将差异最小化。设想有这么一只已经习惯于在某片森林周围飞行的鸟，它可以预测哪些树木适合筑巢，哪里的食物最丰富等。然而有一天，它比平时飞得更远，并最终落在了某座城市中。由于这是它第一次体验高楼大厦和车水马龙，它对周围世界中几乎所有事物的预测能力都很低。预测内容和现实之间的这种巨大差异就意味着自由能很高。为了降低自由能，这只鸟可以选择留下来，并寄希望于其感觉系统能逐步适应并预测城市生活的特征，当然它也可以选择干脆飞回之前的森林。这第二个选项，即选择某种行为从而导致感官体验可以被预测，这正是自由能原理能够成为潜在的大脑大统一理论的原因，因为该原理不仅可以解释感觉处理的特征，也可以囊括行为上的决策。

　　自由能原理的确已经被用来解释感知、动作以及介于两者之间的一切东西[①]，这包括学习、睡眠和注意力等行为或事物，以及精神分裂症和成瘾等疾病。还有人认为，该原理还可以解释神经元和大脑区域的解剖结构以及它们交流方式上的细节。事实上，弗里斯顿甚至没有将自由能限制在大脑之

---

① 完全展开来说，自由能原理的枝蔓会触及本书中所涵盖的大多数课题。它建立于贝叶斯大脑假说（第9章），与信息论中的想法交相辉映（第6章），应用了统计力学中的方程式（第3章和第4章），并解释了视觉处理中的要素（第5章）。

中，他认为这是生物学和进化学中的指导原则，甚至还是理解物理学基础的一种方式。

　　弗里斯顿毕生都在试图将复杂的话题总结成简单的三言两语。2018 年，他在《连线》杂志的一篇文章中回忆了他十几岁时的一个想法："一定存在一种方法，它能够从零开始解释万物……如果我一开始只拥有整个宇宙中的一个点，那么我能仅根据这一个点推导出其他所有需要的东西吗？"在弗里斯顿的世界中，自由能原理现在就是那个几乎为零，却又几乎可以解释世间万物的东西。

　　然而在弗里斯顿的世界之外，自由能原理的能力就没那么显著了。由于他夸下海口，无数的科学家便尝试着去了解弗里斯顿理论的来龙去脉，然而即使在那些自认为支持该原理的人中间，也很少有人会认为他们的尝试是绝对能成功的。其中难点并不在于方程式过于复杂，因为在这群努力尝试的科学家中，有很多人一生都致力于理解大脑中的数学。难点在于，要将自由能原理外推并运用于解释大脑功能的各个犄角旮旯，我们就需要一种直觉，而这种直觉似乎只在弗里斯顿本人身上表现得最为强烈。由于我们缺少一个可以在给定某个情况下明确客观地解释自由能的方法，弗里斯顿只能扮演一个守着自由能喃喃低语的形象，在无数论文、报告以及周一例会中阐释他对自由能含义的看法。

　　自由能原理之所以令人如此困惑，很可能源于一个连弗里斯顿也不得不接受的特征，即它的不可证伪性。大多数关于大脑功能的假设都是可证伪的，也就是说，通过实验我们可以证明其主张是错误的。然而自由能原理更像是一种观察大脑的方式，而非一个关于其工作原理的强有力的具体主张。正如弗里斯顿所说："自由能原理的本质就单纯是一个原理……除了用来测试某个可测量的系统是否遵循该原理，你没办法再利用它做些什么。"**换句**

话说，科学家不该基于自由能原理尝试对大脑做出某种明确的预测，而应该扪心自问该原理是否有助于使他们以一种新的眼光看待事物。你想要试着弄清大脑是如何工作的吗？那就去看看它是否在以某种方式最小化自由能吧。如果这能带来进步，那很好；如果不能，那也没关系。如此看来，自由能原理最多只能搭一个架子，上面挂满了有关大脑的各种事实。就它可以将很多事实联系起来这一点而言，自由能理论确实"大"而"统一"，然而由于其不可证伪，它是否可以被称为一种理论还有待商榷。

千脑智能理论：解密大脑的终极挑战

Numenta 是一家位于加利福尼亚州红木城的小型科技公司，它的创始人是企业家杰夫·霍金斯（Jeff Hawkins）[①]，他之前创立的两家公司从事的都是手机的生产工作。这些手机是现代智能手机的前身。Numenta 从事的则是软件制造工作，该公司设计的数据处理算法旨在帮助股票经纪人、能源分销商、IT 公司等客户识别并追踪输入数据流中的模式，而 Numenta 的主要目标是对大脑进行逆向工程。

模型思维
MODELS OF THE MIND

霍金斯在科技领域取得了辉煌的职业成就，他却一直对大脑很感兴趣。虽然从未获得任何该领域的学位，他却在 2002 年创立了红木神经科学研究所。这个研究所现在是加州大学伯克利分校的一部分。霍金斯在 2005 年又创立了Numenta。2004 年，霍金斯和桑德拉·布拉克斯莉（Sandra Blakeslee）共同撰写了《新机器智能》（On Intelligence）一

① 霍金斯是计算机科学家和神经科学家，致力于解释大脑是如何工作的。其重磅力作《千脑智能》彻底改变了我们对大脑和人工智能的未来的理解，《新机器智能》则为我们揭示了如何创造真正的机器智能，这两本书的中文简体字版已由湛庐引进、浙江教育出版社出版。——编者注

书，书中所展示的一些想法构成了 Numenta 工作的基石。在
这本书中，霍金斯提出的理论总结了新皮质（覆盖在哺乳动物
大脑表面的一层薄薄的脑组织）是如何产生感觉、认知、学习
以及运动的，而这一系列想法现在被称为"千脑智能理论"。

　　千脑智能理论的核心是一块被称为皮质柱的神经结构，这
是一小团直径为 0.5～1 毫米，长度为 2～4 毫米的细胞。
如此命名是因为皮质柱构成了一根根从新皮质顶部一直延伸到
底部的圆柱体，其外形就像是一根根平行的意大利面条。它的
纵切面则类似一层层地质沉积：神经元被分成明显的 6 个可
识别的层次，各层中的神经元通过向上或向下的连接彼此进行
交流。通常来说，同一皮质柱中的神经元执行着相似的功能，
例如它们可能都以某种类似的方式对感觉输入做出反应。然
而，不同层次看起来确实拥有不同目的，例如有些层次负责从
其他脑区接受输入，有些层次则负责发送输出。

　　20 世纪中叶，神经科学家蒙卡斯尔首次发现了这些皮质柱，他认为皮
质柱代表了大脑的基本解剖单元。将整个新皮质划分成一个个不断重复的单
元，尽管这个想法同当时的主流意见格格不入，但蒙卡斯尔从中看见了它的
潜力，因为这个单元可以处理皮质所接收的各式各样的信息。霍金斯对此表
示赞同。他在书中将蒙卡斯尔的工作描述为"神经科学中的罗塞塔石碑"[1]，
因为它"虽然只是单一的一个想法，却将人类大脑各式各样的奇妙能力相
统一"。

　　想要了解霍金斯对这些微型处理单元的看法，我们必须同时考虑时间和

[1] 罗塞塔石碑制作于公元前 196 年，石碑用希腊文字、古埃及文字和当时的通俗体文字刻了同
样的内容，这使近代的考古学家有机会对照各语言版本的内容后，解读出已经失传千余年的
埃及象形文之意义与结构，而成为研究古埃及历史的重要里程碑。——编者注

空间。2014 年，霍金斯在一次采访中说："如果你接受智能机器会根据新皮质的原理工作，那么（时间）就意味着一切。"大脑接收的输入并非一成不变，这意味着任何有关大脑功能的静态模型都是极其不完整的。更重要的是，大脑的输出，也就是身体产生的行为在空间和时间上都得到了扩展。**根据霍金斯的说法，主动在空间中移动身体并从中获得动态的感觉数据流，这有助于大脑对世界建立更加深刻的理解。**

神经科学家对动物是如何在世界中移动的有所了解，这种行为模式和一种被称为"网格细胞"的神经元息息相关（见图 11-1）[①]。网格细胞是当动物处于某些特定位置时放电活跃的神经元。

想象有一只小鼠在一片场地中跑来跑去，当小鼠位于场地中央时，某个网格细胞会处于活跃状态。当小鼠向北移动几个身长的距离时，同样的细胞会再次处于活跃状态，即使再向北移动几个身长的距离也是如此。另外，如果小鼠朝着北偏西 60° 移动，我们也会看到相同的活动模式。

实际上，如果我们绘制一张地图来表示这个细胞所有活跃的位置，就会在整个场地中形成类似于波尔卡圆点[②]的图像。这些圆点会全部均匀地分布在三角形网格的顶点，"网格细胞"也因此而得名。虽然不同网格细胞的网格在大小和方向上都有所差异，但它们都具有这种共同的网格状特征。

[①] 爱德华·莫泽（Edvard Moser）、梅－布里特·莫泽（May-Britt Moser）以及约翰·奥基夫（John O'Keefe）因发现这些"网格细胞"以及与之密切相关但名字更加直观的"位置细胞"而获得了 2014 年诺贝尔奖。

[②] 波尔卡圆点是指同一大小、同一种颜色的圆点以一定的距离均匀地排列而成的点群。——编者注

小鼠探索某个环境　　　　在该环境中，两种网格细胞放电位置的示例

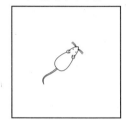 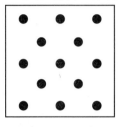 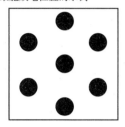

图 11-1　小鼠的网格细胞

　　霍金斯折服于这些细胞表示空间的能力，在他提出的有关新皮质如何了解世界的理论中，网格细胞也是其中的一个组成部分。但问题是人们在新皮质中并没有找到网格细胞，事实上网格细胞存在于内嗅皮质中，这是一个在进化上相对古老的大脑区域。尽管几乎没有证据表明在这个区域以外还存在网格细胞，但霍金斯猜测它们实际上就隐藏在新皮质各个皮质柱的第六层。

　　这些细胞究竟在做什么呢？为了解释这一点，霍金斯喜欢举的一个例子是用手指沿着咖啡杯画圈儿。实际上，霍金斯将其理论的起源归结于他盯着咖啡杯时的一次灵光乍现，而他在演讲时甚至会带着一个杯子现场进行演示。新皮质中处理感觉的那部分皮质柱会从指尖获得输入，而根据霍金斯的理论，那些位于皮质柱底部的网格细胞也同时会记录指尖的位置。通过将手指的位置信息与杯子在该位置摸起来的感觉相结合，皮质柱就可以在手指划过咖啡杯时了解物体的形状，下次再遇到相同物体时，皮质柱就可以使用这些储存好的知识来识别物体。

　　由于这些皮质柱在新皮质中分布广泛，这一过程可能会同时在任何位置发生。例如，代表手上其他部分的皮质柱会在碰到咖啡杯时构建自己的模型，而视觉系统中的区域也会将视觉信息和眼睛的位置相结合从而构建自己对咖啡杯的理解。总而言之，这些零零散散的贡献统一地构成了我们对世界

的理解，这就像是成千上万个大脑在协同工作一般。

霍金斯的理论还处于发展阶段，其中的许多细节仍有待推敲，但他对此寄予厚望。在他眼里，皮质柱不仅可以学习具象物体的形状，还可以学习抽象物体的形状。在思维或语言的世界中穿梭，和在真实物理世界中穿梭是异曲同工的，二者都可以通过相同的机制来实现。如果事实真的如此，那么就解释了大脑是如何利用新皮质中重复的模式来完成从视觉到听觉、从运动到算术的各类任务的。

这些皮质柱究竟有多相似，这也是人们争论的话题。乍一看，新皮质看似密密麻麻地铺满了相同的皮质柱，但仔细观察我们就会发现其中的差异。一些研究表明，在新皮质的不同区域中，皮质柱的大小、所含神经元的数量和类型以及它们之间的相互作用方式都有所不同。既然这些皮质柱的解剖学结构并不相同，那么它们的功能可能也就不同。这意味着和千脑智能理论所假设的不同，每个脑区执行的任务可能更为专一。若真是这样的话，找到某个通用智能算法的希望可能会就此破灭。

正如我们在这本书中一再看到的那样，要建立大脑的数学模型，我们通常需要先从大量的可选数据中筛选出一连串看起来与之相关的事实，然后将这些事实简化并以某种方式拼接在一起，从而展示大脑的某一部分在理论上是如何工作的。此外，在弄清具体如何拼接这个简化版生物学的过程中，我们可能还会做出一些与众不同的意料之外的预测。就这种模式来说，千脑智能理论和其他神经科学中的模型相比没什么两样。实际上，通过实验和计算的工作，千脑智能理论中的许多概念，例如皮质柱、网格细胞、物体识别，这些已经被广泛地研究过了。从这个角度看，千脑智能理论并非独一无二，它和其他理论一样可对可错，也可能半对半错。

或许真正让霍金斯和 Numenta 的工作脱颖而出的原因，仅仅是他们坚持不懈乐观地认为该理论是举世无双的，认为让大脑皮质完全门户洞开的钥匙会第一次在真正意义上变得触手可及。在 2019 年的一次采访中，当霍金斯被问及我们距离完全理解新皮质还有多远时，他是这样说的："我感觉自己已经上了一个台阶，所以如果我能在接下来的 5 年里正确地完成我的工作，也就是说如果我能宣传这些想法、说服其他人相信这些想法，以及向其他从事机器学习的人证明他们应该关注这些想法，那么我们最多只需要不到 20 年的时间。"这种自信在科学家中十分罕见，而由于霍金斯的背后是私有资本，他的这种自信自然也就不会受限于正常的科研压力。

霍金斯对其有关大脑的主张深信不疑，这一点尽人皆知。可纵使他把基于大脑的突破性算法吹得天花乱坠，人们仍对他兑现之前承诺的能力表示怀疑。人工智能研究领域的领军人物辛顿曾称，霍金斯对领域的贡献"令人大失所望"。而在 2015 年，心理学教授加里·马库斯（Gary Marcus）在对比了 Numenta 的工作和其他人工智能技术后说："我还没有看到哪个观点能一锤定音地证明，该理论在任何一个主要的挑战中能一骑绝尘。"千脑智能理论有多少可能性能提供一套真正通用的智能机制呢？只有时间，这个在霍金斯思想中占据重要地位的概念，才能证明一切。

信息整合论：革命性的理论还是科学的误区

有人说，如果关于大脑的某个理论不能解释大脑中最大最悠久的谜团，也就是意识，那它就是不完整的。对科学家来说，意识可能是一个艰深的话题，因为它承载了几个世纪的哲学思考。然而在某些研究人员心中，其工作中的"圣杯"就是科学化且精准地定义意识，而通过这个定义，我们可以发现并量化存在于任何地方的意识。这也是"整合信息论"所许下的承诺。

整合信息论试图通过一个方程式来定义意识，它最初是在2004 年由意大利神经科学家朱利奥·托诺尼（Giulio Tononi）提出的，自此该理论又在他和其他人手中不断更新换代。整合信息论的目标是把在任意物体中测量意识这件事都变得像是在大脑中测量意识一样容易，这些物体包括计算机、石头甚至未知的外星人等。通过更普遍地解释意识的本质，该理论不同于那些由神经科学家设计的尤以生物学为核心的理论。

整合信息论能摆脱具体的大脑物理特征，是因为其产生的灵感完全来自另一个源头，即内省。通过对第一人称意识体验的反思，托诺尼提出了意识的 5 个重要特征，它们构成了整合信息论的"公理"。第一个公理承认了意识客观存在的基本事实，其他公理则包括：有意识的体验是由多种不同的感觉组成的；体验是具体的；体验在我们看来是一个完整的整体；体验是独一无二的，多一分少一毫都不行。

托诺尼思考了什么样的信息处理系统才能给出体验的这些公理，如此一来他就能将公理映射到数学术语上。这么做的最终结果是对所谓的"整合信息"的一种统一度量，托诺尼用希腊字母 φ 对其进行表示。总的来说，φ 表示了一个系统中信息的混合程度，恰到好处的混合应该可以产生丰富且完整的体验。在整合信息论中，一个系统的 φ 越高，它所拥有的意识就越多。

事实证明，想要计算任何一个具有现实复杂度的系统的 φ 都几乎是痴人说梦。对人类大脑来说，我们首先要进行几乎无穷无尽的实验来探索大脑的不同子结构是如何相互作用的。即便能做到这一点，接下来等待我们的将是一系列漫长而艰苦的计算。为了解决这个问题，人们发明了多种近似 φ 的方法，如此一来我们就能有理有据地猜测系统的 φ。利用 φ，人们已经解释了为什么某些大脑状态会比在其他状态产生更多意识体验。例如在睡眠期间，由于中断了神经元之间有效的交流，大脑整合信息的能力下降，从而导致 φ 变小。根据托诺尼的理论，类似的原因还可以解释人为什么会在癫痫发作时失去意识。

　　该理论还做出了一些可能有些出人意料的预测。例如，一个普通恒温器的 φ 虽然很小但并不为 0，这意味着一台调节室温的设备也具有一定量有意识的体验。不仅如此，如果我们精心设计，一些非常简单的设备所拥有的 φ 可能还远远高于人类大脑的 φ 的估计值。这些违背直觉的结论使一些科学家和哲学家对整合信息论持怀疑态度。

　　另一条对整合信息论的批评则直指其公理基础。该批评指出，托诺尼选择的公理并非唯一可以用来建立意识理论的公理，而他将公理映射到数学上的方法明显既不是唯一也不是最好的方法。那么问题来了，如果整合信息论的基础如此单薄，我们又怎么能相信从中得出的结论，尤其是那些出人意料的结论呢？

　　2018 年，意识科学家开展了一项非正式的调查，调查结果显示整合信息论并非专家们最喜欢的理论，它名列第四，排名前三的选项分别是另外两种理论以及包括了各式理论的"其他"选项。但同样是在这项调查中，人们发现整合信息论更受非专业人士的青睐，实际上，在非专业人士中有一部分人自认为拥有足够的知识来回答该问题，而关于这帮人的调查结果中整合信息论排名第一。一些开展该调查的人猜测这可能是整合信息论公关的结果。在外界看来，仅仅是因为理论背靠着硬核的数学，它看起来就很权威很合理。而相较于大多数关于意识的科学理论，整合信息论在大众媒体上受到了更多关注。其中就包括著名神经科学家科赫的著作，他同托诺尼合作，公开宣扬整合信息论。在这本题为《意识与脑：一个还原论者的浪漫自白》（*Consciousness: Confessions of a Romantic Reductionist*）的书中，科赫描述了他探索意识的科研之路，包括他和诺贝尔奖获得者弗朗西斯·克里克（Francis Crick）的合作，以及他对整合信息论的看法 [①]。这种通俗的读物或许能行之有效地将理论传播给更广的受众，却不一定能使懂行的科学家心服口服。

但即使是那些对整合信息论缺乏信心的科学家，也情不自禁地为这种努力而鼓掌。众所周知，意识这个概念很难把握，所以整合信息论能试着将意识诉诸严谨的科学探究，这算得上是朝着正确的方向迈进了一步。物理学家斯科特·阿伦森（Scott Aaronson）是整合信息论的公开批评者，他在博客上写道："纵使整合信息理论因其核心的缘故明显是错的，在所有关于意识的数学理论中，其仍然能够跻身前 2% 了。在我看来，几乎所有与之竞争的意识理论都过于模糊、松散以及易变，以至于错误对它们而言都是一种奢求。"

大统一理论：在复杂中寻求简单之美

大统一理论可能是个不太好掌握的东西。为了"大"和"统一"，理论必须对一个极其复杂的物体做出简单的表述，而几乎所有关于大脑的表述肯定都在某些地方有着潜藏的例外。因此，让大统一理论过"大"就意味着它实际上无法解释很多具体的数据，而将它与某个具体数据联系得过于紧密，它又不再那么"大"了。无论大脑的大统一理论是不可测的、未经测试的，还是测试后失败的，它在尝试解释太多东西时，就冒着什么都解释不了的

---

① 托诺尼本人也写了一本书，旨在向更广泛的受众解释他的理论。在这本名为《PHI：从脑到灵魂的旅行》（*Phi: A Voyage from the Brain to the Soul*）的书中，托诺尼虚构了一个故事，讲述了 17 世纪科学家伽利略通过与以达尔文、图灵以及克里克为原型的角色进行对话，从而对意识的概念进行了探索。

风险。

虽然这对寻求大统一理论的神经科学家来说是一场艰苦卓绝的战斗，但这个挑战在物理学中就似乎没那么大。造成这种差异的原因可能很简单：进化。经过数亿万年的进化，神经系统适应了一系列需求，从而使特定物种能在特定环境中完成特定挑战。在研究这种自然选择的产物时，科学家就不能希望它是简单的。为了创造出有功能的生物，生物学可以根据所需选择任何一条途径，它才不管其中哪个部分是否容易理解呢。因此，如果我们发现大脑只是一盘不同成分和机制的大杂烩也就不足为奇了，因为这只不过是大脑运作所需的一切罢了。**总的来说，我们不能保证，甚至可能也没有任何令人信服的理由去相信，大脑可以用简单的规律来描述。**

一些科学家选择接受这种混乱。与其将大脑简化为其最简单的元素，他们更愿意选择构建一种更包容且宏大的大统一理论来将所有部分拼接在一起。如果说传统的大统一理论就像是一块只用盐调味的煎牛排这般简单，那么将大脑简化的模型则更像是一大锅乱炖，虽然它不像大统一理论那样时尚优雅，却更有可能胜任其工作。

这种更具包容性的方法的一个例子，就是我们在第 1 章讨论过的蓝脑计划所构建的极尽详细的模拟。通过一系列细致的实验，这些研究人员找到了关于神经元和突触的无数细节，然后将所有这些数据重新拼凑成一个仅仅包含大脑一小部分的精细计算模型。这种方法假设每个细节都是宝贵的，缺少其中任何一个都会导致我们无法理解大脑。它全心全意地接受了生物学中的细枝末节，并希望通过将所有东西合成一堆，我们就能更全面地了解大脑的工作原理。然而其中的问题在于规模。自下而上重建大脑的方法只能是一个神经元一个神经元地往上加，这就意味着我们距离搭建一个完整的模型还有很长的路要走。

语义指针架构统一网络（Semantic Pointer Architecture Unified Network，SPAUN）则采用了一种完全不同的方法。SPAUN 是由加拿大安大略省滑铁卢大学的克里斯·伊利亚斯米特（Chris Eliasmith）所领导的团队开发的，它的目标并非要捕捉神经生物学的全部细节，而是旨在构建一个具有功能的大脑模型。这意味着和大脑一样，模型获得了相同的感觉输入同时也具有相同的动作输出。具体而言，语义指针架构统一网络可以用图像作为输入，并控制模拟手臂写下输出。在输入和输出之间是一个由 250 万个简单模型神经元所组成的复杂网络，其排列方式大致模仿了全脑结构。通过这些神经连接，语义指针架构统一网络可以执行 7 种不同的认知和运动任务，例如绘制数字、回忆物体列表以及补全简单图像等。

通过这种方式，语义指针架构统一网络牺牲了优雅从而获得了功能。当然，人类大脑所含神经元的数量是其数万倍，可完成的任务也远不止这 7 项。语义指针架构统一网络发展至今靠的是实用主义的原理，但它的这种原理和规模是可以带领我们直抵大脑的完整模型，还是尚需要加入更多的神经元细节？这一点仍未可知。

一个真正的大统一理论，其目标在于浓缩。它将各式各样的信息融合成一个紧凑且易于消化的形式。这使大统一理论看起来令人满意，因为它给人一种仿佛能轻松完全掌握大脑原理的感觉。然而像语义指针架构统一网络和蓝脑计划模拟这类模型则非常宽泛，它们引入了多个数据源并用其构建一个复杂的结构。通过这种方式，这类模型牺牲了可解释性以获得其准确性，其目标是通过整合所有需要解释的东西去解释一切。

就像所有模型一样，即使是这些更宽泛的模型也仍旧不是完美的复制品。构建这些模型的人仍旧需要选择想要涵盖的内容、想要解释的东西以及可以忽略的东西。当以大统一理论这类东西为目标时，我们总希望可以找到一组最简单的规则来解释最多的事实。对于像大脑这样紧密且混乱的东西，这组最简单的规则可能还是很复杂。并且我们也绝无可能提前知晓，捕捉大脑功能相关特征所需要的细节程度和规模是什么，只有通过建模对其进行测试，我们才能在这个问题上取得进展。

总而言之，神经科学和"更难"、更定量化的学科之间存在着相当密切的关系。它接受了许多来自物理学、数学以及工程学的馈赠。这些类比、方法以及工具俨然已经改变了我们对关于大脑的一切内容的思考，包括从神经元到行为。而大脑研究也知恩图报，它不仅为人工智能提供了灵感，同时也为数学方法提供了测试的舞台。

但神经科学终究不是物理学，它必须避免扮演小跟班儿的角色，避免跟在这个更古老的学科身后亦步亦趋。物理学中的指导原则以及成功策略并不总能有效地运用于生物学，因此我们必须小心谨慎地对待灵感。在建立大脑模型时，数学上的美并非唯一的指路明灯，相反，我们始终需要在这种影响和大脑独有的特征之间进行权衡。当权衡得恰到好处时，生物学的复杂性就可以被简化为数学方程式，从而产生真知灼见，而这也不会过度地受到其他领域的影响。如此一来，大脑研究才能在用数学理解自然世界这件事上开辟出自己的道路。

第 1 章　我们头脑中的火树银花：带泄漏整合发放模型与霍奇金 - 赫胥黎模型

拉皮克推导了一个用来描述细胞跨膜电压是如何随时间变化的方程式，其基础是用于描述电路的方程式。具体而言，一个电路中的电压 $V(t)$ 是由电阻 R 和电容 C 共同决定的：

$$\tau \frac{dV}{dt} = -(V(t) - V_{thresh}) + RI(t)$$

其中 $\tau = RC$。细胞所接收的外部输入用 $I(t)$ 来表示，它要么来自研究人员，要么来自其他神经元。因此，细胞膜在部分漏电的情况下对该外部输入电流进行了整合。

拉皮克的方程式没有捕捉到在动作电位发生时细胞膜电压的变化。但是我们可以添加一个简单的机制来表明，当细胞膜达到其阈值时会发放一个动作电位。具体来说，要将这个方程式转化成一个神经元激发的模型，我们仅需当电压达到激发阈值（V_{thresh}）时将它重置为静息电位（V_{rest}）：

$$V(t) = V_{rest}, \text{若 } V(t) = V_{thresh}$$

虽然这并没能模拟出动作电位的复杂变化（为此我们需要霍奇金 - 赫胥黎模型），它却为我们提供了一个计算动作电位发放时间的方法。

第2章　一团执行精密逻辑计算的粉色物质：麦卡洛克-皮茨模型与人工神经网络

感知机是只有一层的人工神经网络，它能学习完成简单的分类任务。输入神经元和输出神经元之间连接权重的变化导致了学习的发生，而基于具体输入和输出的样本我们可以计算权重的变化。

学习算法从一组随机权重 w_n 开始，每个权重都对应一个二进制输入 x_n，一共 N 个。而分类输出 y 的计算方程式为：

$$y(x) = \begin{cases} 1, \text{若} \sum_{n=1}^{N} w_n x_n + b \geq 0 \\ \\ 0, \text{其他} \end{cases}$$

其中 b 是用来调整阈值的偏置。随着学习的进行，w 中的每一项都根据以下学习规则进行更新：

$$w_n \leftarrow w_n + \lambda(y^* - y(x)) x_n$$

其中 y^* 代表正确的分类，λ 代表学习率。如果 x_n 为 1，那么正确分类和感知机输出间差值的正负号就会决定 w_n 的更新方向。如果 x_n 为 0，或差值为 0，那么就不会发生任何更新。

第3章　我们如何相处，世界就如何被记住：霍普菲尔德神经网络与环形网络

霍普菲尔德网络将记忆表示成神经活动模式。神经元之间的连接使网络可以完成联想记忆，也就是通过部分的记忆回忆出完整的记忆。

网络由 N 个神经元组成，它们之间的连接被定义成是对称的，用对称权重矩阵 W 来表示。矩阵中的每一项 w_{nm} 代表了神经元 n 和神经元 m 之间的连接权重。在任意时间点，我们根据以下规则对每个神经元的活动状态 c_n，$n=1 \cdots N$ 进行更新：

$$c_n \leftarrow \begin{cases} 1, \text{若} \sum_{m=1}^{N} w_{nm} c_m \geq \theta_n \\ \\ -1, \text{其他} \end{cases}$$

其中 θ_n 是阈值。

对于每个记忆 ε^i，它实际上是一个长度为 N 的向量，定义了每个神经元的活动状态。如果一开始网络活动被设定成某个记忆有噪声的残缺版本，那么它会不断向着由该记忆 ε^i 所定义的吸引子状态演化，直到网络活动 c 不再发生变化。

网络所储存的记忆定义了权重矩阵。要储存 K 个记忆，W 中每一项的定义如下：

$$w_{nm} = \frac{1}{K} \sum_{i=1}^{K} \varepsilon_n^i \varepsilon_m^i$$

因此，如果一对神经元在很多记忆储存时都有着相似的活动，它们之间就会存在很强的正向连接，如果它们总是有着相反的活动，就会存在很强的负向连接。

第 4 章　花样百出的神经元制衡战：平衡神经网络与神经震荡

在兴奋和抑制之间找到合适平衡的网络会产生稳定的带噪声的神经活动。我们可以用平均场的方法去分析这些网络，这个方法将整个网络的数学简化成寥寥几个方程式。

平衡网络的平均场方程式先是假设网络中有 N 个兴奋性和抑制性的神经元，每个神经元既获得外部输入也获得循环输入。对于循环输入，每个神经元从 K 个兴奋性神经元和 K 个抑制性神经元中获得输入。我们假设 K 远远小于 N：

$$1 \ll K \ll N$$

我们先考虑 K 很大而网络的外部输入保持恒定的情况，那么无论是兴奋性还是抑制性，j 类型神经元获得的平均输入可以表示为：

$$\mu_j = \sqrt{K}\,(X_j m_x + m_E - W_{ji}' m_I) - \theta_j$$

而输入的方差可以表示为：

$$\sigma_j^2 = m_E + w_{ji}'^2 m_I$$

其中 X_j 代表了外部输入到 j 类神经元的连接权重，m_x 代表了外部输入的激发频率，θ_j 代表了发放动作电位的阈值，W_{ji} 代表了从抑制性神经元群到 j 类神经元的总连接权重，而相应的从兴奋性神经元群到 j 类神经元的总连接权重被定义为 1。总连接权重 W_{ji} 等于单个连接权重乘以 $\sqrt{K}$。

m_j 代表了 j 类神经元的平均活动，是一个介于 0 到 1 的值。它由输入的均值和标准差决定，其计算方程式如下：

$$m_j = H\left(\frac{-\mu_j}{\sqrt{\sigma_j^2}}\right)$$

其中 H 是互补误差函数。

为了确保一个神经元的输出既不会被兴奋性输入压倒也不会被抑制性输入压倒，μ_j 计算方程式中的第一项必须和阈值保持同一量级，也就是 1 左右。为此，每个连接权重应该为 $1/\sqrt{K}$。

第5章 层层堆叠造就的清晰视野：新认知机与卷积神经网络

卷积神经网络处理图像的方式具有大脑视觉系统的一些基本特征，它们都是由一系列基本的操作组成的。从一张图像 I 开始，第一步就是用过滤器 F 对其进行卷积。然后再将卷积的结果——带入一个非线性变换，从而得到一层类似于简单细胞的活动：

$$A_s = \Phi(I * F)$$

最常见的非线性变换是正向整流函数：

$$\Phi(x) = \max(x, 0)$$

假设图像和过滤器都是二维矩阵，那么 A_s 同样是一个二维矩阵。要复制复杂细胞的反应，我们对简单细胞的活动施加一个二维最大池化的操作。根据以下方程式，我们可以计算复杂细胞活动矩阵 A^c 中的每一个元素：

$$a_{ij}^c = \max_{pq \in p_{ij}} a_{pq}^s$$

其中 P_{ij} 是 A_s 中以位置 ij 为中心的二维局部区域。这个操作的效果是用一块区域中简单细胞活动中的最大值代表了接受其输入的复杂细胞的活动。

第 6 章　降本增效的信息处理大法：神经编码与信息论

香农用比特定义了信息。比特的计算方程式是以 2 为底取一个符号概率倒数的对数，也可以写成是负的以 2 为底概率的对数：

$$\log_2 P\left(\frac{1}{x_i}\right) = -\log_2 P(x_i)$$

一个编码的总信息被称为熵 H，它是关于编码中每个符号所含信息的一个函数。具体而言，熵是一个编码 X 中每个符号 x_i 所含信息的加权和，其权重为其概率 $P(x_i)$。

$$H(X) = -\sum_i P(x_i)\log_2 P(x_i)$$

第 7 章　在乱糟糟中合并同类项：动力学、运动学与降维

主成分分析可以被用来对神经元的群体活动进行降维。要在神经数据上运用主成分分析，我们最先从矩阵形式的数据 X 开始，X 中的每一行代表了一个神经元，一共有 N 个神经元，

每一列则代表了这些神经元在某一时刻减去均值后的活动值，一共有 L 个时间点：

$$X \in \mathbb{R}^{N \times L}$$

该数据的协方差矩阵计算如下：

$$K = XX^T$$

根据特征值分解，我们可以得到以下分解：

$$K = Q \wedge Q^{-1}$$

其中 Q 的每一列都是 K 的一个特征向量，而 $\wedge$ 是一个对角矩阵，其对角线上的每一项都是特征向量对应的特征值。数据的主成分被定义为 K 的特征向量。

为了将完整维度的数据降到 D 维，我们根据特征值对特征向量进行排列，取最前面的 D 个特征向量作为新的方向。将原来完整维度的数据投影到这些新的方向上，我们就能得到一个新的数据矩阵：

$$X_{reduced} \in \mathbb{R}^{D \times L}$$

如果 D 小于等于 3，我们就可以对这个降维后的数据矩阵进行可视化处理。

第 8 章　简单线条揭示的庞杂秘密：图论与网络神经科学

瓦茨和斯托加茨认为，很多现实世界中的图都可以用小世界网络来表示。小世界网络具有很低的平均路径长度，也就是任意两个节点之间边的数量，以及很高的聚类系数。

假设一张图由 N 个节点组成，如果某个节点 n 和其他 k_n 个节点相连，这些节点也被称作它的邻居节点，那么该节点的聚类系数则为：

$$c_n = \frac{E_n}{k_n(k_n-1)/2}$$

其中 E_n 是节点 n 的邻居节点之间所存在的边的数量，分母则是这些节点之间可能存在的最大边数。因此，聚类系数衡量了这一组节点互相连接的程度，即它们有多"团"。[1]

而整个网络的聚类系数则是每个节点聚类系数的平均值：

$$c = \frac{1}{N} \sum_{n=1}^{N} c_n$$

第 9 章　所知所见决定出牌策略：概率论与贝叶斯法则

贝叶斯法则的完整形式如下：

$$P(h|d) = \frac{P(d|h)\,P(h)}{P(d)}$$

其中 h 代表假设，而 d 代表观测数据。方程式等号左边被称为后验概率。贝叶斯决策理论讲的就是如何利用贝叶斯法则指导决策，其核心就是如何将后验分布对应到某个具体的感知、决策以及行动。

在贝叶斯决策理论中，损失函数表明不同类型的错误决策所带来的惩罚，例如将一朵红花错看成白花和将一朵白花错看成红花，这两者的负面结果是不同的。在最基本的损失函数中，选择任何错误的假设都会导致相同的惩罚，而正确的选择则不会导致惩罚：

$$l(\hat{h}, h^*) = \begin{cases} 1, & \text{若 } \hat{h} \neq h^* \\ 0, & \text{其他} \end{cases}$$

---

[1] 在图论中，团（Clique）是指无向图中一组两两相连的节点集合，其结构具有最高的聚类系数。——译者注

选择一个假设的期望损失则计算为该损失同该假设概率的加权：

$$L(\hat{h}) = \sum_h l(\hat{h}, h) P(h|d)$$

于是我们可以得到：

$$L(\hat{h}) = 1 - P(h = \hat{h}|d)$$

因此要最小化该损失，就要选择可以最大化后验概率的选项。也就是说，最好的假设就是后验概率最高的假设。

第 10 章　用当下的惊喜修正对未来的预期：时间差分学习与强化学习

强化学习描述了动物或者人工智能主体是如何通过简单地接受奖励而学习某些行为的。强化学习中一个核心概念是价值，它结合了当下的奖励大小以及未来期望中获得的奖励大小。

贝尔曼方程将一个状态（s）的价值（V）定义为在该状态下执行动作所获得的奖励（R），以及下一个状态的折扣价值：

$$V(s) = \max_a [R(s,a) + \beta V(T(s,a))]$$

其中 β 是折扣因子，而 T 是状态转移函数，它决定了位于状态 s 的主体执行动作 a 后接下来所处的状态。取最大值的操作确保了我们总是会选择能产出最大价值的动作。从上面这个方程式你可以看到，价值的定义是递归的，因为价值本身也出现在了其方程式的等号右侧。

结语　有没有一个简明的大统一理论能解释大脑？

人们提出自由能理论作为描述神经活动和行为的大脑统一理论。自由能的定义如下：

$$F(s, \mu) = -\log p(s) + D_{KL}[q(x|\mu) \| p(x|s)]$$

其中 s 是感觉输入，μ 是内部大脑的状态，x 是外部世界的状态。这个定义中的第一项，也就是负的 s 概率的对数，通常被称为"意外"，因为当感觉输入的概率很低时这一项很大。

D_{KL} 是两个概率分布之间的 KL 散度，其定义如下：

$$D_{KL}[q \| p] \sum_{y \in Y} q(y)\log \frac{q(y)}{p(y)}$$

因此，自由能定义中的第二项衡量了两个概率之间的差异，一个是在大脑内部状态下世界状态的概率，另一个是在感觉输入下世界状态的概率。我们认为大脑在试图用其自身内部的状态 $q(x|\mu)$ 来近似 $p(x|s)$，所以近似越好，自由能越小。

因为自由能原理认为大脑的目标是最小化自由能，所以它应该根据以下规则更新其内部状态：

$$\mu = \min_{\mu} F(s, \mu)$$

此外，动物所采取执行的动作 a 也会影响它所接受的感觉输入：

$$s' = f(a)$$

因此，动物也应该根据所选动作是否能最小化自由能来选择要执行的动作：

$$a = \min_{a} F(s', \mu')$$

致 谢

写这本书时，我正怀着我的第一个宝宝。人们说，养一个孩子要靠一整个村子。我相信这句话没错，但在孕期，这段旅程暂且还是相对孤独的。而写一本书，似乎从一开始就要靠一整个村子。

首先我要感谢我的丈夫乔希（Josh）。我们是在哥伦比亚大学理论神经科学中心攻读博士学位时认识的，这意味着他不仅是我的精神支柱，也能够负责在整个过程中对书的内容进行核实。同时他还确保了我至少偶尔能吃上几顿像样的饭菜，以及和朋友见上一两面。我还要感谢他的家人莎伦（Sharou）、罗杰（Roger）以及劳丽（Laurie），感谢他们对我的支持以及对这本书保持的这股兴奋劲儿。

我还要向 NeuWrite 社群道一声感谢。我在纽约读研究生时第一次加入了这个科学家和作家组成的群，当我搬到英国后又很快加入了伦敦分会。NeuWrite 的成员不仅为我和 Bloomsbury Sigma 出版团队牵线搭桥，还为我提供了有关图书写作的一般性建议，并在精神上鼓励我。与这个小组定期讨论我的章节有助于安抚我的写作焦虑，当然这本书也在我们的共同打磨之下变得更好了。在此，我要特别感谢利亚姆·德鲁（Liam Drew）、海伦·斯凯尔斯（Helen Scales）、罗马·阿格拉沃尔（Roma Agrawal）以及埃玛·布赖斯（Emma Bryce）。

我吸收了许多朋友为本书所提出的意见和反馈，他们有的是业内的神经科学家，有的则不是，是他们使这些章节的脉络变得更加清晰。在此，我要感谢南希·帕迪拉（Nancy Padilla）、姜律（Yul Kang）、维沙尔·索尼（Vishal Soni）、杰西卡·奥贝塞克（Jessica Obeysekare）、维克托·波普（Victor Pope）、莎拉简·蒂尔尼（Sarahjane Tierney）、贾娜·奎茵（Jana Quinn）、杰西卡·格雷夫斯（Jessica Graves）、亚历克斯·凯科－加基奇（Alex Cayco-Gajic）、扬·斯威尼（Yann Sweeney）以及我的姐姐安·林赛（Ann Lindsay）。

我还从一个无形的多元化的研究人员社区得到了帮助，这便是"神经科学 Twitter"。在那里，我提出自己的想法并受益于大家的群策群力。非常感谢参与其中的这帮朋友以及陌生人！

我联系了一些具有特定专业知识的研究人员来审校不同的章节。非常感谢阿塔纳西亚·帕普齐斯（Athanasia Papoutsi）、理查德·戈尔登（Richard Golden）、斯蒂法诺·富西（Stefano Fusi）、亨宁·斯普雷克勒（Henning Sprekeler）、科里·马利（Corey Maley）、马克·亨弗里斯（Mark Humphries）、贾恩·德鲁戈维奇（Jan Drugowitsch）和布莱克·理查兹（Blake Richards）所付出的时间以及他们的知识。当然，书中遗留的任何错误都是我自己的失误。

Bloomsbury Sigma 出版团队是这本书得以付梓的最重要的力量，它使这本书不再仅仅是一个被困在我脑海中的粗糙的奢望。感谢吉姆·马丁（Jim Martin）、安杰莉克·纽曼（Angelique Neumann）和安娜·麦克迪阿梅德（Anna MacDiarmid）在整个过程中既指引着我，也指引着这本书。

非常感谢我的家人，尤其是我的姐妹莎拉和安，以及我的朋友，自从听说我在写一本书后，他们就耐心等待，这有段时间了。最后，我想对整个计算神经科学界表示感谢。我在这个领域兜兜转转了近 10 年，从许多不同的研究人员身上汲取到了知识，这为我写这本书奠定了坚实的基础。

　　阅读格蕾丝·林赛的《心智的 10 大模型》是一场酣畅淋漓的轻松旅程。在毛遂自荐成为这本书的译者后，我的愿望便是竭尽所能地还原这种阅读体验。

　　作为一本面向大众的科普读物，书中运用了大量比喻。然而，这些比喻虽通俗易懂，但也难免带来一定的模糊性。乍看之下，这似乎与书中提出的观点背道而驰，即在神经科学研究中，只有引入严格的数学，才能让一切的模棱两可都无处遁形。然而实际上，这是作者为了普及性而做出的必要取舍，在一定程度上也契合了书中的另一主题，即建模是一个带有主观色彩的艺术性过程，我们必须舍弃一些细节以获得更多灼见。而本书舍弃了对绝对准确性的追求，以换取更直观的基础性理解。林赛很好地在趣味性和科学性之间找到了这种微妙的平衡。在翻译过程中，我也尽可能使用生动流畅的文字，期望铺平入门的道路，吸引更多对计算神经学感兴趣的读者，而非让其望而却步。"而世之奇伟、瑰怪，非常之观，常在于险远。"之后的道路或许会更加泥泞，望诸君不忘初心，砥砺前行。

　　计算神经学作为一个被物理学、工程学和数学所哺育的新兴学科，如今正在释放更多影响力。2024 年，诺贝尔物理学奖授予书中的两位主人公——霍普菲尔德（第3章）和辛顿（第2章、第5章），以表彰他们"在基于人工神经网络的机器学习中所做的基础性发现与发明"。颁奖词中写道："此次获奖的两位科学家使用物理学工具（数学），开发了现代机器学习技术的基础方法。霍普菲尔德提出了一种联想记忆网络，可以存储和重构图像以及其他类型的数据模式。辛顿则发明了一种方法（玻尔兹曼机），能够自动提取数据中的特征，用于完成识别图像中的特定元素等任务。"霍普菲尔德神经网络和玻尔兹曼机等突破性成果，为现代人工智能井喷式的发展提供了关键支持。这些技术赋予了计算机模拟人类记忆和学习的能力，极大地推动了人工智能在诸多领域的应用，包括图像识别、自然语言处理以及自动驾驶技术等。而这一切的起点，正是人工神经网络从大脑结构中汲取的灵感。

　　而同年赢得诺贝尔化学奖的成就之一同样离不开计算神经学的滋养。德米斯·哈萨比斯（Demis Hassabis）起初接受认知神经科学训练，之后投身人工智能研究。2010年，他参与创立了英国人工智能公司DeepMind并担任首席执行官。2018年，他带领团队基于深度学习（第2章）和少许强化学习（第10章）的思想，开发了人工智能模型AlphaFold，这是一个基于氨基酸序列预测蛋白质三维结构的算法。相比于传统方法，AlphaFold在准确性上有所提升，并刷新了第13届蛋白质结构预测关键评估（Critical Assessment of Protein Structure Prediction，CASP）的竞赛记录。在此基础上，约翰·江珀（John Jumper）作为团队领军人物，又对其网络结构进行了大刀阔斧的改进，并在其中融合了更多物理学和化学专业知识。2020年推出的AlphaFold 2，其性能在第1版基础上得到了进一步显著提升，在准确率和效率上实现了重大突破，一经面世便轰动学术界和工业界。截至2024年10月，AlphaFold 2已被来自190个国家的超过两百万人使用，应用场景横跨生物制药、环境工程等多个领域。因"利用计算及人工智能的技术，揭开蛋白质结构的奥秘"，哈萨比斯、江珀以及另一位蛋白质设计领域的先驱大卫·贝克（David Baker）共同荣获2024年诺贝尔化学奖。

对神经学问题的研究极大地推动了其他学科的发展，这充分体现了计算神经学跨学科交叉的特点及其巨大潜力。计算神经学和人工智能在历史上便总是相辅相成，而这种协同发展的趋势也必将在未来持续深化。毫无疑问，大脑中仍有许多奥秘等待人们去揭开。意识、记忆和情感，每一个神经学课题都无不触及人之所以为人的内核。而在神经学领域，也必定还有很多绝妙的想法蛰伏在暗处，只等一声惊雷就破土而出。对包括但不限于人工智能的其他领域来说，用数学方法研究神经科学问题无疑还会带给我们更多惊喜，改变我们的日常生活，甚至重新定义人类的存在方式。

与此同时，这本书也是一幅科学家的群像画，一部波澜壮阔的纪传体计算神经科学史。它向我们展示了在过去几个世纪中科学家们的殚精竭思与喜怒哀乐。一页页翻过去的，不仅是他们的科研工作，更是他们的一生。他们有时深陷绝望苦苦挣扎，有时又在机缘巧合下绝处逢生，有时灵光乍现欣喜万分，有时却困于执念无法自拔。他们性格迥异，彼此之间却有着千丝万缕的关联；他们在学术上互相批评，却也互相成就。但无一例外，书中的每位主角都怀着满腔热血，醉心于自己的研究工作。战争摧残不倒，学阀压迫不屈，他们的意志代表着人类对知识永不停歇的探索欲望。

91岁高龄的霍普菲尔德在诺贝尔物理学奖获奖演讲中回忆，25岁的自己第一天入职贝尔实验室时，花了半天的时间用卷笔刀削铅笔，完全不知道接下来该做些什么。他说："一个人在科学上取得的成就高低主要取决于他对研究问题的选择……当我们回顾历史时，很容易理所应当地将一个课题的发展视为决策树上一系列合乎逻辑的正确决策。而当我们身处历史中时才明白，研究往往是在缺乏深刻灼见的情况下，沿着随机的方向展开的。"不知所措是科学探索的主旋律，如何度过坐冷板凳的低谷期则是每一位科研人的必修课。书中这些富有人格魅力的科学家，不再是引用列表上一个个冰冷的名字。他们散发着人性的光辉，犹如灯塔一般指引着迷茫中的后辈，照亮了人类的未来。

　　无论是作为忠实的读者，还是作为如履薄冰的译者，我都希望最终呈现的版本能不辜负原作者的一番心血。希望本书能为更多人打开计算神经学的大门，引领大家共同思考神经科学未来的无限可能。若译文中有不足、不当甚至错误之处，敬请读者批评指正。

　　最后，我衷心感谢湛庐文化和出版社的编辑们的辛勤付出，感谢他们对一位新手译者给予的信任。

刘锦珂
2024 年 12 月于法兰克福

未来，属于终身学习者

我们正在亲历前所未有的变革——互联网改变了信息传递的方式，指数级技术快速发展并颠覆商业世界，人工智能正在侵占越来越多的人类领地。

面对这些变化，我们需要问自己：未来需要什么样的人才？

答案是，成为终身学习者。终身学习意味着永不停歇地追求全面的知识结构、强大的逻辑思考能力和敏锐的感知力。这是一种能够在不断变化中随时重建、更新认知体系的能力。阅读，无疑是帮助我们提高这种能力的最佳途径。

在充满不确定性的时代，答案并不总是简单地出现在书本之中。"读万卷书"不仅要亲自阅读、广泛阅读，也需要我们深入探索好书的内部世界，让知识不再局限于书本之中。

湛庐阅读 App: 与最聪明的人共同进化

我们现在推出全新的湛庐阅读 App，它将成为您在书本之外，践行终身学习的场所。

- 不用考虑"读什么"。这里汇集了湛庐所有纸质书、电子书、有声书和各种阅读服务。
- 可以学习"怎么读"。我们提供包括课程、精读班和讲书在内的全方位阅读解决方案。
- 谁来领读？您能最先了解到作者、译者、专家等大咖的前沿洞见，他们是高质量思想的源泉。
- 与谁共读？您将加入优秀的读者和终身学习者的行列，他们对阅读和学习具有持久的热情和源源不断的动力。

在湛庐阅读 App 首页，编辑为您精选了经典书目和优质音视频内容，每天早、中、晚更新，满足您不间断的阅读需求。

【特别专题】【主题书单】【人物特写】等原创专栏，提供专业、深度的解读和选书参考，回应社会议题，是您了解湛庐近千位重要作者思想的独家渠道。

在每本图书的详情页，您将通过深度导读栏目【专家视点】【深度访谈】和【书评】读懂、读透一本好书。

通过这个不设限的学习平台，您在任何时间、任何地点都能获得有价值的思想，并通过阅读实现终身学习。我们邀您共建一个与最聪明的人共同进化的社区，使其成为先进思想交汇的聚集地，这正是我们的使命和价值所在。

CHEERS

湛庐阅读 App
使用指南

读什么
· 纸质书
· 电子书
· 有声书

怎么读
· 课程
· 精读班
· 讲书
· 测一测
· 参考文献
· 图片资料

与谁共读
· 主题书单
· 特别专题
· 人物特写
· 日更专栏
· 编辑推荐

谁来领读
· 专家视点
· 深度访谈
· 书评
· 精彩视频

HERE COMES EVERYBODY

下载湛庐阅读 App
一站获取阅读服务

图书在版编目（CIP）数据

心智的 10 大模型 /（美）格蕾丝·林赛
（Grace Lindsay）著；刘锦珂译 . -- 杭州：浙江教育
出版社，2025. 3. -- ISBN 978-7-5722-9543-0

I . Q189

中国国家版本馆 CIP 数据核字第 2025H1Z910 号

上架指导：人工智能 / 科技趋势

浙江省版权局
著作权合同登记号
图字 :11-2024-486号

心智的10大模型
XINZHI DE SHI DA MOXING

［美］格蕾丝·林赛（Grace Lindsay） 著

刘锦珂　译

责任编辑：傅美贤
美术编辑：韩　波
责任校对：苏心怡
责任印务：陈　沁
封面设计：章艺瑶

出版发行：浙江教育出版社（杭州市环城北路 177 号）
印　　刷：唐山富达印务有限公司
开　　本：720mm × 965mm　1/16
印　　张：22.5
版　　次：2025 年 3 月第 1 版
书　　号：ISBN 978-7-5722-9543-0
字　　数：321 千字
印　　次：2025 年 3 月第 1 次印刷
定　　价：129.90 元